SUR QUELQUES FIGURES DU TEMPS

Avec le temps, va,
Tout s'en va...
(Léo Ferré)

PROBLÈMES ET CONTROVERSES

SUR QUELQUES FIGURES DU TEMPS

PAR

BERNARD BACHELET

PARIS
LIBRAIRIE PHILOSOPHIQUE J. VRIN
6, Place de la Sorbonne, Ve

1996

Printed in France

ISSN 0249-7875

ISBN 2-7116-1257-0

INTRODUCTION

Mieux que la philosophie, la poésie a su saisir le caractère fluent du temps. Ainsi François Villon :

> "Où sont les gracieux galants
> Que je suivais au temps jadis,
> Si bien chantants, si bien parlants,
> Si plaisants en faits et en dits ?
> Les aucuns sont morts et roidis,
> D'eux il n'est plus rien maintenant :
> Repos ayent en paradis,
> Et Dieu sauve le demeurant !"

Le nombre, immense, des livres qui parlent de lui, témoignent de ce qu'il y a beaucoup à dire sur le temps... à la condition de ne pas tenter de dire ce qu'il est. Saint Augustin, dans ses *Confessions* écrites aux environs de l'an 400, rédige un grand chapitre sur ce sujet tout en avouant qu'il ne dira pas ce qu'il est, et en 1988 Ilya Prigogine et Isabelle Stengers écrivent encore : "Pas plus qu'Augustin, nous ne savons ce qu''*est*' le temps..."[1]

Confessons donc à notre tour que nous n'allons pas dire ici, enfin, le temps. La présente recherche renonce à une définition initiale, mais elle s'efforcera de faire quelques propositions en cours de route. Que le temps soit sans définition, Kant nous en fournit la raison dans la deuxième section de *l'Esthétique transcendantale*, lorsqu'il rappelle

1. I. PRIGOGINE et I. STENGERS, *Entre le temps et l'éternité*, Fayard, 1988, p. 192.

qu'il ne saurait être un exemplaire d'une espèce ni une espèce d'un genre, puisqu'il est seul de son espèce ou de son genre. Le temps n'est pas un concept général. Un certain chat est l'exemplaire d'une espèce chat, un certain temps n'est pas l'exemplaire d'une espèce temps, mais une certaine tranche du seul et unique temps qu'il y ait. Ce qui est singulier peut recevoir un nom, mais sa détermination conceptuelle est peut-être insensée. Le temps ainsi ne serait pas *quelque* chose, car si l'on croit qu'il est quelqu'une parmi les choses, c'est qu'alors on l'a réduit par coup de force à ce qu'il n'est pas.

Le XXe siècle s'achève sur une sorte de mode philosophique, peut-être millénariste, qui fait du temps l'un de ses objets de prédilection. Il ne parvient pas à fermer les questions qui se sont ouvertes à son commencement, par exemple avec le trait d'union que Minkowski a placé entre espace et temps, ou avec le discontinu que Planck a introduit partout dans l'univers en postulant sa constante h.

On peut d'ailleurs s'interroger : il n'y a pas une divinité du temps chez les Grecs, eux qui furent si créatifs dans leur Panthéon. Car *Kronos*, qui dévore ses enfants, n'est pas *Chronos*, ni Aion, le temps, contrairement à ce qu'une erreur, beaucoup plus tardive, fait croire encore parfois. S'il n'y a pas de dieu du temps, il y a en revanche les trois Moires qui symbolisent la destinée. Cette trinité nous annonce que, dimension de l'univers, le temps a lui-même ses propres dimensions.

Si Einstein a raison, et que *l'espace-temps* est bien une unité, pourquoi le temps est-il demeuré – peut-être par son évidence même – l'une des choses cachées depuis la fondation du monde ? Il y a quelque chose de paradoxal dans le fait que ce soit le XXe siècle (le quantième d'homo sapiens ?) qui parvienne à s'en rendre compte. D'ailleurs nous avons tous encore très ordinairement bien du mal à penser les choses et nos propres aventures dans un espace-temps einsteinien.

Pascal lui-même, qui s'effrayait devant le silence des espaces infinis, ne semble rien ressentir de spécial face à des gouffres de temps. Les durées excessives ne nous effraient guère, mais nous font rire. C'est qu'une autre échéance, bien plus proche, notre mort, nous rappelle à l'ordre de ce qui a du sens pour nous et de ce qui n'en a plus.

Hegel nous dit que l'oiseau de Minerve se lève au crépuscule, que l'acte de comprendre accompagne l'achèvement. Comprendre le temps impose-t-il que le temps lui-même soit à son crépuscule ? Comment en finir avec le temps ? Où en sommes nous, nous qui sommes là actuellement, qui sommes *encore* là, tels les personnages de Beckett qui n'en finissent pas de finir ?

Le temps pensé par la physique et le temps vécu pensé par l'ontologie

La physique avec Einstein en 1905 et 1922, avec Heisenberg en 1926, l'ontologie avec Heidegger en 1927, nous parlent chacune de l'être-là temporel en des termes qu'on a du mal à faire se rejoindre. Cette coupure entre le discours de la science et celui de la philosophie (sans parler, dans le cas présent, de leur distance à tous deux vis-à-vis de la réflexion de l'honnête homme) était déjà devenue irréversible, selon Husserl, depuis Galilée. Certains aujourd'hui, comme I. Prigogine et I.Stengers, s'essaient à recoudre ce qui s'était écarté excessivement.

Avec les deux grandes nouveautés de la physique du XXe siècle, on ne sait désormais plus trop bien ce que signifie *être là*. Le "là" ce cet être là est difficile à déterminer :

– *dans le domaine du très grand*, c'est-à-dire du Cosmos lui-même, car selon la relativité, continuellement revue par Einstein à partir de 1905, quand nous repérons là dans le ciel une certaine étoile, nous avons des raisons de penser qu'elle n'y est plus. Là où nous la voyons, c'est là où elle était quand sa lumière est partie d'elle vers nous. Et puis entre elle et nous, il y a les masses des objets divers qui, en courbant localement l'espace qui nous en sépare, nous la font voir selon une parallaxe nécessaire qui se traduit par une translation.

– *dans le domaine du très petit*, les relations d'incertitude qu' Heisenberg a formulées en 1926, nous disent qu'une particule a une certaine probabilité de présence dans son atome-océan, mais où ? Pour dire où elle est, il faut la sortir de l'eau, ce qui ne nous dit pas où elle est quand elle est dans l'eau : "Poisson soluble" selon l'image que des physiciens ont empruntée à André Breton.[1]

Etre là ? Mais quand donc les choses sont-elles effectivement là ? Qu'est-ce qui existe vraiment, si les objets de notre connaissance sont constitués par les instruments qui les observent et les mesurent ? Si le fait de les étudier les modifie au point que ce qu'il reste d'étudiable en eux, c'est la modification qu'y introduit l'étude ? L'existence relève-t-elle encore d'un discours constatatif ? N'est-elle pas plutôt devenue le fantôme qui hante le discours performatif ?

C'est donc à ce moment, en 1927, que Heidegger propose sa philosophie de l'être-là, le *Dasein*. L'existence n'est plus celle d'un sujet face à des objets, mais l'être dans le monde (in-der-Welt-sein) des existants. Celle-ci part de notre expérience initiale de l'être, puisque

1. Métaphore empruntée à Sven ORTOLI et J-P PHARABOD, *Le Cantique des Quantiques*, La Découverte, 1984, chap. 1.

nous sommes capables d'une telle expérience. Etre-là, y être, se déploie sur des modes d'ouverture. Le Dasein a pour caractéristique de s'ouvrir de façon plurielle. Ainsi présent, passé et avenir n'ont-ils pas pour lui une véritable unité, ils constituent trois "ekstases" (*ekstatikon*, chez Aristote) trois modes d'y être. De même que du point de vue de la vie, comme le notera Husserl, la conscience est nécessairement géocentrique, malgré la science copernicienne[1], de même l'expérience du temps humain est autre chose que de la métrétique galiléenne.

Dès l'une de ses premières études universitaires intitulée *Sur le temps en science historique*[2], Heidegger distingue le temps historique, pluriel et hétérogène, du temps étalon universel que Galilée instaure pour mesurer les accélérations des billes qu'il fait rouler sur ses plans inclinés. Déjà Bergson, dans les *Données immédiates de la conscience*, avait distingué le temps qualitatif de la conscience et le temps spatialisé de la physique, considérant que seule la durée (c'est-à-dire l'intervalle) est ontologique, le temps des chronomètres n'étant qu'un instrument intellectuel, une abstraction sans substance qui ne se préoccupe que des bornes de l'intervalle). Heidegger accentue encore l'ambition de détourner l'ontologie de la connaissance positive. Pour lui, l'efficacité technicienne appuyée sur cette science étend sur le monde un oubli. Le positivisme[3], par son triomphalisme scientiste, fait taire en effet tout un monde de valeurs chargées d'histoire.

Au lieu de considérer qu'il y a là une attitude adolescente, certes parfois arrogante, mais que la philosophie doit pouvoir affronter avec rationalité, comme le souhaite Husserl, Heidegger y verra un "oubli de l'être" au profit des étants, un acharnement de la raison contre la pensée.

1. HUSSERL, *L'arche originaire Terre ne se meut pas*, 1934, Minuit, 1989.

2. Dans *Heidegger et la question du temps*, PUF, 1990, p. 15, F. DASTUR écrit à propos de ce texte de 1915 : "Il s'agit encore d'une recherche épistémologique qui vise à établir la spécificité du concept de temps de la science historique par opposition avec celui des sciences physiques [...] il s'attache à montrer que, de Galilée à Einstein inclus, la conception du temps en physique n'a pas changé : sa fonction étant de rendre possible la mesure, il constitue un moment nécessaire de la définition du mouvement qui est l'objet même de la science physique."

3. Notons que sous ce concept, il est souvent injuste de ne voir qu'une attitude issue de la pensée d'Auguste Comte. Jacques Muglioni a montré que Comte n'a jamais soutenu l'idée que la philosophie devait être remplacée par une science ou par des algorithmes. Dans ce prétendu "positivisme" complètement étranger à l'enseignement de Comte : "On vous livre des formules toutes faites, que d'autres sans doute ont su concevoir ; il ne vous reste plus qu'à croire, au mieux à faire des calculs.[...] Ce qui a d'abord été pensé devient outil sans pensée." *L'intérêt philosophique pour la science*. In *L'école ou le loisir de penser*, CRDP, 1993, p. 147.

Il faut noter ici que la science n'a pas le privilège malheureux de se caricaturer elle-même, la philosophie connaît aussi ses idéologues déguisés en penseurs du jour. Trop de scientifiques ont certainement endossé des attitudes à la mode par simple conformisme et les algorithmes qu'ils brandissaient volontiers n'étaient parfois pas un moyen d'éclairer mais un moyen de faire taire. Peu importe. Comme le remarque A. Kojève : "Sur le plan de l'algorithme, il n'y a ni incertitude, ni contradiction. Mais il n'y a pas non plus de vérité au sens propre, puisqu'il n'y a pas de discours (logos) véritable, révélant le réel."[1]

Le fait est aujoud'hui admis que tous les physiciens immenses du début du XXe siècle, étaient *aussi* des penseurs et qu'ils ont en tout cas revigoré la métaphysique en la nourrissant d'éléments de réflexion nouveaux.

Une recherche "ontique"

Heidegger a imposé à notre siècle l'idée qu'il y a une pensée ontologique et une pensée "ontique". Si l'on tient à conserver cette distinction de vocabulaire, disons que notre approche est ici délibérément ontique,car nos propos s'appuieront sur une composante "factuelle" établie par les sciences.

Par Prigogine, en particulier, qui entend examiner le temps à différentes échelles et cherche à en conceptualiser un mode spécifique à chaque niveau de complexité des étants décrits. Selon une analogie qu'il emploie, on n'a pas les mêmes choses à dire sur les styles architecturaux, selon qu'on considère les briques ou les bâtiments.

> "Ce lien entre complexité et durée s'est constamment vérifié, et cela à tous les niveaux : à celui des structures instables, à celui de la cosmologie, à celui des structures de non-équilibre. A tous ces niveaux le temps resurgit en force dans la physique, et cela sous des aspects nouveaux, dépassant le cadre du temps spatialisé."[2]

Nous allons explorer des champs épistémiques dans lesquels un discours sur le temps peut connaître une spécificité. Nous admettrons que les objets de la physique, de la biologie ou de diverses formes de sémiologie (dans le champ social ou psychique), peuvent nous permettre d'éclairer la réalité du temps. Leibniz nous a expliqué que chaque monade tient en elle-même le tout de l'univers. Nous accorderons à cette pensée la valeur d'un postulat opératoire en espérant

1. A.KOJEVE, *Introduction à la lecture de Hegel*, Gallimard, 1947, p.455, note.
2. Colloque de Cérisy : *Temps et Devenir*. Patino, 1988, p.149.

qu'un photon, une bactérie, un névrosé, correctement interrogés, peuvent nous dévoiler un peu de ce qui nous donne forme, nous contient et nous tue. Sans doute rien n'est sûr dans ce domaine, mais comme l'écrit Roger Caillois :

> "Au fond, il ne s'agit que de tirer les conséquences correctes du fait que l'univers est un tout et qu'à chacun de ses niveaux, les mêmes lois doivent y trouver, sous des aspects souvent déconcertants, des applications homologues."[1]

Deux perspectives majeures: Historicité et temporalité

Henri Birault[2] note que, dans la philosophie, il y a une sorte de divorce paradoxal entre les grandes doctrines du temps et les grandes doctrines de l'histoire. D'une part, Kant, Bergson, Husserl ont élaboré des philosophies du temps remarquables dont aucune ne débouche sur une philosophie de l'histoire de valeur comparable, soit parce que celle-ci n'existe pas (Bergson), soit parce qu'elle ne doit rien à celle du temps (Kant). D'autre part, Bossuet, Hegel, Marx ont construit des philosophies de l'histoire dans lesquelles le concept de temps n'est pas formalisé et reste implicite (Bossuet, Marx), ou alors, comme c'est le cas chez Hegel, la temporalité se développe dans l'ordre d'une philosophie de la nature et ne peut donc être étudiée que dans le devenir du monde, l'étudier en elle-même étant censé relever d'une abstraction vide.

Il apparaît ainsi qu'il y a un temps de l'*historicité*, dont les choses du monde, les hommes qui y vivent et agissent, marquent le cours et un temps plus radical, un temps des *temporalités*. Le temps de l'historicité est en général implicite, rarement thématisé comme tel. Il englobe toutes les choses temporaires, serrées entre une origine et une cessation. Il ne peut être confondu avec le temps de la *temporalité* qui, en principe, définit ses propres caractéristiques.

> "Une des thèses les plus fortement soulignées de *Sein und Zeit* est, en effet, que l'homme n'existe et ne peut exister de manière historique que parce qu'il est temporel au fond même de son être. Notre existence n'est pas temporelle parce qu'elle est historique, c'est-à-dire parce qu'elle occupe une partie déterminée de

1. R.CAILLOIS, *Cohérences aventureuses,* idées-Gallimard, 1976, p. 20.
2. H.BIRAULT, *Heidegger et l'expérience de la pensée,* notamment p. 532 - 533 et 485 - 489.

l'histoire : elle est au contraire historique parce qu'elle est foncièrement temporelle."[1]

Le temps de la *temporalité*, il revient à la pensée philosophique de chercher à le concevoir. Ce temps là est présent "sur" les choses dont toute pensée s'empare. Comme le dit Sartre, le Pour-soi est temporalité, mais : "il découvre la temporalité *sur* l'être, c'est-à-dire dehors. La temporalité est *objective*.[2]"

Cela signifie que nous pourrons définir des temporalités selon le type de rapport que la pensée peut avoir avec l'être : le regard du biologiste, le calcul du physicien etc, représentent des angles d'approche que nous allons examiner chacun à son tour.

1. *Ibidem*, p. 532.
2. J.P. SARTRE, *L'Etre et le Néant*, Gallimard, 1957, p. 255.

CHAPITRE I

LE TEMPS SOCIAL

La société où nous vivons se revendique comme "moderne", ce qui signifie qu'elle "modernise" ses techniques en les changeant sans cesse, qu'elle pousse tout à se périmer très tôt, ne serait-ce que par la mode, qu'elle a honte de l'ancien, voue un culte au nouveau, cherche à se donner d'elle-même l'image largement fictive d'une perpétuelle jeunesse, pense pouvoir régler tous ses problèmes par une magie aux pouvoirs universels : la vitesse.

I - LA SOCIETE MODERNE : LE TEMPS DE TRAVAIL ET LA COURSE AU GAIN DE TEMPS

Pourquoi courir sans cesse ? La société industrielle moderne manifeste à l'égard du temps de travail une attitude inquiète, perpétuellement calculatrice et tendue vers une maîtrise accrue, qui contraste avec celle, qu'on décrit volontiers comme attentiste, nonchalante, fataliste, des sociétés agraires traditionnelles où les cycles saisonniers sont tout puissants, puisque semailles, récoltes, durées de gestation des espèces vivantes représentent des contraintes inélastiques, ou en tout cas, sont considérées comme telles par les populations.

L'ethnologie et l'histoire des mentalités peuvent décrire les variations d'indolence ou de fébrilité que connaissent les sociétés selon les phases de leur histoire ou les périodes de leur calendrier. Le temps de travail peut ainsi, selon les cas, être pris en considération avec une conscience réflexive aiguë, ou parfois être quasiment ignoré. Karl Marx et Max Weber ont l'un et l'autre caractérisé la forme capitaliste d'organisation sociale par le très haut degré de conscience qu'elle prend de la notion de *temps de travail social*, grandeur qu'elle se donne du reste les moyens techniques et conceptuels de comptabiliser avec une extrême précision. Seule parmi toutes celles qui ont pu exister sur la terre, cette société était capable d'inventer la nanoseconde (le milliardième de seconde) et ses sous-multiples, dont se servent ses physiciens de la matière fine. On comprend que certains peuples nomades, ou marins aient pu se montrer bons astronomes, mais comment imaginer être physicien quantique, quand l'instrument de mesure est lui-même une usine, sans un monde social de part en part technologique ?

Time is money

Dans son analyse de ce qu'il appelle "l'esprit du capitalisme", Max Weber,[1] se référant au célèbre sermon de Benjamin Franklin : *Advice to a young tradesman,* montre que l'esprit d'économie, élevé à la dignité d'une "philosophie de l'avarice" ne relève pas simplement du sens des affaires, mais constitue un véritable *éthos :* c'est une pratique de la vertu de frugalité qui engage l'ensemble des actes et des réflexions d'une vie et lui donnent sens, une pratique qui rejoint même, chez les Puritains, une exigence religieuse absolue.

On ne rappellera ici que le début du texte, qui est devenu proverbial :

> "Souviens-toi que le temps, c'est de l'argent. Celui qui peut gagner en travaillant dix shillings par jour et qui se promène une demi-journée ou reste dans sa chambre à se reposer, même s'il ne dépense pour ses plaisirs que six pence, celui-là ne doit pas compter en dépense uniquement ceux-ci. Il aura en plus dépensé, ou plutôt, il aura jeté cinq shillings."[2]

Ce texte a quelque chose d'emblématique. Le calcul, rapporté au temps de travail, en constitue le leit-motiv obsessionnel, et par conséquent, nous ne devons pas voir dans cette antienne capitaliste la simple manifestation d'un anhistorique et universel "appât du gain", mais une exigence intellectuelle tendue vers la rationalité formelle et une exigence morale elle-même formelle, puisque, selon sa logique, il n'y a pas de péché plus grave que la perte stupide de temps à flâner ou rêver.

On peut sursauter de voir le capitalisme expliqué en termes de vertu et de haute spiritualité, alors que Marx le décrit, avec une certaine crédibilité, comme ayant "noyé les frissons sacrés de l'extase religieuse [...] dans les eaux glacées du calcul égoïste" (Manifeste). Il

1. MAX WEBER, *L'Ethique protestante et l'esprit du capitalisme*, Plon - Agora, 1985, p. 44 et sq.

2. Traduction que cite J. ATTALI dans *Histoires du temps,* Fayard, 1982, p. 198.

n'y a là qu'une contradiction de surface. Ce qui a présidé à la naissance d'une forme sociale peut être aboli par cette forme même. Ainsi Max Weber écrit-il :

> "Aujourd'hui, l'esprit de l'ascétisme religieux s'est échappé [...] le capitalisme vainqueur n'a plus besoin de ce soutien depuis qu'il repose sur une base mécanique.[...] Aux Etats-unis, sur les lieux mêmes de son paroxysme, la poursuite de la richesse, dépouillée de son sens éthico-religieux, a tendance aujourd'hui à s'associer aux passions purement agonistiques, ce qui lui confère le plus souvent le caractère d'un sport."[1]

C'est à cet éthos ascétique qui, métamorphosé en sport de compétition, vise à aller toujours plus vite dans les tâches de production, que répondra le célèbre pamphlet de Paul Lafargue : *Le droit à la paresse* (1880), texte qui, bien qu'il s'inscrive par toutes sortes d'attaches dans la mouvance du socialisme, se démarque nettement par un côté farceur et bon vivant, de l'austérité conceptuelle du *Capital.* Le droit d'aller moins vite, de trouver le temps de vivre, n'est bien sûr pas étranger au philosophe Marx, qui a revendiqué hautement sa filiation matérialiste épicurienne, mais on sait aussi que l'objectif de conquérir le pouvoir sur une classe qui a inventé les formes les plus performantes de l'organisation du travail productif, ne pousse guère ni l'économiste ni le politique à des complaisances pour l'idéal, assez proudhonien, d'un artisanat précapitaliste où chaque travailleur est son propre maître.

On s'est beaucoup querellé intellectuellement, depuis l'analyse weberienne, pour savoir si le capitalisme est d'abord l'audace aventurière, l'inventivité et le risque, ou s'il n'est pas plutôt la recherche maniaque du placement "à coup sûr", rendu possible par une maîtrise de l'information réduisant a minima les inconnues d'une situation et par une virtuosité dans le respect de règles complexes, contraignantes et d'ailleurs implicites. La dialectique s'en tirera en énonçant comme loi que chaque élément produit son autre. Il faut bien pourtant constater que l'extension spatiale du monde où se déploie le capitalisme, s'accompagne d'un rétrécissement du temps. Fernand Braudel dit de lui : "Il est fils de l'organisation autoritaire d'un espace de toute évidence démesuré."[2] et Jean-Pierre Dupuy précise la description à l'échelon de ce qu'on n'ose plus appeler des villes, puisque celles-ci ont été remplacées par des agglomérations (tout est dans le mot) :

> "L'espace traditionnel est un espace connexe : deux points quelconques peuvent toujours être reliés par un chemin continu

1. MAX WEBER, *ibidem* p. 225.
2. F.BRAUDEL, *La dynamique du capitalisme,* Arthaud, 1985, p. 97

> qui ne sorte pas du territoire. La société capitaliste est la première à avoir brisé cette connexité. Les espaces personnels y sont éclatés en morceaux disjoints, éloignés les uns des autres : le domicile, le lieu de travail, quelques espaces publics de la ville, les commerces et le mythique "ailleurs" des loisirs et de l'évasion. Entre ces domaines, des déserts de sens, déserts esthétiques, symboliques, que l'on vise à franchir le plus efficacement possible en se livrant au système de transport."[1]

Au système du transport on pourrait ajouter aujourd'hui le système des communications. Le capitalisme produit de la connexité artificielle. Par la vitesse, il "rétrécit" le monde. Charles Morazé ou Jacques Attali,[2]montrent que cette organisation autoritaire passe par un contrôle techniquement et juridiquement de plus en plus pointilleux du temps des hommes. Voyons le procès du côté bourgeois, puis du côté ouvrier.

Examinant les conditions historiques dans lesquelles s'est constituée en Europe une bourgeoisie capable de se porter à la direction de la révolution capitaliste, Charles Morazé remarque que dans les sociétés antérieures, l'accumulation de richesses était un phénomène qui s'inscrivait dans des périodes séculaires et que pour cela même, il ne déclenchait de changements révolutionnaires ni dans les modes de vie, ni dans les mentalités. La lenteur du processus faisait que l'enrichissement et la transformation sociale s'effectuaient de façon insensible sur des générations. Malgré leur évolution, les sociétés pouvaient garder le sentiment d'une identité traditionnelle. Mais désormais, c'est le caractère "explosif" du phénomène qui va changer qualitativement les mentalités, au point de donner le sentiment d'une rupture avec le passé, d'un renouveau, d'une "renaissance".

Avec les aventuriers de la fin du Moyen-âge, qu'il s'agisse des armateurs, des marins sillonnant les sept mers, les illustres "gaillards des hautures", ou des banquiers qui leur font audacieusement crédit, les fortunes de certaines familles et des premières *firmes*, vont se faire (et bien sûr aussi se défaire) à des vitesses inconnues jusqu'alors. C'est le passage d'une société froide à une société chaude, dirait Levi-Strauss.

1. J.P. DUPUY, *Ordres et désordres,* Le Seuil, 1982, p. 54.

2. J. ATTALI cite, dans *Histoires du temps,* Fayard, 1982, des documents sur de véritables guerres du temps qui eurent lieu épisodiquement, de la fin du Moyen-âge jusqu'à l'époque de la Convention, entre les autorités religieuses et civiles bourgeoises, pour savoir qui dirait l'heure et déterminerait le calendrier des jours fériés ; et sur celles du XIXe siècle, entre patrons et ouvriers pour les rythmes de travail ; ces conflits étant jalonnés par la mise au point de techniques visant à toujours plus de précision dans la mesure.

Le changement a lieu alors de façon brutale, d'une génération à la suivante, voire dans le temps d'une génération. Avec ces *parvenus*, le calcul spéculatif pénètre toutes les activités ; la programmation des rentrées, la durée des crédits, font du temps une grandeur qu'il faut impérieusement pouvoir calculer elle aussi.

C'est la rapidité avec laquelle surgissent les apports nouveaux de tous ordres qui empêchent leur intégration dans les formes ritualisées du savoir et de la vie collective. Ainsi, l'Eglise, puissance qui monopolisait le savoir, l'organisait, l'insérait au fur et à mesure dans sa doctrine, devient-elle incapable de métaboliser les flux de savoirs qui convergent vers l'Europe : cela va trop vite. Aussi, finit-elle par se dresser contre ce savoir nouveau, rival et contestataire, au point que, de symbole du savoir, elle va finir, avec les affaires Giordano Bruno et Galilée, par se donner le visage de l'obscurantisme. L'Eglise est une puissance temporelle qui a besoin de l'éternité et de la lenteur des sédimentations pour maintenir la Chrétienté, immense et bigarrée, dans une certaine unité de pensée. Quand le monde accélère, elle montre dans la manœuvre face à certains secteurs de pensée, une lourdeur qui va finir par lui coûter son hégémonie.

Mais lorsque, quelques siècles plus tard, les bourgeois investissent leur richesse dans la révolution perpétuelle des formes du travail, on va voir s'abattre la tyrannie sur le temps de travail ouvrier. Comme le résume Jacques Attali, la soumission, dans l'esclavage ou le servage, se marque par le statut juridique : l'esclave appartient au propriétaire, le serf appartient à la terre ; la soumission dans le capitalisme se marque différemment : juridiquement libre, l'homme moderne en général, mais plus que tout autre cet homme historiquement nouveau, l'ouvrier d'industrie, "ne s'appartient plus," parce qu'il n'a pas le temps.

Les temporalités spécifiques des classes sociales

Pouvons-nous le dire identiquement du bourgeois et du prolétaire ? Tous sont-ils au même degré esclaves de la tyrannie horlogère ? Oui, dans la mesure où ce que Marx a appelé le "fétichisme de la marchandise" tend à instaurer une coercition objective sur toutes les étapes et tous les agents du procès de production et d'échange. La société, du haut en bas, vit sous la férule de l'épargne de temps ; la concurrence qui fait rage entre les capitalistes leur interdit toute faiblesse à l'égard d'un quelconque "gâchis" de temps. Et pourtant non, également, bien sûr, dans la mesure où la différence de latitude dont disposent les classes reste énorme. Il y a urgence et urgence. Comme le souligne

Marx : "Etre capitaliste, c'est avoir la possibilité de vivre, jusqu'à la rentrée de la plus-value, des moyens dont on dispose."[1] Et quand, face au capitaliste, il définit le prolétaire, c'est d'emblée par sa fragilité qu'il le caractérise : quand on n'a pour vivre que sa force de travail, le temps vide d'activité est mortel. "En économie politique, il faut entendre par prolétaire, le salarié qui produit le capital et le fait fructifier, et que M.Capital [...] jette au pavé dès qu'il n'en a plus besoin."[2]

D'autre part, dans le contrat que deux citoyens libres, l'un acheteur et l'autre vendeur de force de travail, signent à égalité devant la loi, il apparaît que le "donnant-donnant" est marqué par un *délai* dans la réciprocité. Qui va faire *l'avance* à l'autre ? Est-il besoin de le demander ?

> "Dans tous les pays où règne le mode de production capitaliste, la force de travail n'est donc payée que lorsqu'elle a déjà fonctionné pendant un certain temps, fixé par le contrat, à la fin de la semaine par exemple. Le travailleur fait donc partout au capitaliste l'avance de la valeur usuelle de sa force [...] en un mot, il lui fait partout crédit."[3]

Tout le monde est pressé, mais il y a la "jet society" et la société de la pointeuse, qui ne sont synchrones qu'occasionnellement, ce qui exige d'ailleurs des prodiges d'organisation. Des temps superposés, imbriqués les uns dans les autres et tous marqués par la hâte, caractérisent la première révolution industrielle comme une cacophonie de tic-tac, au moins autant que comme un vacarme de bielles. Encore Marx lui-même, mort en 1883, n'a-t-il pas connu le travail à la chaîne, introduit dans les usines Ford en 1913. Certes, ce qu'il a analysé de la production de surtravail laisse penser qu'il n'aurait pas été étonné par cette procédure. La deuxième révolution industrielle ne fait que prolonger la logique de la précédente :

> "La réduction des interstices entre les opérations et l'accélération des gestes répétitifs, [...] une définition minutieuse des tâches, basée sur la simplification et l'économie des gestes de l'ouvrier et sur le dépouillement des tâches de toutes connaissances professionnelles, qualification et initiative, permettait de réduire considérablement le temps consacré à chaque opération. Dès lors, il suffisait de parfaitement synchroniser les différentes tâches entre elles pour capitaliser l'ensemble de ces gains."[4]

1. *Capital*, Livre II. Editions Sociales, 1960, chap. 17, p. 311.
2. *Capital*, Livre I, GF. Flammarion, 1969, chap. 25, note 1 p. 675.
3. *Capital*, Livre I ; chap. 6 p. 135.
4. A. GRANOU, *Capitalisme et mode de vie,* Le Cerf, 1972.

Les caractéristiques aliénantes de cette forme du travail parcellisé et perpétuellement accéléré ont été souvent décrites, selon des angles divers. Sous l'angle artistique, Chaplin, bien sûr, dans *les Temps modernes*, selon le génie inégalable du *castigat ridendo mores*, montre un ouvrier désarticulé par les machines folles, qu'il s'agisse de la machine à produire qui "avale" littéralement son O.S., ou de la machine à alimenter l'ouvrier au travail, dont l'emballement n'est pas loin de l'étouffer et de lui arracher la mâchoire. Kafka, sur un autre registre, décrit dans *la Colonie pénitentiaire*, une machine à torturer particulièrement terrifiante. Aujourd'hui que nous connaissons bien la biographie de cet écrivain, nous savons qu'elle est à peine une transposition métaphorique et qu'elle sort moins de ses cauchemars névrotiques que de son activité professionnelle la plus quotidienne. Commis aux accidents du travail par la compagnie d'assurances où il gagne sa vie, il est amené à écrire des rapports circonstanciés[1] sur les effroyables mutilations que subissent les ouvriers chargés de conduire ces machines qui tranchent et broient à un rythme qui défie les capacités de vigilance de tout être humain.

Sous l'angle sociologique, Georges Friedman a analysé comment la brutalité des rythmes du changement technologique – beaucoup plus que le changement en lui-même, toujours susceptible d'être un stimulant intellectuel contre les routines – déstructure les groupes sociaux, les psychismes individuels, et parfois ici, dans des couches sociales très différentes.

> "Les manières de sentir, les cadres de la perception et de l'imagination sont secoués, parfois bouleversés sans que d'autres potentialités aient semblé jusqu'ici disposer du temps et de la marge d'expériences nécessaires pour se mettre au point."[2]

Les rapports de domination passent par l'art de différer l'échange d'équivalents. Cette caractéristique dont Pierre Bourdieu[3] a montré qu'on la trouve dès les sociétés traditionnelles, se résume schématiquement à ce que celui qui fait attendre et celui qui doit attendre sont

1. *Le siècle de Kafka*, Ed. du Centre Pompidou, 1984; p.77.
2. G.FRIEDMAN, *Sept études sur l'homme et la technique,* Denoël 1966. On pourrait aussi renvoyer à son très célèbre ouvrage: *Le travail en miettes*, 1956. On ne compte plus aujourd'hui les études médicales sur le stress provoqué par le rythme trépidant du travail, et même des loisirs, dans la société contemporaine. L'anxiété, la dépression, les phobies, l'alcoolisme, trouvent souvent dans le rythme, excessif pour les systèmes nerveux, une condition favorisante ou aggravante.
3. P. BOURDIEU,. *Esquisse d'une théorie de la pratique*; chap. L'action du temps et le temps de l'action, Librairie Droz 1972.

inscrits, *par ce délai même*, dans un rapport hiérarchique. La société capitaliste tend simplement à dépersonnaliser ces relations et à en faire des fonctions sans intentions de facteurs techniques. Délais plus longs du crédit, tension des flux pour les uns, accélération des cadences de production pour les autres, c'est la fin de toute réciprocité immédiate de l'échange.

II - UN PROJET GRANDIOSE (ET CHIMERIQUE ?) : UNE SCIENCE DU TEMPS

D'une phénoménologie à une science

Les caractéristiques du temps social que nous venons de décrire tel qu'il est vécu dans la société moderne, industrielle et bourgeoise, Marx a ambitionné d'en rendre compte d'une manière déductive. Peu de philosophies ont, autant que la sienne, cherché à résoudre l'énigme du temps créateur, du temps "productif". On se méprend certainement si l'on s'imagine que son indéfectible fidélité à la méthode hégélienne, (même s'il entend la "remettre sur ses pieds"), est une espèce de survivance ou une coquetterie d'allemand dans un milieu de pensée où domine un empirisme britannique. Le mépris de fer avec lequel il traite "l'économie politique vulgaire", vis-à-vis de laquelle il tient constamment à marquer une rupture épistémologique radicale, montre que son projet est d'une nature autre. On comprend du reste qu'il ait pu apparaître à ses adversaires comme un métaphysicien dogmatique qui ne s'intéresse qu'aux catégories, égaré parmi les économistes pragmatiques soucieux des faits. Ce jugement qu'ils portent sur lui ne manque pas de pertinence, même s'il est réducteur. C'est qu'il entend faire du temps une science au sens que Hegel donne à ce terme.

Lorsqu'il lui envoie à lire les premiers chapitres du *Capital*, Marx confie à Engels que l'ordre d'exposition de l'ouvrage est délibérément emprunté par lui à Hegel, qu'il a relu spécialement dans ce but. Cette allusion semble limpide à qui relit à son tour le début de la *Phénoménologie*, où se trouve la déclaration liminaire suivante :

> "La vraie figure dans laquelle la vérité existe ne peut être que le système scientifique de celle-ci. Mon propos est de collaborer à ce que la philosophie se rapproche de la forme de la science.[...] la nécessité *intérieure* pour le savoir d'être science, est dans la nature de celui-ci, et la seule explication satisfaisante sur ce point est

l'exposition de la philosophie elle-même. Mais la nécessité *extérieure*, pour autant que [...] on la comprenne de manière universelle, est la même chose que la nécessité *intérieure*,(et ce, dans la figure) où le temps représente l'existence de ses moments. Et la mise en évidence de ce que le moment est venu que la philosophie s'élève à la science serait la seule vraie justification des tentatives qui se proposent cette fin, parce que c'est cette élévation qui exposerait la nécessité de cette fin, voire la réaliserait dans le même temps."[1]

Marx est convaincu qu'arrive à son heure et avec lui-même, le moment d'un passage d'une phénoménologie du temps socialement vécu à une science du temps social. Il va en effet tenter de développer une science catégoriale du temps parce que la société bourgeoise est entre toutes, celle pour laquelle le temps est la préoccupation pratique majeure. Cette science est donc, selon lui, devenue possible et elle est même d'une certaine façon *exigée* maintenant. La loi qu'il cherche n'est du reste pas une loi de l'économie "sub specie aeternitatis", une loi de la *nature économique*, une telle loi serait une illusion idéologique bourgeoise : la bourgeoisie est toujours avide de s'entendre dire que sa façon de faire de l'économie est "naturelle" et donc indestructible. La loi qu'il cherche vaudrait pour le mode de production, elle serait une loi *temporaire*, rapportée à la société moderne. Il va donc faire l'étude du temps dans la production, au cœur du mode de production, et du temps dans l'histoire des modes successifs de production. Ces deux modes du temps s'enracinent à leur tour dans le temps d'une nature conçue elle-même comme "historique, capable de développement et d'innovation"[2]. I.Prigogine et I.Stengers soutiennent ainsi qu'il y a, cachée dans le matérialisme dialectique, une recherche tâtonnante d'une théorie des bifurcations, une théorie de la temporarité des lois, mais que, étant donnée l'époque où elle s'esquisse, elle n'a pas les instruments proprement scientifiques de son ambition. Dès lors elle procède par collages et bricolages pour maintenir deux certitudes difficiles à concilier : la contingence du futur et le déterminisme de lois conçues sur le modèle inapproprié des lois de la dynamique.

La conception que Marx se fait de la science, comme de toutes les productions de l'esprit, c'est qu'elle n'apparaît jamais avant que la société ne dispose des moyens de la mener à bien : "L'humanité ne se pose jamais que les problèmes qu'elle peut résoudre, car à y regarder de plus près, il se trouvera toujours que le problème lui-même ne

1. *Phénoménologie de l'Esprit.* Traduction J.P. LEFEBVRE, Aubier, 1991 p. 30.

2. PRIGOGINE et STENGERS, *La nouvelle alliance*, Folio-essais, 1986, p. 284.

surgit que là où les conditions pour le résoudre existent déjà ou du moins sont en voie de devenir."[1]

On peut considérer que les conditions intellectuelles, elles, ne surgissent pas toutes nécessairement tout de suite et qu'elles ne sont pas immédiatement opératoires, mais qu'en tout état de cause, elles ne sauraient naître si les conditions matérielles ne leur ouvrent pas d'abord le champ de leur déploiement. "Les catégories expriment des formes d'existence, des conditions d'existence déterminées, souvent de simples aspects particuliers de cette société déterminée."[2]

Comme nous le notions plus haut, la nanoseconde est bien pensable par tout homme quand on prend la peine de la lui expliquer, mais le concept d'une telle mesure ne pouvait naître que dans une société industrielle pour laquelle mesurer toute fraction de temps est considéré comme de grande importance. Qui compte en lunaisons n'en a que faire.

Des conditions matérielles sont donc réunies dans la société mécanique, qui permettent à la fois d'étudier l'histoire (le passé) à partir d'une quête identitaire de la société présente, et d'anticiper par extrapolation et spéculation sur la suivante. Sur les tendances lourdes de celle-ci en tout cas, car l'événement en lui-même demeure contingent.

Une science de l'économie de temps

Malgré le niveau, encore élémentaire chez lui, de l'énonciation mathématique de l'économie, Marx s'est efforcé (comme avant lui Ricardo) de donner à son projet de définir la société de son époque, le statut d'une science authentique, en la faisant entrer sous le paradigme newtonien.

A) Les travaux préparatoires au *Capital* en témoignent surabondamment,[3] Marx cherche à établir des fonctions mathématiques déterminantes qui feraient intervenir les vitesses, les accélérations, certaines décélérations de la circulation de la monnaie, du capital, des marchandises. La science de la réalité économique ne peut être que la science de l'économie de temps. Qu'on en juge par ce court extrait d'un long développement :

1. Préface de la *Contribution à la Critique de l'économie politique* de 1859, Ed. Sociales,1957, p. 5.

2. Introduction à la *Critique de l'économie politique* (inédite, de 1857), *ibidem* p. 170.

3. Il y a là des textes non publiés, connus sous le nom de *Grundrisse*, ou d'autres, qui ont été publiés, comme la *Contribution à la critique de l'économie politique* de 1859.

> "A titre d'exemple, on peut signaler qu'en particulier, dans les périodes où prédomine le crédit, la vitesse de rotation de la monnaie croît plus vite que les prix des marchandises, alors qu'un amoindrissement du crédit entraîne une diminution des prix des marchandises plus lente que celle de la vitesse de la circulation."[1]

B) Cette recherche va culminer dans le *Capital* lui-même où la théorie de la valeur devient celle de la valorisation du capital par la dévalorisation du temps de travail. A partir du chapitre X sur la journée de travail, fourmillent les exemples illustrant l'inépuisable inventivité du "capital affamé de surtravail."[2]

Dans les *Principes d'économie politique*, Ricardo avait esquissé, sur la question de la rente foncière différentielle, une séduisante mise en loi, devenue exemplaire. Dans la notion de plus-value relative, stimulant du développement du machinisme, Marx perçoit que se composent des vitesses de production sur un marché de concurrence. Il y a, dans les accélérations obtenues grâce aux innovations organisationnelles ou technologiques, par rapport au taux moyen, des effets de productivité qui définissent dans la structure de production, des secteurs moteurs. Marx va croire y découvrir le Primum Movens.

Marx est donc convaincu de détenir le principe d'une science et l'indice auquel on reconnaît qu'une science en est bien une, c'est qu'elle enserre le réel dans un système d'équations qui permet de prévoir, par déduction à partir des lois, un événement que le futur vient apporter. Dans le cas des sciences de la nature, cet événement, ou bien on le produit au laboratoire, ou bien on l'annonce dans des éphémérides. La nature, comme le notait Kant dans la deuxième Préface de la *Critique de la Raison pure*, est alors sommée de répondre comme le théoricien l'a prévu, et lorsque la loi est correcte, elle le fait :

> "La raison ne voit que ce qu'elle produit elle-même d'après ses propres plans et [...] elle doit prendre les devants avec les principes qui déterminent ses jugements, suivant des lois immuables,[...] elle doit obliger la nature à répondre à ses questions et ne pas se laisser conduire pour ainsi dire en laisse par elle."

Cette idée que l'on doit pouvoir *conduire* dans le futur le cours des choses (à la condition, bien sûr d'en connaître les lois vraies), est partagée par tout le siècle. Heidegger dit à ce propos que la pensée technique "arraisonne" la nature. Sans doute Marx souligne-t-il que les lois qu'il entend formuler dans l'ordre historique ne sont que "tendan-

1. *Contribution, ibidem* p. 74.
2. *Capital* - I ; chap. 10 p. 180,181 : "les horreurs du surtravail, ce produit de la civilisation, viennent s'enter sur la barbarie de l'esclavage et du servage."

cielles", mais il n'en proclame pas moins leur "nécessité de fer"[1]. Le temps de la mécanique est un paradigme sans rival sérieux dans la pensée et le temps de la mécanique n'admet pas que le futur crée la surprise. On constate d'ailleurs que Walras que tout oppose à Marx, pense sur ce point en 1874 exactement ce que Marx admet en 1867 comme allant de soi.[2]

La science de Marx fait donc du temps de travail le facteur axial de la production de la richesse (thèse peut-être incomplète, mais certainement défendable), il considère que l'enrichissement et la paupérisation doivent conduire à l'émergence d'une société nouvelle (et là encore, pourquoi pas ?), il a de plus la vision que celle-ci ne peut être que prolétarienne, communiste et qu'elle doit sortir l'humanité de sa préhistoire en abolissant l'exploitation de l'homme par l'homme (après tout, si le prolétariat en est capable, eh bien, qu'il en donne la preuve expérimentale !). Il considère néanmoins que toute cette chaîne, c'est la science initiale de la maximisation de la plus-value par l'exploitation du temps de travail qui y conduit. Il insiste souvent sur ce point dans lequel il aime voir son apport propre à la théorie, ainsi qu'une révélation apte à disqualifier l'économie politique bourgeoise : Ce qui est vendu comme marchandise sur le marché, ce n'est pas du travail, mais de la force de travail pour un usage d'un certain temps.

En tant que militant révolutionnaire, il s'est en effet beaucoup intéressé aux luttes ouvrières anglaises visant à obtenir des lois diminuant le temps de travail. La loi passe de 15 heures à 12 heures en 1833 et à 10 heures en 1847. On voit que le temps de travail diminuant, la plus-value est condamnée elle aussi à diminuer. Mais l'introduction de méthodes rationalisatrices et, parmi elles, du machinisme, permet une augmentation de la plus-value relative. Marx entend montrer que l'ennemi n'est pas celui que les prolétaires désignent spontanément : "La machine est innocente des misères qu'elle entraîne."[3] "La plus-value provient, non des forces de travail que le capitaliste remplace par la machine, mais au contraire de celles qu'il y occupe."[4]

1. *Capital* I Préface à la première édition, p. 36.

2. De Marx et de Walras aucun ne semble avoir lu l'autre. Dans *Capitalisme, Socialisme et démocratie*, Payot 1972, note p. 53, SCHUMPETER écrit: "Marx révèle dans une mesure surprenante son impuissance à se délivrer des chaînes, qu'il croyait avoir brisées, de l'économie bourgeoise de son temps". Il serait peut-être plus juste de dire qu'il n'a pu se débarrasser du paradigme dominant de la temporalité et de la causalité qui s'appuie sur un impensé épistémique : les dérivées sont le seul moyen de modéliser du mouvement et ses variations.

3. *Capital* - I; chap. 15, p. 316

4. *Capital* - I; chap. 15, p. 293/94.

Pour lui, ce qu'il faut incriminer, c'est une manière bourgeoise de se rapporter au temps. Aucune société humaine, certes, n'a jamais été pacifique, à part peut-être celle, éternelle, des mythes de l'âge d'or, mais la société bourgeoise est particulièrement agonistique. Outre la lutte des classes, qui peut être interprétée comme une forme moderne de l'antagonisme archétypique des clans, des tribus, des ordres ou des états dans les formes antérieures de société, elle invente un mode de production dans lequel les membres d'une même classe vivent eux-mêmes en concurrence économique.

Les comportements sociaux peuvent donc être conçus comme relevant perpétuellement d'un calcul tactique ou stratégique en fonction d'un système de contraintes. On ne peut certainement pas dire que Marx n'a pas été sensible à la lecture de la société comme un champ dans lequel jouent des stratégies, mais il n'en a perçu et n'en a voulu percevoir que l'aspect correspondant à la lutte des classes. L'idée que la société tende à *individualiser* les choix, telle que la développera à la fin du XIXe siècle le courant néo-classique et marginaliste, est une sorte de point aveugle du marxisme : pour lui, seule une économie politique idéologiquement bourgeoise peut soutenir que les comportements ne sont pas dictés massivement par l'appartenance de classe. Quant aux exceptions, elles ne sont pas tenues pour historiquement significatives. Ainsi, pour Marx, si la bourgeoisie, comme toute classe dominante imposant son idéologie dominante, place au centre de la vie sociale, la dictature du chronomètre, en raison de sa faim insatiable de surtravail, cela ne lui interdit nullement de dilapider simultanément ce même temps de travail quand elle exploite de façon tactique le chômage qui survient, si encore elle ne l'organise pas cyniquement.

Que du temps de travail (et à certaines époques, beaucoup !) se perde dans une société capitaliste, voilà qui peut en effet étonner le naïf qui oublie la lutte des classes. Pourquoi tous ces chômeurs, dont l'utilisation des heures vides permettrait de produire davantage encore ? Que de plus-value potentielle ainsi gaspillée ! Ô certes, dans la société balzacienne, il existe une bonne oisiveté, celle du rentier, précisément sanctifiée et comme aseptisée par la rente. Mais l'oisiveté du prolétariat, celle qui est susceptible de faire de lui une de ces "classes dangereuses" que Quételet a disséquées au scalpel de la statistique, comment la tolérer ?

Doit-on chercher l'explication de ce mystère du côté du potlatch ? Après tout, si le temps est de l'argent, il s'investit, mais il se dilapide aussi ! Soit, mais à qui revient alors la jouissance de cette transgression ? La théorie de l'"armée de réserve" de chômeurs, masse flottante qu'il est sain d'entretenir comme un circuit de refroidissement contre toute pression à la hausse des salaires, a paru politiquement suffisante à Marx, qui n'a pas cherché plus loin.

Là, prenant l'ombre pour la proie, il glisse subrepticement d'une logique prédictive "newtonienne" à une logique qui est un mélange curieux de Carnot et de Darwin, sans fournir tous les moyens conceptuels de cette synthèse (dès lors syncrétique) et sans percevoir l'insuffisance des moyens mathématiques dont il dispose pour que sa prédiction reste issue d'une "loi". Krystof Pomian[1] a montré, mais peut-être bien avec une sévérité excessive (en tout cas selon Prigogine et Stengers) combien ce glissement métaphorique est peu rigoureux. Toutes les fonctions mathématiques simples qu'il utilise, sont linéaires et continues. Elles ne peuvent dès lors en rien modéliser des ruptures. Schumpeter[2] avait déjà noté que la théorie prétendument marxienne des crises cycliques du capitalisme est totalement introuvable dans l'œuvre et que, de plus, elle n'est nullement inscrite en creux dans ses analyses. Les crises surviennent, chez Marx, si l'on s'en tient à ce qu'il montre effectivement et non à ce qu'il énonce parfois comme une opinion, parce que des accidents les produisent. La baisse du taux de profit reste un facteur de régulation, un stimulant aux initiatives créatrices et il ne saurait sonner, comme le prophétise Marx, le glas du mode de production.

Bien qu'il y ait là un indiscutable tour de passe-passe théorique qu'il se masque à lui-même grâce à un appel à une supposée "loi" hégélienne selon laquelle les choses se renversent opportunément de façon dialectique, Marx n'est guère plus dans l'erreur que la totalité des gens de son époque.

Des fonctions linéaires continues n'ont la moindre valeur que si le monde ne change pas. Or Marx prévoit que le système capitaliste s'écroule par simple prolongation à l'absurde des courbes. Insistons : ce système là et pas le monde ! Newton convenait que si la mécanique céleste n'était dirigée que par la loi de gravitation, dont il donnait la formule, son instabilité était nécessaire et son effondrement final sur soi, fatal. Newton s'en tirait, lui, par un petit coup de pouce méta-

1. K.POMIAN. *Catastrophes et déterminisme,* in *Libre* n°4, Payot 1978, p. 118, 119.

2. *Opus cit.* p. 62, 63. SCHUMPETER ajoute p. 64 : "Certes, cette absence d'une causalité fatale ne constitue pas nécessairement un point faible de la doctrine marxiste, car bien d'autres théoriciens ont admis et admettent tout bonnement que les crises surviennent chaque fois que se produit un dérangement quelconque suffisamment important.[...] elle a libéré Marx, pour une fois, de l'esclavage de son système."

physique : en l'occurrence Dieu lui-même devait intervenir de temps en temps pour remettre un peu d'ordre cosmique dans la pagaille grandissante. On voit mal Marx faire appel au même procédé.

Quelle est donc cette "science hégélienne" désignée plus haut ? Marx en dit ceci : "Ici, comme dans les sciences naturelles, se confirme la loi constatée par Hegel dans sa *Logique*, loi d'après laquelle de simples changements dans la quantité, parvenus à un certain degré, amènent des différences dans la qualité."[1] Cette loi, extraite de la théorie de la mesure est le simple constat empirique du fait que l'eau, à deux températures critiques, passe de la glace à l'état liquide, puis à la vapeur, trois phases discontinues, lors d'une élévation continue de la température. Hegel est frappé par le fait que le passage n'est pas progressif et insensible, mais brutal, d'où l'idée d'une discontinuité dans le dépassement dialectique.

L'ennui, pour l'intérêt de cette métaphore, c'est que la nature passe indifféremment de la glace à la vapeur ou de la vapeur à la glace et qu'on aura du mal à trouver lequel de ces états est "supérieur" à l'autre. Marx nous annoncerait-il le passage indifférent du capitalisme au socialisme et du socialisme au capitalisme en fonction des réchauffements et refroidissements de l'histoire ? L'allusion aux sciences naturelles et au deux chimistes Laurent et Gerhardt serait plus immédiatement convaincante, puisque ceux-ci progressent dans la compréhension des processus selon lesquels la nature *construit* des ensembles chimiques complexes avec des substances plus simples. Marx aperçoit dans l'emprunt métaphorique, non pas aux théories explicatives de la chaleur (car l'entropie croissante de Clausius n'annonce rien de bon pour demain), mais à un phénomène trivialement observable depuis que l'homme observe, une issue théorique éventuelle : d'abord simples dérivées du temps de travail productif, vitesses et accélérations provoquent, en franchissant certains seuils, ce qu'on appellerait aujourd'hui des "transitions de phases". On peut ainsi dire que Marx a bien flairé quelque chose, mais qu'il n'a pas réellement identifié ce que c'était. La chose n'est plus, selon Prigogine aussi difficile à penser à la fin du XXe siècle qu'elle l'était dans la deuxième moitié du XIXe :

> "Le matérialisme dialectique s'est, quant à lui, trouvé confronté à cette difficulté majeure : quels sont les rapports entre les lois générales de la dialectique, et les lois tout aussi universelles du mouvement réversible ? Ces dernières cessent-elles de s'appliquer

1. *Capital* - I ; chap. 11, p. 229.

à partir d'un certain point, ou bien sont-elles fausses, ou incomplètes ?"[1]

Marx passe donc, sans en apercevoir les difficultés, de la dynamique des trajectoires continues à la thermodynamique, et qui plus est, pas n'importe laquelle, puisque l'entropie d'un système, facteur implacable de toute dégradation n'est pas ici incompatible avec une construction, avec une croissance de la complexité. Pour que l'histoire telle que nous la vivons soit possible, il faut que le temps destructeur soit partiellement, localement constructeur. Cette thermodynamique n'est ni celle de Clausius ni celle de Boltzmann, mais celle des systèmes entretenus loin de l'équilibre, celle des systèmes dissipatifs. Aùssi peut-on saluer dans le *Capital*, une sorte de glorieux échec en même temps que l'expression d'une attente qui, en notre fin de XXe siècle, reste à satisfaire, sollicitant et la science et la philosophie.

III - PETITE ÉTHNOLOGIE DU TEMPS SOCIAL

Il serait parfaitement illusoire de s'imaginer qu'on puisse définir des caractères constants du temps qui vaudraient en général dans toute la nébuleuse des sociétés traditionnelles, comme si elles constituaient un ensemble homogène. Le fait que toutes divergent des critères de l'urgence qui domine dans les sociétés modernes capitalistes, n'autorise pas à les confondre. Le temps est en effet perçu et représenté sous des formes symboliques idiosyncrasiques et des codes originaux dans chacune d'elles. Accumuler des listes de singularités et d'hapax exotiques n'aurait pas non plus un bien grand intérêt, d'autant qu'on ne voit pas bien à quelle quantité il faudrait s'arrêter. Aussi serons nous contraints de nous contenter de quelques notations de survol, sans doute un peu disparates, mais qui puissent montrer comment ces sociétés se repèrent dans le temps avec une efficacité qui leur convient, sans s'intéresser nécessairement à ce qui nous paraît indispensable, pour asseoir une chrono-logie ou métrie dignes de ce nom.

Le temps des origines

Dans un nombre considérable de ces sociétés le temps est volontiers pensé comme circulaire. Les activités y sont cycliques pour de nombreuses raisons, dont certaines sont si fortes qu'elles s'imposent toujours dans nos propres sociétés. Ici, la raison centrale autour de

1. I. PRIGOGINE, *Opus cit.* p. 290.

laquelle s'organisent toutes les autres, c'est que la nature produit de façon cyclique, si bien que même les peuples qui ne sont guère agriculteurs y sont soumis. Les sociétés agraires sont fatalement captives du cycle, aussi, comme le montrent les études ethnologiques de Tylor, Frazer ou Levy-Bruhl, on peut leur trouver une constante binaire et même bipolaire : un temps des activités profanes et un temps des fêtes, qui est le retour périodique d'un temps des origines, sans date. "In illo tempore" disaient les latins, sans autre précision, "il y a plus longtemps que longtemps", disent les griots du Sénégal.

Roger Caillois résume ainsi, dans *l'Homme et le sacré*, les caractères de cet "Urzeit"

> "... qui a vu toutes les choses, toutes les institutions se fixer dans leur forme traditionnelle et définitive.[...] pour les Tsimhians de l'Amérique du nord, les mythes se distinguent précisément des autres récits légendaires par le fait qu'ils sont situés dans ce temps révolu, où le monde n'avait pas encore pris son apparence présente." "Il est placé, à la fois, au début et au dehors du devenir. Ainsi M.Elkin remarque qu'il est non moins présent ou futur que passé. 'C'est un état aussi bien qu'une période', écrit-il de façon significative."[1]

La dualité des temps est hiérarchique et c'est le temps qui dure le plus longtemps qui compte le moins, non que les sociétés se désintéressent du temps de travail et de production, mais ces périodes de la vie ne sont pas marquées par la force spirituelle du sacré (qui ne manque pas de s'y introduire subrepticement à tout propos dans des pratiques conjuratives par exemple). Les temps forts sont ceux qui reconduisent à un temps en réalité intemporel, un temps à rebours du temps, qui ignore l'irréversibilité et la rupture de symétrie.

Esquissant un rapprochement entre le retour en arrière de l'anamnèse psychanalytique qui entend faire revenir le patient à une époque de sa vie où des orientations malheureuses se sont décidées et l'effort de la pensée religieuse indienne pour penser le temps sacré, Mircea Eliade écrit :

> "Les philosophies, les techniques ascétiques contemplatives indiennes poursuivent toutes le même but : guérir l'homme de la douleur de l'existence dans le temps.[...] Il s'agit de parcourir le temps à rebours pour rejoindre cet instant paradoxal au delà duquel le temps n'existait pas, parce que rien ne s'était manifesté."[2]

1. ROGER CAILLOIS, *L'homme et le sacré*, idées Gallimard, 1950, p. 130-131.
2. MIRCEA ELIADE, *Aspects du mythe*, idées Gallimard, 1963, p. 108.

Les sociétés traditionnelles ont ainsi généralement un calendrier collectif marqué par le retour périodique de fêtes sacrées, mais celui-ci ne vaut pas nécessairement pour dater les *événements,* qui ne concernent que les familles ou les individus. Interrogées par l'anthropologue Melissa Llewelyn-Davies[1], deux femmes Masaï racontent en pouffant de rire le passage dans la tribu d'un agent du gouvernement kenyan venu faire un recensement.

— "Je ne comprends pas ce qu'il veut. Moi, je suis de l'ancien temps", dit l'une, et l'autre :

— "Il écrit dans un grand livre, moi, je ne sais pas lire, il me pose des questions : quel jour est né votre premier enfant ? Et le deuxième ?... Mais comment veut-il que je sache quel jour sont nés mes enfants ? A quoi ça peut servir de l'écrire dans ce livre ?"

Le temps de l'événement ne mérite pas l'effort de la mémoire, laquelle a bien d'autres obligations plus essentielles, dans une société sans écriture. Par exemple les ethnomusicologues ont pu constater le nombre énorme de chants ayant trait à toutes sortes de situations de la vie collective, que peuvent connaître certains peuples.

En ce qui concerne un repérage privé du temps entre personnes, André Iteanu[2] note que pour se donner rendez-vous, deux Orokaïva de Papouasie n'utilisent pas un vocabulaire, ici absent, mais des objets, ils prennent deux cordelettes, y font, en correspondance terme à terme, des nœuds dont chacun représente un cycle lunaire, puis chacun part de son côté avec sa cordelette. A chaque lunaison, ils ôteront un nœud et ils se retrouveront lorsque le moment de défaire le dernier nœud sera venu.

Dans les sociétés traditionnelles, l'opposition moderne entre temps de travail et temps libre n'est pas pertinente. C'est ce qui peut donner à un observateur naïf l'impression que les primitifs sont toujours en vacances, ou que le temps pour eux n'a pas de valeur. Cela est naturellement une illusion, mais il est certain que ce que nous considérons comme temps de travail et temps libre correspondent l'un et l'autre à du temps profane, ce qui a pour effet que les impératifs y sont moins contraignants que dans le temps sacré. Pour cette raison, certaines activités (en particulier productives) peuvent éventuellement attendre, ou ne pas être effectuées dans l'ordre qui les rendrait plus productives. D'où ce sentiment d'un laisser-aller pour qui vient d'une civilisation où ce qui est sacré, ce n'est plus la croyance religieuse, mais la rentabilité

1. Dans *Souvenirs et rêves du pays Masaï,* 1981.
2. Collectif : *L'espace et le temps aujourd'hui,* Points Seuil, 1983, p.277.

économique calculable en temps. La modernité, comme Marx l'a dit, a "noyé les extases sacrées dans les eaux glacées du calcul égoïste."

Dans ces sociétés, le temps linéaire n'a pas non plus toujours une grande prégnance. Le temps est moins le cadre général des activités productives humaines réglées selon un rythme perpétuellement accéléré, que le système du monde pris comme un tout éternel. L'adage "il y a un temps pour tout" y vaut comme un principe cosmique. Le temps a un caractère cyclique parce que tout ordre est pensé comme nécessairement cyclique. Mais, comme l'a montré Pierre Bourdieu, on aurait tort de croire que, pour cette raison, la temporalité ressemble à un système mécanique figé dans sa stéréotypie. Ce temps est en vérité plus complexe, il laisse une place à des jeux "stratégiques" autour d'événements, et l'irruption de l'accident imprévu donne lieu à des improvisations qui tiennent compte de règles implicites, mais ne déterminent pas d'avance les choix.

L'ethnologie a longuement décrit le temps cyclique, le retour régulier, calendaire, de dates pivots de la vie religieuse. Elle a souligné que cette dernière n'est pas autonomisée et ne relève pas de la conviction privée, mais qu'elle détermine tout le système d'impératifs (que Max Weber nommait un "éthos") de la vie collective. Il y a obligation pour la société de répéter, de refaire ce qui est censé avoir toujours eu lieu depuis le temps fondateur, depuis que les hommes de la tribu sont devenus humains, depuis que les animaux ne parlent plus. Le retour périodique est donc retour au temps pré-originaire de la mythologie que les fêtes ressuscitent. Mais, insiste Bourdieu, l'ethnologie a eu un peu trop tendance à estimer qu'entre deux points forts du temps sacré, il y a une durée profane qui n'est qu'un pâle reflet de l'autre. Cela n'est qu'une demi-vérité.

Ainsi par exemple, dans l'échange de dons décrit de Mauss à Lévi-Strauss comme objectivement réversible, on ne peut passer sous silence l'importance du "délai".

> "en toute société, sous peine de constituer une offense, le contre-don doit être *différé* et *différent*"[...] "l'intervalle de temps qui sépare le don et le contre-don est ce qui permet de percevoir comme *irréversible* une structure d'échange toujours menacée d'apparaître et de s'apparaître comme réversible, c'est-à-dire comme à la fois *obligée* et *intéressée*." "Bref, tout se passe comme si la pratique des agents et, en particulier, la manipulation qu'ils font subir à la *durée*, s'organisait tout entière en vue de dissimuler la vérité que l'ethnologue porte au jour."[1]

1. P. BOURDIEU, *Esquisse d'une théorie de la pratique*, Droz, 1972, p. 223.

Il existe donc une tension du temps entre des points où certains individus qui étaient les obligés, s'acquittent de leur obligation et obligent à leur tour. Cela définira dans la vie sociale une cadence qui n'est pas mécanique, car pour toutes sortes de raisons, il surgit des conflits, des ruptures de contrats, des réconciliations, des changements d'alliances etc... et cela se marquera dans l'usage du temps. Cette analyse illustre, selon Bourdieu, l'existence insoupçonnée d'un "habitus" qui permet aux individus de jouer stratégiquement avec le temps dans les relations sociales les plus diverses.

Cela n'ôte évidemment rien au sacré, qui garde une telle puissance qu'il impose son code de conventions aux événements au point que toute la société peut aller jusqu'à feindre de croire à la réversibilité du temps. Ainsi par exemple, Françoise Héritier signale que chez les Nuers du Soudan[1], avoir une descendance est une exigence sacrée. Et celle-ci est si forte qu'elle conduit la société à considérer un homme décédé sans enfants comme le père d'enfants qui auront été engendrés *après sa mort* et par un autre, si "le prix de la fiancée" a été payé sur ses biens. Le mariage et la paternité post-mortem ne choquent pas la logique du temps des Nuers parce que l'ordre des choses obéit à un éthos bien plus puissant que ce que nous appelons la logique et que cet éthos veut qu'un Nuer ne meure pas sans enfant.

Mais revenons un peu chez nous et remontons seulement jusqu'au XIXe siècle, jusqu'en 1859 par exemple. C'est l'année où Marx publie la préface de *la Contribution à la critique de l'économie politique*, dans laquelle il résume les lois qui, selon lui, font des révolutions une nécessité historique. L'histoire roule maintenant à la vitesse des chemins de fer et l'information vole à la vitesse de propagation des signaux du télégraphe. Et pendant ce temps là, à quelques kilomètres de là... Considérons le tableau de Millet appelé "*l'angélus*", peint en 1859. Il satisfait au goût du moment pour le social, pour le peuple tel que la bourgeoisie l'aime : c'est le prolétariat agricole, soumis, qui marche lourdement en sabots dans la glèbe, et s'arrête à l'heure de l'angélus, non pour la grève, mais pour prier. Ce tableau nous montre que jusqu'à cette époque, la plupart des paysans, pour connaître l'heure, ne disposaient que du soleil et du son de la cloche de la paroisse. Depuis le Moyen-âge, c'était une tradition en chrétienté, de couvrir les territoires d'un maillage de paroisses dont l'extension était déterminée

1. Etudiés par E.EVANS-PRITCHARD dans *Les Nuers, description des modes de vie d'un peuple nilote*, Gallimard 1968. F. HERITIER écrit : "Ces enfants sont socialement et légalement ceux du mort, du seul fait que le partenaire sexuel de la femme a prélevé sur le bétail du défunt le montant de la dot qu'il verse en son nom." (*Les mille et une formes de la famille*, article publié dans Le Monde).

par la portée des cloches annonçant les offices. C'était l'heure de matines, l'heure des vêpres ou du salut.

Jacques Le Goff, dans son article *Temps de l'Eglise et temps du marchand*[1] évoque la lutte longtemps incertaine au Moyen-âge et à l'époque moderne, entre l'heure religieuse et l'heure bourgeoise. Le calendrier religieux, qui repose sur une discontinuité des jours fériés, devient une entrave face aux exigences de continuité de la production marchande. Un temps plus fortement et plus précisément quantifié s'impose comme ce qui est le plus rationnel aux yeux du marchand, puis aux yeux de la société marchande toute entière. Mais si la victoire de l'heure du beffroi de la commune sur l'heure du clocher de l'église montre que la religion perd une bataille, durant des siècles encore la maîtrise du calendrier continue de lui revenir, avec autorité sur la fixation des fêtes chômées.

On imagine l'incrédulité des ouvriers du XIXe siècle, lorsque la Communale, en scolarisant leurs enfants, leur fit apprendre la fable de La Fontaine *le savetier et le financier*. On se rappelle que, dans la fable, le savetier, qui est un petit artisan indépendant de l'époque immédiatement antérieure à l'apparition de la manufacture, se plaint, non pas d'un travail excessif, mais au contraire d'un trop grand nombre de jours fériés, du seul fait de la religion.

> "– Eh bien que gagnez-vous, dites-moi, par journée ?
> – Tantôt plus, tantôt moins : le mal est que toujours,
> (Et sans cela nos gains seraient assez honnêtes,)
> Le mal est que dans l'an s'entremêlent des jours
> Qu'il faut chommer ; on nous ruine en Fêtes.
> L'une fait tort à l'autre ; et Monsieur le curé
> De quelque nouveau Saint charge toujours son prône."[2]

Dans *le droit à la paresse*, Paul Lafargue écrit :

> "Sous l'Ancien Régime, les lois de l'Eglise garantissaient au travailleur 90 jours de repos (52 dimanches et 38 jours fériés) pendant lesquels il était strictement défendu de travailler. C'était le grand crime du catholicisme, la cause principale de l'irréligion de la bourgeoisie industrielle et commerçante. Sous la Révolution,

1. Annales Mai-Juin 1960. "Le conflit du temps de l'Eglise et du temps des marchands, s'affirme, au coeur du Moyen-âge, comme un des événements majeurs de l'histoire mentale de ces siècles, où s'élabore l'idéologie du monde moderne, sous la pression des glissements de structures et des pratiques économiques."

2. La FONTAINE, *Fables*, Garnier-Flammarion, p. 207.

dès qu'elle fut maîtresse, elle abolit les jours fériés et remplaça la semaine de sept jours par celle de dix. Elle affranchit les ouvriers du joug de l'Eglise pour mieux les soumettre au joug du travail."[1]

Shakespeare nous rappelle, avec une poésie pleine de charme, qu'à l'époque de la Renaissance, des enfants de familles riches comme Roméo et Juliette n'avaient pas d'autre repère, au matin de leur amour, que le chant de l'alouette ou celui du rossignol.

Le passé et la culture

Dans toutes les cultures, les ethnographes le notent sous des formes multiples, les anniversaires se confondent avec la civilisation. Avoir une culture, c'est avoir des ancêtres auxquels on doit de ne pas être des animaux. Les uns et les autres reviennent de temps à autres, dans les rêves, ou comme des revenants, des fantômes, dont il faut ranimer rituellement les mânes sous peine de perdre sa propre identité. Ce qu'on est aujourd'hui, ce qu'on fait aujourd'hui, s'autorise de ce que les ancêtres doivent bien avoir inauguré, sinon d'où cela viendrait-il ? La causalité est d'abord une demande qui part d'aujourd'hui, même si elle va s'affirmant comme ce qui vient d'avant-hier. Si la mémoire remanie sans cesse les souvenirs, c'est que c'est aujourd'hui que les souvenirs sont nécessaires et qu'on les sollicite. Le passé est peut-être mort (ce qui n'est pas sûr), mais les souvenirs vivent, sont notre vie. Chaque adulte a besoin de l'enfant qu'il a été pour être ce qu'il est, alors il faut bien que cet enfant ait été, sinon tout s'effrite. Hume est certainement le philosophe qui l'a dit le mieux : il n'y a pas de permanence du sujet, il lui faut donc un passé pour être. C'est ce qui fonde l'autorité des traditions. Par leur truchement, les individus d'une société s'imbriquent dans une "maçonnerie" qui leur fournit la consistance qui leur manque. Un passé est un substitut de nécessité, on le voit dans l'esprit aristocratique toujours prompt à décliner ses quartiers de noblesse, on le voit aussi dans les rites qui entourent les naissances : Qui est-il ce bébé inconnu ? Ne serait-il pas un sorcier ? On examine les signes, on consulte les augures. Cet Œdipe, qui a les pieds enflés, de quel méfait est-il capable ? quel revenant est-il ? Car ce qui s'est produit se produira.

Levi-Strauss explique, dans *la Pensée sauvage*, qu'il n'y a pas d'absolue contradiction entre la pensée mythique, essentialiste et la pensée scientifique, causaliste et déterministe, que celle-là n'est pas sur celle-ci en défaut de causalité, mais bien plutôt en excès : la pensée

1. PAUL LAFARGUE, *Le droit à la paresse*, Maspero 1975, p. 135, note 1.

mythique a horreur de la contingence. Elle y voit comme une paresse de l'esprit qui ignore pourquoi les choses sont ainsi qu'elles sont.

La philosophie médiévale a utilisé un terme, tombé depuis en désuétude, elle a nommé "quiddité" l'essence singulière par distinction de l'essence générique. Les sociétés traditionnelles n'ont généralement qu'un intérêt modéré pour des généralités trop abstraites. Pour elles, *ce qui* (quid) fait que cet arbre est *ce qu'* il est s'explique par une histoire d'autrefois, par un mythe.

Ainsi, Michel Perrin montre, dans *le Chemin des indiens morts* (1983), que pour les indiens Guahiros du Vénézuela, si le brasilier, arbre avec le bois duquel on fait le briquet, a une écorce striée, on ne saurait se contenter de dire : eh bien, c'est ainsi, il y a des arbres qui ont une écorce lisse, d'autres une écorce craquelée, d'autres encore ont une écorce striée et le brasilier est de ceux-là. Pour le biologiste, il y a aussi une raison à cela, qui combinera génétique, physique, chimie etc..., mais pour les Guahiros, les stries du tronc du brasilier s'expliquent par l'origine de la maîtrise du feu chez leurs ancêtres Guahiros. Chacun peut voir que l'écorce du brasilier est griffée. Le Jaguar, dans cette histoire sans date, était le seul possesseur du feu ; des Guahiros malins l'ont dérobé et l'ont caché dans le tronc d'un brasilier. Le Jaguar en colère a essayé de le reprendre et a griffé profondément le tronc du brasilier. Et depuis ce jour, le tronc du brasilier est strié et le bois de brasilier, frotté comme il convient, fait un excellent briquet.

S'il peut y avoir un lien entre le briquet guahiro et les stries de l'écorce du brasilier, c'est parce qu'un passé que seule la mémoire des Guahiros a gardé, reste présent dans le monde. A la fois culturel et naturel, il est caché dans les choses, et pourtant visible de manière immédiate dans tous les signes sensibles du monde. L'origine de la civilisation guahiro se maintient dans ces signes parce que le rôle du temps est moins d'effacer que de conserver. Le temps est à la fois "géologique" et généalogique dans son essence en ce qu'il se stratifie et en ce qu'il permet de remonter les lignages qui sont le canevas de l'identité. C'est moins la mémoire qui tente désespérément de retenir ce qui s'effiloche tout de même avec le temps, que le temps lui-même qui retient, qui est mémoire objective. "Le passé n'est jamais mort, il n'est même pas passé", écrit Faulkner, cité par Heidegger dans *D'un entretien de la parole*.[1]

La mémoire en fin de compte n'est pas tellement une fonction psychique individuelle et subjective, elle est avant tout monument collectif. Levi-Strauss note dans *Tristes tropiques* que les mission-

1. HEIDEGGER, *Acheminement vers la parole*, Gallimard 1976, p. 122.

naires salésiens ont bien compris que la structure topographique du village Bororo[1] était un espace-temps culturel vivant, une mémoire objectivée à laquelle la mémoire individuelle de chaque Bororo venait en quelque sorte "se recharger" en permanence, rendant stériles leurs efforts pour les convertir au christianisme. La destruction du village circulaire, sa reconstruction au carré a été plus efficace pour leur évangélisation que la menace de l'enfer.

Insistons ici sur le fait que cette mémoire objectivée n'est ni le passé, ni de l'histoire. Elle n'est pas le passé puisqu'en raison de l'épuisement des terres, le village est déplacé presque à chaque génération. En toute rigueur, aucune construction n'y est ancienne et se déplacer dans le village Bororo n'implique pas une promenade dans le passé comparable, par exemple à celle d'un touriste dans Rome, qui voit ici une coupole bâtie lors de la Renaissance et là une colonne érigée sous l'empereur Trajan. Dans les termes bergsoniens, elle serait une "mémoire-habitude", sans dates, inscrivant le groupe dans la longue durée et même la permanence. On peut soutenir qu'elle est une mémoire *politique* au plus pur sens grec du mot, une mémoire de la Cité : ce que la Cité se rappelle constamment à elle-même, c'est elle-même, c'est pourquoi le territoire est quelque chose de sacré, même lorsqu'il définit des lieux sans rapport avec la religion, et qui se trouveront ailleurs dans vingt ans.

Dans le cas évoqué ici, la disposition des cases des supérieurs, médians, inférieurs, des cases Cera et Tugaré, l'opposition entre la maison des hommes, centrale, et les cases des mères et des épouses, situées sur la circonférence, reflètent l'ordre hiérarchique et les règles matrimoniales et funéraires de la société. Elles imposent dans le quotidien des contraintes de circulation au cœur même des activités les plus anodines.

Levi-Strauss note en conséquence qu'il existe des structures bel et bien diachroniques qui ne sont pas rabattables sur l'histoire, puisqu'elles éliminent l'événement, sans toutefois l'interdire. Il y a par exemple structure diachronique lorsque, dans les règles de parenté, le jeu des obligations et interdits, couvre plusieurs générations. Ainsi le fait qu'une certaine union dans la génération N, entraîne structuralement,

1. "Le village existe de toute éternité, côte à côte avec l'univers physique, lui-même composé d'autres êtres animés : corps célestes et phénomènes météorologiques. Cela, en dépit du caractère temporaire des villages concrets, lesquels (en raison de l'épuisement des terrains de culture) restent rarement plus de trente ans au même endroit. Ce qui fait le village n'est donc ni son terroir ni ses huttes, mais une certaine structure [...] que tout village reproduit. On comprend ainsi pourquoi, en contrariant la disposition traditionnelle des villages, les missionnaires détruisent tout". *Tristes Tropiques,* 10/18, 1955, p.201

aux générations N+1, N+2 etc. d'autres contraintes précises, donne à la structure une indéniable caractéristique diachronique, sans pour autant en faire de l'histoire. Le temps conserve ici l'intemporel. Cela du reste n'interdit en rien que l'événement surgisse inopinément. Mais il y a des événements qui peuvent se couler sans rupture dans les structures, même apparemment les plus rigides, et d'autres qui les dissolvent.

Un événement comme une crise conduisant à la destitution d'un chef ne décontenance pas le jeu de règles de la désignation à la chefferie. En revanche, la décision des pères salésiens de reconstruire le village avec des rues qui se croisent à angle droit, introduit la mort de la mémoire. L'histoire fait son entrée chez les Bororos, mais c'est pour détruire leur culture.

On voit dans tous ces exemples que les temps sociaux relèvent de conventions. Ils obéissent à une grammaire générative implicite (*l'habitus* de P.Bourdieu), qui exclut la continuité uniforme. Le temps de la cinématique offre un schéma trop pauvre pour pouvoir suffire à encadrer les phénomènes qui font sens dans une société. Le temps social n'est jamais fait de secondes égrenées. Il n'est qu'exceptionnellement identifiable au fameux "fil" du temps, car dans le domaine social, ce fil se présente toujours tissé. Le temps social est un "champ", comme on parle d'un "champ magnétique", des tensions, des polarités en définissent le cours qui est construit autour de régularités dans lesquelles toujours se glissent des événements qui les brisent.

CHAPITRE II

LES TEMPORALITÉS EN HISTOIRE

Historicité et temporalité

Pour illustrer la pertinence de la distinction qu'il y a entre historicité et temporalité, on peut montrer qu'il y a une historicité des mentalités. Aristote peut expliquer, dans l'Antiquité, en quoi l'esclavage est justifiable et Voltaire, à l'époque moderne, en quoi il est intolérable. Le XVIIIe siècle européen peut défendre un cosmopolitisme pacifiste, le XIXe un nationalisme guerrier. L'historicité pose le problème philosophique des caractéristiques de l'évolution de l'idéal et des facteurs déterminants qui y interviennent. On pourrait aussi se demander, avec un certain vertige, si elle ne conduit pas à réduire la morale à une mode, ou s'il y a dans l'histoire des hommes une évolution orientée (et si oui, vers quelle finalité).

La question de la ou des temporalités des divers phénomènes est toute autre, mais elle peut se poser aussi pour l'histoire. Y a-t-il une temporalité propre aux crises, aux révolutions, qui tranche sur celle des évolutions ? La temporalité de chacune des époques historiques découpées par l'historiographie peut-elle être caractérisée par une dominante remarquable ? Y a-t-il dans les philosophies de l'histoire un schéma, explicite ou implicite, du cours du temps ? Peut-on trouver de grandes classes de tels schémas ? C'est ce que nous postulons et ce que nous nous proposons d'analyser.

I - FORMES PLURIELLES DU TEMPS EN HISTOIRE

Tout sujet de l'histoire doit traverser le temps par le moyen du récit

Comme nous l'avons évoqué déjà, selon Hume[1], qui s'en prenait en cela au substantialisme cartésien, tout indique qu'un sujet n'est pas une structure stable, et si l'on en croit depuis lors la psychanalyse, la dispersion originaire du Ça ne s'unifie en un Moi, par différentiation d'un monde extérieur qui tend corollairement à s'instaurer en "réalité", que par une *mémorisation* des expériences. Quelqu'un qui n'a pas de mémoire n'est personne. Il est peut-être quelqu'un pour d'autres, mais son statut reste, même pour eux, énigmatique. Voilà ce qui justifie l'effort diégétique, l'effort pour dire son histoire. Celui dont se dit l'histoire commence à être pour lui-même. Ce serait donc un acte d'appropriation de son histoire comme récit de soi, qui constituerait le sujet en un Moi.

Or ceci, qui vaut pour l'individu, n'est-il pas tout autant valable pour une collectivité historique s'érigeant en sujet ? Peut-on imaginer un peuple qui, au sens strict, n'aurait pas d'histoire, ne serait-ce que légendaire ?

"Un pays sans légendes est condamné à mourir de froid" a joliment écrit Patrice de la Tour du Pin. Mais un peuple qui ne se raconterait pas n'aurait pas du tout d'existence comme peuple. Il serait un troupeau.

Les sociétés tiennent à leur pérennité, comme elles tiennent à leur identité. C'est d'ailleurs tout un pour les sociétés traditionnelles. Quant à celles qui croient ne pas l'être ou qui le sont moins que d'autres, il leur reste toujours assez de tradition pour que l'apprentissage scolaire de l'histoire, par exemple, en devienne une autre. Une image qui fait tout pour ne pas changer est un mythe. Une image qui bouge, c'est de l'histoire.

L'approche mythique de l'identité est une négation du temps : ce qui a été sera puisque c'est l'être même. La tradition est mode d'être intemporel plutôt que culte du passé. Elle est négation et dénégation du

1. "Je suis, j'existe, mais pour combien de temps ?" se demandait Descartes, et Hume lui répondait : "Peut-être perçoit-il quelque chose de simple et de continuellement existant qu'il appelle *lui-même*, quoique je sois certain qu'il n'y a pas en moi un tel principe.", *Traité de la nature humaine,* Aubier, p. 342.

changement et de la mort. Mircea Eliade, parmi beaucoup d'autres, montre cela richement, dans *le Mythe de l'éternel retour* par exemple.

Les sociétés qui ont une approche historique de leur identité et qui profèrent des propositions initiales du genre : "En ce temps là, notre pays s'appelait la Gaule", s'affirment aussi, de façon intemporelle, comme un même être. Suzanne Citron a montré sur ce thème avec humour comment, à travers les manuels scolaires de la IIIe République, la France existait comme personnage même avant d'exister.[1] Un peuple a un besoin de croire à sa nécessité et le fait d'avoir traversé les vicissitudes du temps en est comme une sorte de preuve qui ne semble pas seulement affective. Ce que Hume dit du sujet, peut être dit d'un sujet historique, lorsqu'il s'agit par exemple d'une nation. L'histoire joue ce rôle de donneuse de substance et elle ne peut donner de la substance à son sujet perpétuellement menacé qu'en maintenant son dire sur lui. Que la transmission de ce dire s'interrompe et c'en serait peut-être fait de l'être de ce sujet là. Les rois qui se sont adjoint des scribes historiographes ont senti cette fragilité de l'existence historique. Les monuments de pierre eux-mêmes, qui inscrivent leur témoignage dans une matière apparemment moins friable que les mots, finissent également par se taire ou par ne plus délivrer de significations qu'énigmatiques si l'histoire qui les commente vient à manquer. Comme le montrent les statues de l'île de Pâques.

Les Etats-unis, pays dont on a souvent dit (et qui l'a dit de lui-même) qu'il était sans histoire, n'ont pas manqué, pour y remédier, d'engendrer des mythes identitaires, comme le droit et la liberté, mythes dont les westerns donnent l'illustration indéfiniment répétitive. Le juge et le bandit, que seule la Bible peut mettre d'accord, en sont les pôles organisateurs. Le pays le plus matérialiste de la terre, le pays le plus perpétuellement jeune a une identité...biblique. Il a reçu la mission divine de faire régner le droit, et par extension moderne, la démocratie dans le monde. Ce principe mythique unitaire et identitaire reste efficace au point de servir de couverture à toutes les interventions parfois les plus cyniquement impérialistes.

Autour de quel germe une unité sociale temporelle peut-elle se cristalliser (on pourrait peut-être parler d'accrétion ?) On peut répondre que souvent ce sera le sacré. C'est le sacré qui donne à toute chose de la substance. L'histoire tente d'en donner un équivalent. Mais alors que le mythe ouvre aux sociétés qui y adhèrent un présent qui tient lieu d'éternité et qui tend à les figer dans une forme de volontarisme fixiste, l'histoire, elle, ouvre sur une durée offrant une

1. SUZANNE CITRON, *Le Mythe national*, EDI, 1989.

certaine possibilité de futur, un futur de *progrès* par exemple. Douter de l'histoire, n'est-ce pas donner le dernier mot à la mort ? C'est souvent ce qu'on a cru comprendre dans le mot de Paul Valéry : "Nous autres, civilisations, nous savons que nous sommes mortelles."

La fin des grandes philosophies de l'histoire L'histoire se dégage du modèle hégélien de temps historique

Si la langue française nomme du même mot "histoire" la discipline qui raconte les faits (historiographie), et le décours des événements eux-mêmes, ce n'est pas complètement par hasard. Même dans les langues où cette confusion de mots n'existe pas, le temps historique du récit semble se calquer sur une réalité référentielle qui est elle-même conçue déjà comme un récit. Les événements eux-mêmes sont comme reliés par un logos, et l'historien en explique les péripéties au fond un peu comme on fait une explication de texte ou peut-être une explication filmique.

On le voit particulièrement bien chez Hegel pour qui il y a un logos des événements dont la raison réflexive peut rendre compte dans une histoire compréhensive. Si "ce que le concept enseigne, l'histoire le montre avec la même nécessité,"[1] c'est que ce qui se montre avec nécessité dans l'histoire, il revient au concept de le comprendre. Le temps historique est ainsi conçu par Hegel comme un continu le long duquel les événements se rangent, pour faire sens, dans la complexité de leur essence, laquelle peut toujours être décrite plus profondément et de façon plus déterminée selon des perspectives (économique, politique etc...) qui ne manquent pas de se subdiviser elles-mêmes à leur tour. Or ce temps qui s'écoule continûment pour contenir et relier en une unité (Weltanschauung) ce que l'esprit (Zeitgeist) peut concevoir, est plus problématique que Hegel ne semble l'imaginer.

On ne manque pas d'arguments pour contester ce principe unitaire du temps historique au service duquel les peuples, chacun à son tour, se lèvent pour accomplir l'Esprit.

Marx déjà le fait, avec timidité, en reprochant à Hegel de pratiquer de manière non critique la rétrospection du philosophe-historien[2] du haut d'un Savoir absolu, comme si celui-ci était d'ores et déjà actuel. Pourtant, chez Marx encore, l'histoire a pour fonction de réduire tout ce qui se trouve disséminé, éclaté dans la réalité, et de construire une

1. HEGEL, *Philosophie du Droit,* idées Gallimard, 1966, p.45.
2. MARX, Préface de 1857 à l'Introduction à la *Critique de l'économie politique*. in *Contribution*...Editions sociales, p. 170.

continuité qui est *le sens de l'histoire*, le progrès vers la société sans classes.

Popper et Foucault le font avec beaucoup plus d'audace, le premier à partir d'une science où l'indéterminisme est devenu une notion courante, le second en appelant de ses vœux, contre une "histoire globale", totalisante, une "histoire générale" (qu'il a partiellement tenté de pratiquer lui-même) laquelle répudie le concept d'un temps continu comme falsificateur, réducteur et contraint l'historien à une réflexion épistémologique sur sa discipline à laquelle il n'était pas habitué. On peut illustrer cette modification en profondeur de l'objet historique si on observe que, dans l'histoire économique, par exemple, il est nécessaire d'avoir recours à des échelles de temps si larges que c'est la notion même d'événement qui semble s'effacer tandis que l'histoire de l'art n'offre pas la possibilité de l'équivalent. Dans son livre, significativement intitulé *Archéologie du savoir*, Michel Foucault écrit :

> "On suppose [...] que l'histoire elle-même peut être articulée en grandes unités – stades ou phases – qui détiennent en elles-mêmes le principe de leur cohésion. Ce sont ces postulats que l'histoire nouvelle met en question. [...] Une description globale resserre tous les phénomènes autour d'un centre unique – principe, signification, esprit, vision du monde, forme d'ensemble ; une histoire générale déploierait au contraire l'espace d'une dispersion."[1]

Ce qui, pour Hegel, serait effectivement impensable, c'est que l'histoire pût être "un processus sans sujet", comme l'envisage Althusser. Toute la métaphysique de l'Esprit effectuant l'histoire est habitée par l'idéologie qui fait des grands hommes ses porte-parole, et qui fait de Hegel lui-même, celui qui porte cette vérité pour la première fois jusqu'au concept. Examinons, pour le comprendre, quelques aspects de cette philosophie.

Pour Hegel, le temps est le concept existant là, empiriquement, c'est dire que le présent est l'horizon indépassable de tout savoir. L'essence en son devenir est présente à la fois dans tous ses aspects (que Hegel appelle *moments*) et dans toute l'histoire qui mène à son état présent (et que Hegel, cette fois-ci comme tout le monde, nomme aussi *moments*).

L'histoire cherche-t-elle à anticiper le futur ? Il faut d'abord répondre : non, puis ajouter : et pourtant... Le savoir d'aujourd'hui est en effet seulement recollection complète de tout ce qui est advenu. Jamais le savoir de demain n'est présent dans le savoir d'aujourd'hui :

1. M. FOUCAULT, *Archéologie du savoir,* Gallimard 1969, p. 19.

la voyance est bien superstition, irrationalité. Mais le futur (inconnu) hante néanmoins le présent comme sa finalité ; et le lecteur actuel de l'histoire d'hier est plein d'attentes pour demain dont il souhaite trouver les signes annonciateurs. Chez Hegel, seuls les grands hommes ont une intuition de ce qui sera demain savoir, mais cette intuition n'est pas une connaissance du futur, c'est l'intuition de ce qui est nécessaire aujourd'hui.

Hegel se souvient de ce que déjà Socrate expliquait, dans le *Ménon*. Si les grands hommes ont une vertu qu'ils ne sont pas capables d'enseigner à leurs fils, c'est qu'ils n'ont pas la science, mais seulement des "opinions vraies" (nous dirions des intuitions). Pour en faire une science, il faudrait les enchaîner selon des liens déductifs (98a), car, prises seules, elles sont "comme les statues de Dédale" (97d) : "le mouvement", que leur a donné l'habileté du sculpteur, suggère qu'elles peuvent s'échapper sans laisser de trace. Les grands hommes étaient dits ainsi divins et devins (99d), puisque leurs opinions vraies, inspirées par les dieux, étaient aussi utiles que si elles avaient été de la science (97c).

Hegel reprend donc l'idée : les grands hommes ne savent pas expliquer comment ils font pour faire ce qui est justement ce qu'il fallait faire, mais ils le font au moment opportun, c'est-à-dire ni trop tôt ni trop tard. Leur chance, c'est la coïncidence de la praxis avec son concept dans le présent. Seul le philosophe, arrivant plus tard comme la chouette de Minerve, comprend ce que le grand homme a fait sans le comprendre. La philosophie représente donc la "science", mais celle-ci arrive à penser le présent dans sa vérité quand il est passé. Le présent historique, qui ne devient conscient de son sens que rétrospectivement, dans l'histoire philosophique, est ainsi une totalité que l'étude peut disséquer en autant d'aspects ou de perspectives qu'on voudra : politique, économique, culturel... mais qui n'ont d'existence séparée que par l'abstraction qu'on exerce à leur égard. Le présent est le tout. C'est ce présent que Hegel nomme l'Idée. L'Idée est un continu contemporain. La philosophie de l'histoire est donc porteuse d'un projet qui est l'effectuation de l'Idée, la concrétisation de l'Universel dans le politique sous la forme de l'Etat rationnel. L'histoire va, à travers crises, révolutions et guerres, vers la constitution d'un Etat planétaire assurant la liberté civile à l'humanité entière.

Mais les postulats de cette vision grandiose, même dans la version révisée par Marx, qui entendait la remettre sur ses pieds (prolétariens), ne sont plus ceux d'où part la pensée d'aujourd'hui. Ce sont tout autant les conceptions sous-jacentes de la nature que les conceptions de l'histoire proprement dite qui ont changé. Les sciences de la nature ont, selon Hegel, affaire à des phénomènes qui se manifestent dans un temps qui s'écoule de façon neutre et dont la répétition peut être considérée comme se faisant à l'identique (la temporalité de la Nature se déploie de façon circulaire). Nous savons, nous, que même dans la nature, rien ne revient identiquement. On ne peut parler d'une identité qu'à la condition de faire une confusion entre le *fait physique*, qui est une construction mentale, par définition identique à soi, et les *événements* physiques qui, eux, ne peuvent jamais être considérés comme identiques, puisque, éloignés dans le temps, ils ne peuvent être mis côte à côte pour être comparés. Aujourd'hui, l'examen de la représentation graphique d'un "attracteur étrange" comme celui de Lorenz, montre de façon assez convaincante comment, dans les phénomènes physiques eux-mêmes, des situations infiniment proches peuvent en vérité être l'une par rapport à l'autre dans un décalage parfois certes infime (ce qui explique qu'on ait pu le négliger), et néanmoins suffisant pour qu'il n'y ait pas identité. Dans la durée, il y a aussi d'autres moments où les écarts sont si importants qu'on pourrait croire alors qu'il s'agit de phénomènes différents.

Mais cela Hegel l'ignore. Pour lui, la nature, c'est l'identité, alors que l'histoire elle, ne repasse jamais par le même chemin. C'est qu'elle n'est pas seulement écoulement neutre de temps , mais qu'elle est de plus oeuvre de l'Esprit, ce qui signifie qu'elle s'enrichit indéfiniment de son passé accumulé (la temporalité de l'Esprit n'est pas simplement circulaire, elle se déploie dans une dimension supplémentaire). Si bien que si une situation semble se produire une deuxième fois, elle se trouve être différente en profondeur, ne serait-ce que parce qu'*après* la première fois les hommes ont essayé d'en tirer expérience. Comme l'écrit Jacques d'Hondt : "Chronos nous porte. Mais le présent rend au passé la politesse en l'éclairant, en comprenant rétrospectivement ce qui n'avait été d'abord qu'une progression aveugle."[1]

En dépit de la distinction entre la temporalité de la Nature et celle de l'Esprit, prévaut chez Hegel un même modèle de rationalité. Il a été parfois considéré comme le signe d'une "paranoïa" hegelienne. Ce modèle tient en un sens entièrement dans la célèbre formule : "tout le réel est rationnel et le rationnel est réel".

Quand Hegel écrit que "tout le rationnel est réel", il transpose seulement en philosophie le principe des équations différentielles qui énoncent les lois naturelles de Newton. En effet, quand on dispose de l'équation qui permet de décrire le devenir d'un objet, par exemple la

1. J.d'HONDT, *Hegel, philosophe de l'histoire vivante,* PUF, 1966, p.442.

trajectoire d'un astre, les valeurs qu'on mesure actuellement et qu'on donne aux paramètres, permettent le calcul *rationnel* de ce qui certes n'est pas encore, mais qui ne manquera pas de se réaliser au moment prédit. La science prédit simplement parce qu'elle est rationnelle. Le rationnel du calcul est donc réel, même s'il faut attendre pour en avoir la confirmation par les faits. Il est réel parce que bien qu'encore futur, il est nécessaire. Le déterminisme de Laplace nourrit souterrainement cette pensée philosophique. Que "*tout le réel soit rationnel*", ne peut à son tour faire de doute, encore faut-il attendre que l'Esprit humain ait objectivé ce qui se tient caché dans la nature. Ce que le concept enseigne, l'histoire le montre avec la même nécessité, puisque le concept n'est pas n'importe quelle parole, mais l'être même objectivé par la pensée et révélé de façon transmissible.

La raison, depuis Leibniz et Maupertuis, demande dans les sciences formelles, le respect du principe de raison suffisante, et en physique, le respect du principe de moindre action. Cela signifie, par exemple, que si un astre, au lieu de suivre la trajectoire qui est la sienne, en suivait une autre, même décalée de *fort peu,* il faudrait que l'univers fût *intégralement* autre que ce qu'il est. Aucun détail ne peut être changé, sans perdre en même temps et sa rationalité et sa réalité. Un tel astre serait (est) en ce sens irréel. C'est ce que pense Hegel, et donc pour lui, l'histoire a un cours qui ne saurait offrir davantage de surprises.

C'est à ce temps sans surprise que fait pièce l'apparition de formes d'indétermination dans la physique elle-même, au début du XXe siècle. Le temps est le lieu de surgissement de l'inattendu. L'introduction, à la fin du XXe siècle, de la notion de bifurcation, qui place sur les trajectoires, des nœuds où des réorientations s'imposent, élargit aujourd'hui le concept de rationnel tel qu'il était tacitement pensé au début du XIXe siècle. Si les systèmes non intégrables de H. Poincaré détruisent la notion de trajectoire déterminée, le monde futur pourrait n'être pas la conséquence *prévisible* du passé, il deviendrait seulement ce qui le suit. Or, comme le souligne aujourd'hui I.Prigogine, il existe des équations non linéaires qui ont plusieurs solutions et, à certains points de bifurcation, une instabilité infime suffit à faire passer le système observé d'une solution à une autre.

C'est pourquoi Popper peut reprocher à Hegel d'avoir développé une pensée quasi tautologique et satisfaite de sa circularité. C'est précisément, objecte-t-il, l'incomplétude *nécessaire* (et non seulement momentanée) du savoir d'aujourd'hui qui nous rend opaque le futur et donc impossible l'affirmation d'une finalité de l'histoire. Le futur n'est tout bonnement pas encore décidé. Même le démon de Laplace, contrairement à ce qu'imaginait Laplace lui-même, ne serait pas en mesure de prévoir intégralement le futur. Pour que la formule ait quelque sens, il faudrait qu'elle soit tautologique et dise que le futur ne serait intégralement prédictible... que s'il était déjà advenu ! Pour Popper, il y a dans la croyance à l'existence de lois de l'histoire un axiome faux sur le réel. L'univers n'est pas un système clos qui se conserve, mais un système ouvert qui évolue. Enfermer le temps dans la répétitivité de lois conservatrices, c'est oublier que la nature elle-même a une histoire, que l'homme est apparu au bout d'un phylum biologique qui est lui aussi une histoire. La répétitivité est ce qui se conserve entre deux ruptures. Le temps doit aussi comporter des ruptures où de la nouveauté s'organise.

Quant au passé, peut-il enseigner quelque chose ? Nous savons que Hegel répond avec fermeté :

> "Ce que l'histoire enseigne... c'est que les peuples et les gouvernements n'ont jamais rien appris de l'histoire.[...] Chaque époque se trouve dans des conditions si particulières, constitue une situation si individuelle que dans cette situation, on doit et l'on ne peut décider que par elle."[1]

Rien donc n'est donné par la connaissance du passé, qui soit, au sens étroit, imitable[2].

Nous avons, chez Hegel, non l'idée d'un devenir insensé que l'histoire "rationaliserait" follement n'importe comment après-coup, mais l'idée d'une intelligibilité qui ne se fait jour qu'avec le temps. Sur ce point, Aristote déjà soutenait[3] qu'il n'y a aucune exemplarité à attendre du passé comme tel et donc qu'il n'y a pas d'enseignement sûr de l'histoire, parce qu'il n'y a d'enseignement sûr que de l'universelle *nécessité*. Ainsi, si un phénomène est universellement nécessaire, alors on peut en effet en trouver dans le passé des exemples ; la vérité qu'on en obtient n'est pourtant en rien redevable au caractère passé de l'événement, mais seulement à la nécessité du principe auquel il obéit. Le passé comme tel n'enseigne donc rien, même si tout ce qui enseigne

1. HEGEL, *Leçons sur la philosophie de l'histoire. La raison dans l'histoire,* 10/18, p.35.

2. Cette attitude ne se confond pas pourtant avec celle, radicalement sceptique que développera Paul Valéry : "L'Histoire justifie ce que l'on veut. Elle n'enseigne rigoureusement rien, car elle contient tout et donne des exemples de tout. Que de livres furent écrits qui se nommaient : " La Leçon de ceci, les Enseignements de cela !..." Rien de plus ridicule à lire après les événements qui ont suivi les événements que ces livres interprétaient dans le sens de l'avenir". *Regards sur le monde actuel,* Gallimard 1966, p.40.

3. J.P. DUMONT, *Introduction à la méthode d'Aristote,* Vrin 1986, p.98.

quelque chose vient du passé. Rien en effet ne peut nous venir du futur. L'histoire n'obéit donc pas à des lois déterminantes, mais son intelligibilité, toujours partielle, a-posteriori, relève toujours d'une interprétation. Des lectures rivalisent avec vraisemblance sans naturellement qu'on puisse dire que toutes sont équivalentes.

Si l'histoire s'est dégagée du modèle de temps hegelien, c'est d'abord parce qu'il est aujourd'hui devenu impossible de croire à une finalité du temps. Le temps historique a certes, comme le temps thermodynamique, une "flèche", mais il n'a plus d'objectif eschatologique, ni même éthique ou politique. Le nihilisme a gagné les esprits et il réalise à sa façon une fin de l'histoire non conforme à ce qu'avait prévu la dialectique. Certes, en attribuant à l'histoire un sens qui emporte les hommes, avec ou sans leur consentement, Hegel n'est ni le seul ni le premier à avoir assigné au temps une finalité. Toutes les métaphysiques providentialistes l'ont fait, et même la philosophie critique de Kant, a admis, dans l'opuscule *l'idée d'une histoire universelle au point de vue cosmopolitique* (1784) qu'on peut postuler dans l'histoire, une finalité de la nature. L'accès à une paix perpétuelle grâce à une société des nations. Pourquoi alors est-ce plutôt la conception hegelienne et son prolongement remanié qu'est le marxisme, qui sont devenus le repoussoir ? Peut-être parce que ces doctrines ont inspiré ou ont servi de couverture doctrinale à une realpolitik cynique, voire meurtrière durant l'hitlérisme et le stalinisme.

C'est ce que pense Popper, pour qui ce qu'il nomme "l'historicisme", contient en germe toutes les variantes du totalitarisme. L'ouverture du futur à l'aléa permettrait ainsi, dans le nihilisme ambiant, de laisser une marge pour l'action. Plus sceptique, Levi-Strauss, exprimant ses réserves à l'égard des arrogantes théories de l'histoire du XIXe siècle et du début du XXe, soutient qu'on peut seulement "essayer", rétrospectivement, d'expliquer le passé parce qu'on sait alors ce qui s'est passé, il semble croire que quand les événements sont passés, on sait vraiment ce qui s'est passé.

> "L'histoire me donne le sentiment qu'aucune construction de l'esprit ne peut remplacer la façon imprévisible dont les choses se sont réellement passées. L'événement dans sa contingence me paraît une donnée irréductible. [...] Les événements sont imprévisibles tant qu'ils ne se sont pas produits. Mais quand ils ont eu lieu, on peut essayer de comprendre, d'expliquer. On peut lier les événements les uns aux autres et saisir rétrospectivement la logique de cet enchaînement."[1]

1. C.LEVI-STRAUSS, *De près et de loin,* Odile Jacob 1988, p. 176.

Or il nous semble que si la prévision ne permet pas de savoir effectivement ce qui va se produire, l'histoire ne permet pas nécessairement non plus de savoir exactement ce qui s'est passé.

La stratification des temps dans la nouvelle histoire

Observer le réel implique qu'on en fait une sorte de "coupe" à un niveau ou à un autre. Au plan physique, au plan biologique, au plan social et historique, on peut repérer des phénomènes à temporalité chaque fois originale. Ainsi la physique est un corps de lois dont le caractère éternel n'a pas fait de doute jusqu'à l'arrivée récente des théories du big-bang, qui donnent à cette "éternité" une limite dans le passé : avant le temps de Planck, on ne peut plus rien dire des lois. Le monde biologique (et même avant lui le monde chimique) donne au contraire l'image de manifestations temporaires, limitées à la durée de vie des êtres. Dans les limites de ce temps, les lois internes s'imposent avec régularité, sinon constance, jusqu'à ce que leur respect par l'individu organique ne s'altère dans la sénescence. Aussi rencontre-t-on une gradation dans la durée de validité des lois : brièveté au niveau de l'individu, étendue temporelle nettement plus vaste au niveau de l'espèce (mais néanmoins aucune espèce ne paraît éternelle, même si certaines ont une longévité de plusieurs millions d'années).

Comme dans l'univers le complexe est toujours construit sur des combinaisons du simple, les phénomènes les plus simples et les plus généraux sont aussi les plus persistants, ils restent sous-jacents dans les phénomènes plus élaborés et moins stables. La chose se constate dans l'étagement du physique et du vivant : certains processus internes du vivant sont impossibles sans l'électromagnétisme et la gravité par exemple.

Dans le passage du physique et du vivant au socio-historique, il en va de même. Par exemple, comme l'a remarqué Marc Bloch, les lois de la physique demeurent actives en histoire avec un statut général de conditions lointaines : la pesanteur continue de jouer un rôle à l'échelon historique dans la balistique d'une bataille ou dans la stratégie. Disposer du sommet d'une colline a un intérêt stratégique qui mérite qu'un général décide de sacrifier des hommes pour s'en emparer. Par exemple encore, les lois de la biologie demeurent actives avec un statut de conditions si la maladie d'un roi joue un rôle dans une succession ou influe sur sa psychologie et sa politique. Pourtant, la constance de la détermination physique et biologique s'affaiblit dans la temporalité historique, au point que les sociétés ont la possibilité de diverger les unes par rapport aux autres et que certains hommes finissent par ne plus se reconnaître mutuellement l'appartenance à la même espèce humaine tant les normes de chacune obéissent à une idiosyncrasie. Comme le note Levi-Strauss, définissant par là l'ethnocentrisme,

> "La notion d'humanité, englobant, sans distinction de race ou de civilisation, toutes les formes de l'espèce humaine est d'apparition fort tardive et d'expansion limitée.[...] pour de vastes fractions de l'espèce humaine et pendant des dizaines de millénaires, cette notion paraît totalement absente. L'humanité cesse aux frontières de la tribu, du groupe linguistique, parfois même du village."[1]

Nous voyons donc que la reconnaissance intraspécifique humaine est fragile : elle ne se présente certainement pas comme une loi durable, mais comme une possibilité historique liée à la temporalité élastique du monde socio-historique. Le XXe siècle montre tragiquement qu'il suffit d'une variation de la courbe du chômage pour que des individus et des strates de population se refusent les uns aux autres le titre d'être humain. La folie sociale du racisme atteste la fragilité de l'identité. Qu'est-ce que "la France" ? Qu'est-ce qu'un français ? sinon des entités aux contours tremblants ?

L'accident est donc fréquent dans l'instabilité du monde humain en devenir, et s'il existe des phénomènes de longue durée comme ceux que l'économie étudie,ils sont souvent masqués par des turbulences plus immédiatement visibles. On comprend que la première temporalité historique à s'être découverte dans l'histoire de l'historiographie soit celle de l'histoire événementielle, celle que Fernand Braudel décrit comme "attentive au temps bref, à l'individu, à l'événement, [...] "récit précipité, dramatique, de souffle court."[2]

Le matérialisme historique, en tant qu'il a cherché à construire une "science" de la socialité historique, a conçu les totalités historiques comme des systèmes articulés dont les éléments obéissent chacun à une temporalité propre. Il y a en effet une autonomie relative du temps des perspectives selon lesquelles on écrit l'histoire et cela justifie des histoires propres, séparables sans scandale des autres perspectives. Louis Althusser écrit ainsi :

> "Il y a pour chaque mode de production, un temps et une histoire propres scandés d'une façon spécifique, du développement des forces productives [...] et une histoire propre de la superstructure politique [...] un temps et une histoire propre des productions

1. C.LEVI-STRAUSS, *Race et histoire,* Folio-essais 1952, 1987, p.20 et 21.
2. F.BRAUDEL, *Ecrits sur l'histoire,* Flammarion, p.46.

esthétiques [...]. Que chacun de ces temps et chacune de ces histoires soit *relativement autonome* n'en fait pas autant de domaines *indépendants* du tout."[1]

Althusser, sous l'influence probable en cela de Michel Foucault[2], plus encore que de Braudel (lequel s'en tient à trois couches de temporalité), veut par là soutenir que le temps historique est d'une grande complexité et que son cours, imaginé majestueux dans le progrès historique selon Auguste Comte, ou tumultueux selon Hegel, est une illusion datée. Le récit linéaire de la marche épique des peuples ou des classes vers un progrès spirituel ou matériel, représente une figure aujourd'hui contestée de la pensée historique. Figure souvent mystificatrice parce que suggérant des chaînes causales trop rudimentaires pour ne pas cacher un principe idéologique de simplification. L'histoire hegelienne et, malgré ses efforts pour échapper à son emprise, l'histoire marxiste, sont tombées dans le récit légendaire, l'hagiographie des héros, voire la falsification édifiante révolutionnaire. La volonté de faire correspondre le récit de l'événement avec la loi posée en principe préalable a le plus souvent empêché de rendre compte des temporalités différentes qui, imbriquées les unes dans les autres, rendent effectivement difficile le récit.

Evoquant des "objets historiques" aussi nouveaux que "la folie à l'âge classique", ou l'avènement du "regard clinique", en médecine, proposés par l'œuvre de Foucault, Althusser a pu soutenir qu'une temporalité spécifique doit être conceptuellement construite pour les comprendre, temporalité "inattendue", sans rapport avec "les belles séquences de la chronique officielle" :

> "Nous sommes là aux antipodes de l'histoire empirique visible, où le temps de toutes les histoires est le simple temps de la continuité [...] Au lieu de ces catégories du continu et du discontinu qui résument le plat mystère de toute histoire, nous avons affaire à des catégories infiniment plus complexes, spécifiques selon chaque type d'histoire, où interviennent de nouvelles logiques."[3]

L'idée d'une histoire qui tendrait (mais c'est une limite) à abolir le récit a peu à peu réussi à imposer son paradoxe.

1. L.ALTHUSSER, *Esquisse du concept d'histoire,* La Pensée 1965, p.10.
2. "L'histoire, ce n'est donc pas une durée, c'est une multiplicité de durées qui s'enchevêtrent et s'enveloppent les unes les autres. Il faut donc substituer à la vieille notion de temps la notion de durée multiple." *Dits et écrits* II, Gallimard 1994, p.279.
3. L.ALTHUSSER, *Ibidem.*

II - LES GÉOMÉTRIES MÉTAPHORIQUES DU TEMPS HISTORIQUE.

Le changement historique pensé sur le modèle du mouvement.

On peut considérer que l'historiographie a très généralement pensé le changement historique sur le modèle, conscient ou implicite, du mouvement. Le récit historique se présente alors comme une succession continue, identifiable à une trajectoire circulaire, linéaire, hélicoïdale, en nappe ou fractale, selon les époques, selon les âges de la science dont les paradigmes sont utilisés. C'est pourquoi d'ailleurs, l'identification du sujet logique dont on raconte l'histoire, a toujours paru essentielle, car s'il faut en suivre le mouvement, il faut qu'il soit bien caractérisé, bien paramétré. D'où la simplification du réel, et parfois sa mutilation en quelque sorte "méthodique". L'histoire d'un roi a longtemps paru, sous cette condition, fournir un bon sujet logique aux contours bien précis et le récit de ses aventures a pu se faire comme celui du parcours d'une pièce sur un échiquier aux cases numérotées. Figure un peu trop simple. L'histoire du "regard clinique" fournit un sujet logique aux contours plus nébuleux (mais néanmoins paramétrables) qui correspond à un état nettement plus élaboré des formes de détermination scientifique et à un haut degré de subtilité explicative.

Si nous procédons à quelques coupes à diverses époques de l'historiographie, caractérisées par des philosophies de l'histoire (explicites ou implicites) nettement distinctes, nous verrons que les diverses images du mouvement dont le schéma est clairement revendiqué, ou simplement sous-entendu dans les pratiques, se caractérisent par quelques grandes structures de *profils diachroniques*.

Le temps mythique et le temps cyclique,Une géométrie du cercle

Un nombre incalculable de sociétés ont conçu le temps comme cyclique. Mircea Eliade nous explique que la chose n'est pas spécialement étonnante mais plutôt naturelle, parce que le temps de l'imaginaire a une nécessité plus constamment inscrite dans les sociétés que le temps historique (c'est-à-dire le temps pris en compte par les historiens), qui n'en est du reste peut-être qu'une forme très élaborée :

"On ne peut faire abstraction de ce que tout le monde vit et connaît : la succession rythmée du jour et de la nuit, le retour sans cesse réitéré des saisons. Ce sont des expériences humaines de type cosmologique dans lesquelles le temps, justement, est cyclique. En tenir compte n'entraîne pas une évasion hors de l'Histoire, mais une ouverture vers une admirable transcendance, tout à fait palpable, qui rend possible la communication avec la nature, les animaux, les plantes."[1]

Les Grecs eux aussi ont pensé le temps historique sur un modèle cosmique. Le cycle correspond à la perfection divine du cercle. Aristote[2] admet que l'histoire tourne comme une roue et que des événements semblables se présentent dans le passé et dans le présent , ce qui permet d'inférer qu'ils se présenteront dans le futur. La guerre de Troie par exemple, est à la fois passée et future.

Il faut dire que l'Antiquité ne dispose pas d'une théorie de la dynamique, mais qu'elle sait distinguer ce qui est géométrique (géométrisable avec la règle et le compas) et ce qui ne l'est pas (le dentelé, le sinueux...). Elle oppose ainsi le mouvement circulaire, qui est parfait, le mouvement rectiligne, qui est toujours segmentaire, et le mouvement erratique. Les deux premiers mouvements sont tenus pour cohérents, bien que d'inégale importance. Le mouvement rectiligne offre une régularité continue, mais à très court terme. Pour les Grecs et les Romains, seul le mouvement circulaire peut modéliser avec suffisamment d'ampleur l'histoire selon une périodicité.

On trouve donc dans l'historiographie antique, un mélange des trois types de mouvement, laissant une très grande place à l'accidentel, au non explicable, au purement factuel, correspondant aux annales (des prêtres), suite non logique de faits notoires qui dessinent des segments sans lien.

L'Antiquité chrétienne va introduire avec plus de systématicité la ligne continue, bien que sinueuse[3]. L'historiographie de l'époque, avec

1. Temps libre n°2 été 1981, in UNESCO Avril 91 p.39.

2. ARISTOTE, Probl.I, z, 3, 916a 18.

3. Le Christianisme considère que dans un flux historique linéaire, les individus fluctuent autour d'un axe recteur divin. A ce propos, H.C.Puech écrit: "Le Christianisme des premiers siècles conçoit le temps comme rectiligne, continu, irréversible et progressif, et y voit une manifestation réelle, directe et significative de la volonté de Dieu. Dans ce réseau organique et un, chaque événement – passé, présent, futur – a sa place et son sens, celui qui suit étant solidaire de ceux qui le précèdent comme de ceux qui lui succéderont. Pour employer le langage de l'époque, dans le temps et par le temps s'accomplit une "dispensation" divine, une *oïkonomia*, mot qui désigne à la fois le développement providentiel de l'histoire selon les desseins de Dieu et, en un sens restreint, l'Incarnation, point central de ce

Tacite par exemple, assouplit la chronique des événements avec des analyses psychologiques individuelles où la causalité est intériorisée, humanisée. Ce sont les personnalités, avec leur complexité psychologique, qui constituent le fil continu reliant des événements qui, sans ce lien subtil, demeureraient, comme chez Tite-Live, des séquences narratives entrecoupées de discours édifiants.

La linéarisation du temps avec le christianisme

Le christianisme avec son eschatologie, engage l'histoire dans un parcours rectiligne avec pour horizon la notion ambiguë de "fin des temps". Le jugement dernier marque la fin de la créature temps et unifie l'histoire de l'humanité dans la mesure où il est le point de convergence de toutes les histoires, qu'elles soient individuelles ou collectives. Le concept de Providence oriente l'histoire : celle-ci est intérieurement habitée par la finalité du Bien. D'origine stoïcienne, ce concept a d'abord correspondu à l'ordre de la physique. Dans le "tout est bien ainsi", c'est l'ordre cosmique qui s'est d'abord trouvé affirmé. Avec le christianisme, la Grande Année qui correspondait chez les Stoïciens à une refonte générale et cyclique de l'univers, s'efface devant un événement unique : l'Apocalypse.

Le christianisme a avec le temps et l'histoire un rapport original en ce que son message essentiel, c'est-à-dire son message d'éternité tient en une histoire, celle du Christ. Histoire édifiante, exemplaire, pédagogique. Comme le note Cournot, on peut trouver dans le christianisme

> "cette théologie de l'histoire, exposée à deux reprises, à treize siècles de distance, par Augustin et par Bossuet. Effectivement, il fallait bien que le christianisme, en s'entant sur le judaïsme, en se fondant sur un système d'interprétation historique de la loi et des prophéties, donnât à l'histoire une sorte de consécration religieuse : de façon qu'à tous égards le christianisme a besoin de l'histoire, fait appel à l'histoire, aide à en conserver les monuments, relie le passé du genre humain à son état présent."[1]

Le christianisme rompt avec la pensée hellénique du cycle en ce que son rapport au sens religieux est affirmé comme historique : le Christ est né sous tel empereur, il est allé dans telle ville de Galilée ou de Samarie, il est mort puni et exécuté selon la loi romaine etc... Dans

développement en fonction duquel tout s'ordonne et tout s'explique." *La Gnose et le temps*. in *En quête de la Gnose,* Gallimard, 1978, p. 232.

1. A. COURNOT, *Traité de l'enchaînement des idées fondamentales*, Vrin, § 584.

les religions, les héros qui naissent, vivent et meurent (quand ils meurent, ce qui n'est pas toujours le cas dans les mythologies) le font dans un monde mythique. Le christianisme met une insistance très forte à faire croire – car c'est de foi qu'il s'agit – qu'avec le Christ, c'est du monde réel qu'il est question. L'historicité de l'incarnation est si essentielle qu'à plusieurs reprises dans l'histoire s'est revigorée la croyance en l'existence de reliques : morceaux de la vraie croix, couronne d'épine et autres suaires ayant enveloppé le corps de Jésus ont pu faire l'objet d'un culte et de soins mystiques. Ils ont aussi provoqué la glose des chartistes.

La grande différence entre la résurrection chrétienne et l'éternel retour hellénique, c'est qu'elle représente une promesse inscrite dans le futur comme un idéal. L'éternité chrétienne diverge de l'image classique en ce que le cycle n'en est plus le signe. Pour le christianisme, l'âme n'a ni une ni plusieurs histoires avant sa naissance et à la mort quelque chose s'arrête définitivement puisque la vie éternelle n'est pas le recommencement cyclique des vies temporelles. Comme le dit Jean Guitton : cette fois "les destinées se jouent une fois pour toutes, le Christ s'incarne une fois pour toutes. Le temps cyclique est condamné."[1]

Il faut attendre Galilée pour que la théorie de la dynamique trouve dans le principe d'inertie ce qui ramène à un seul tous les mouvements. Il n'y a donc désormais plus que le mouvement rectiligne uniforme, qui va de l'infini à l'infini. Le mouvement circulaire lui-même n'est qu'un mouvement linéaire continûment contrarié. Le mouvement erratique est lui aussi une linéarité discontinûment perturbée. Les lois de Newton livrent l'algorithme universel des trajectoires, il ne reste plus qu'à attribuer des valeurs numériques aux variables et des conditions initiales. Il semble donc que l'histoire ne propose plus de surprises autres que dues à ces données empiriques. Pour le reste, elle semble vouée à un cours aux enchaînements implacables.

Les philosophies de l'histoire proposent alors des formules linéaires de déterminisme à variantes mineures. Kant et Comte présentent des tentatives audacieuses de macro-histoire qui définissent une destination de l'humanité prise comme un tout. Kant, avec l'égoïsme de *l'insociable sociabilité*[2] trouve un moteur quasi linéaire pour la trajectoire finalisée de l'humanité. L'idée régulatrice d'un *règne des*

1. J. GUITTON, *Le temps et l'éternité chez Plotin et Saint Augustin,* Boivin 1933, p.360.
2. KANT, *Idée d'une histoire universelle au point de vue cosmopolitique,* Art.4.

fins[1] éthiques fournit l'orientation de l'axe de l'histoire. Chez Auguste Comte, la trajectoire spirituelle de la "*loi des trois états*" suit une sorte de grand escalier aux marches en plateaux, dont la succession ordonnée définit comme des âges à une humanité conçue comme une unité vivante. L'objectif d'une rationalité organisatrice culmine dans une religion de l'humanité qui réconcilie ordre et progrès. Le modèle newtonien de la mécanique reste prédominant même si à la même époque, Carnot est déjà en train de découvrir ce qui va ébranler le modèle mécaniste de la dynamique.

Le temps historique hélicoïdal de la dialectique

A partir de la thermodynamique de Carnot, l'idée de trajectoire se brouille sans disparaître. L'énergie permet de comprendre le mouvement de façon nouvelle. Par exemple, la pression d'un gaz sur les parois d'un vase, c'est l'énergie cinétique des milliards de billes de gaz projetées en désordre dans toutes les directions au sein du volume. Le concept d'énergie cinétique maintient la validité de l'idée de trajectoire, mais les concepts d'énergie potentielle, d'énergie de diffusion, ou de phase, soit l'effacent complètement, soit la contestent. La thermodynamique introduit, avec le deuxième principe, l'idée d'une irréversibilité. On dira certes, qu'il n'est nul besoin d'attendre la formulation de ce principe pour être dès toujours convaincu de l'irréversibilité de l'histoire, pourtant, il ne fait pas de doute que l'époque de la Révolution française a vécu, sous forme du fantasme, la croyance à un retour à la république romaine, mettant naïvement en scène le rôle effectif dans l'histoire réelle, de l'imaginaire collectif. Hegel et Marx[2] ont tous les deux raillé cette croyance. Tout ce qui paraît cyclique doit donc l'être faussement et ce qui revient, revient à la vérité en ayant changé de niveau, comme un point en mouvement sur une hélice revient à la perpendiculaire du lieu où il était au cycle antérieur.

Le modèle thermodynamique suggère aussi qu'il existe des phases et des transitions de phases, des périodes de développement continu et stable et des périodes critiques de transition, marquées par des turbulences. De même qu'une élévation continue de température fait passer l'eau de la phase solide de glace à la phase liquide, puis à la phase de

1. KANT, *Fondements de la métaphysique des moeurs.*

2. Dans la première page du *18 Brumaire*, Marx entame à ce propos une analyse des conséquences historiques effectives des fantasmes collectifs. On peut en lire l'étude dans un article de P. ANSART, *Marx et la théorie de l'imaginaire social.* Cahiers internationaux de sociologie. vol. XLV 1968 p. 99.

vapeur, le "saut qualitatif" produit par la croissance quantitative continue est la caractéristique des crises économiques, voire politiques. Les guerres et les révolutions représentent des passages nécessaires qu'il est vain de vouloir éviter et qu'il peut devenir souhaitable de provoquer (dans la mesure où c'est possible, et les conditions restent à fixer) pour accélérer le passage d'une phase donnée à la supérieure. C'est le caractère orienté du processus qui maintient l'idée de la trajectoire, mais celle-ci peut être brouillée par les turbulences. La combinatoire des causalités laisse place à une non-prévisibilité locale, même si le processus reste globalement (c'est-à-dire statistiquement) complètement déterministe.

Hegel insiste sur le fait que, dans l'histoire, l'essence connaît une permanence, même à travers ses moments en devenir. Et ces moments résultent eux-mêmes de la contradiction interne du même et de l'autre. Selon l'image célèbre, la plante est la réfutation de la graine et la fleur se trouve finalement réfutée par le fruit qui reproduit la graine pour un cycle nouveau. Ces négations successives internes ne sont d'ailleurs pas à l'abri de négations externes accidentelles, qui donnent à chaque plante une singularité.

Le monde historique, ou spirituel, repose sur le monde naturel et par conséquent, il lui faut en conserver la marque principale : le cycle. Mais le monde de l'Esprit accumule son passé sous forme d'un capital culturel et par conséquent, il ouvre le cercle vers une finalité spirituelle plus haute, au lieu de le laisser se refermer sur lui-même.

> "Entre le monde spirituel et le monde naturel, il existe encore cette différence que, pendant que celui-ci retourne constamment à lui-même, dans celui-là a lieu, bien entendu un progrès."[1]

ou encore :

> "La progression n'est pas un simple écoulement [...]) A chaque nouvelle phase de sa détermination, la masse de son contenu antérieur s'amplifie et s'enrichit ; non seulement elle ne perd rien du fait de la progression dialectique, ne laisse rien derrière elle, mais elle emporte tout l'acquis et se ramasse sur elle-même à mesure qu'elle s'enrichit."[2]

Le cours du temps se trouve dès lors soumis à une double détermination, d'une part par la continuité linéaire d'un vecteur et d'autre part par le fait que la progression revient sur elle-même de façon conservatrice, mais chaque fois à un niveau plus élevé. Si bien

1. HEGEL, *Encyclopédie*. Paragraphe 234. Remarque.
2. HEGEL, *La science de la logique*. (tome 2), Aubier, p. 569.

que le schéma du temps dialectique qui en résulte est de type hélicoïdal, voire celui d'une hélice qui s'enroule autour d'un tore.

Avec le matérialisme historique, le schéma dominant demeure celui de la thermodynamique des transitions de phases à l'échelle macroscopique. Ainsi Marx, dans la postface à la deuxième édition du Capital (1873), cite un critique russe qui lui semble avoir défini avec justesse son projet :

> "Une seule chose préoccupe Marx : trouver la loi des phénomènes qu'il étudie [...] la loi de leur changement, la loi de leur passage d'une forme à l'autre, d'un ordre de liaison dans un autre."[...] "Mais dira-t-on, les lois générales de la vie économiques sont unes, toujours les mêmes, qu'elles s'appliquent au présent ou au passé. C'est précisément ce que Marx conteste ; pour lui ces lois abstraites n'existent pas... Dès que la vie s'est retirée d'une période de développement donnée, dès qu'elle passe d'une phase dans une autre, elle commence aussi à être régie par d'autres lois."[1]

L'excitation interne des sociétés est provoquée par des flux entre une source chaude et une source froide, un secteur de pointe et un secteur stagnant, un camp révolutionnaire et un système conservateur. Comme nous l'avons noté au chapitre un, I.Prigogine a souligné le paradoxe dans lequel s'est enfermé le matérialisme historique, qui tente d'appuyer une théorie du progrès sur un modèle physique qui conduit à la fatalité de l'égalisation thermique. Si une égalisation thermique doit nécessairement clore l'histoire, c'est bien plutôt Hegel alors qui, avec une "fin de l'histoire" où règne l'ennui, est le plus proche de la thermodynamique de son temps (Marx, lui, est en avance). Clausius, avec l'entropie, rend certaine une fin de l'histoire par manque d'événement significatif. Et Boltzmann confirme :

> "La réversibilité des processus macroscopiques n'est pas impossible, mais elle est hautement improbable, ce qui explique l'irréversibilité thermodynamique."[2]

Pour retrouver le changement, il faut changer d'échelle. Une fois les guerres tribales parvenues à l'égalisation, à l'homogénéisation par la constitution des nations, les guerres ont lieu à l'échelon des nations, puis au-delà, à celui des classes, qui traversent les nations elles-mêmes. Ces vastes ensembles, élevés au statut de sujets historiques nouveaux, finissent par en rendre les concepts assez subtils : le Prolétariat, la Classe ouvrière, le Grand-capital etc. sont des concepts "en nappe", ils

1. MARX, *Capital* I, GF Flammarion, p. 582.
2. B.WOJTKOWIAK, *L'histoire de la chimie,* Lavoisier 1988, p. 128.

définissent des "champs" sociaux et nomment des entités qui sont elles-mêmes des champs. Il faut substituer maintenant à une causalité symbolisée par une ligne, une symbolisation par des surfaces (voire des volumes, sans compter les formes intermédiaires auxquelles les fractales donnent un statut mathématique).

De la causalité linéaire à la causalité en nappe

Quand on cherche à établir la causalité le long d'une chaîne, on essaie de remonter linéairement d'un événement individué à ses causes, elles-mêmes individuées, mais il apparaît alors rapidement un étalement de lignes qui, telles celle de Von Koch ou certaines courbes de Peano, tendent asymptotiquement à remplir la totalité du plan et que Mandelbrot a baptisées fractales. Il y a en effet dans la recherche des causes un processus "scalant". L'opération est sans fin puisque, à supposer qu'on ait trouvé un ou plusieurs événements individués considérés comme ses causes, il faut encore trouver le ou les causes de ces causes et l'arborescence, de proche en proche, gagne toute la surface du plan où nous tracions les lignes des chaînes causales. La causalité apparaît ainsi comme une résille qui constitue le tissu même de la réalité. En vérité il apparaît assez vite que lorsqu'on remonte d'une causalité de premier rang à une causalité de rang N, c'est la causalité elle-même qui finit par sembler problématique. C'est l'idée à laquelle aboutit Cournot :

> "Il y a dans le grand tourbillon des sociétés humaines des choses qui durent et des choses qui passent : mais le mouvement général ne s'effectue ni en ligne droite, ni en cercle, ni même en spirale, comme quelques uns l'ont proposé par accommodement ; en empruntant une image à la théorie géométrique du mouvement. Car à proprement parler, il n'y a pas de mouvement général résultant de la composition des mouvements partiels ; les composantes prétendues sont trop hétérogènes pour comporter une résultante, et la géométrie n'est pas de mise ici."[1]

Au fur et à mesure qu'on remonte, il devient impossible de distinguer des chaînes indépendantes, les intersections causales font que l'ensemble du monde est tout compte fait cause, lointaine ou prochaine, de tout événement – ce que Spinoza avait énoncé comme la causalité substantielle de Dieu : le Tout de la Nature se manifestant dans la totalité de ses modes pris séparément. Les arbres généa-logiques, dès qu'on entend les faire exhaustifs, provoquent ce même phénomène

1. COURNOT, *Matérialisme, vitalisme, rationalisme*. 1923, p. 170.

d'étalement de la parenté en surface, là où l'on cherchait à établir des lignées. Puisqu'il faut deux parents à un homme, quatre grands-parents, huit arrière-grands-parents, et que cela est vrai d'un deuxième homme et d'un troisième, il aurait fallu que les hommes du passé eussent été des milliards de milliards pour que les lignées restassent indépendantes, et ce n'est pas le cas. Et dès lors, il faut bien que les hommes aient des aïeux en commun pour que les nombres d'hier et d'aujourd'hui s'accordent : tous les hommes sont nécessairement plus ou moins parents entre eux.

Cet étalement de la causalité est une des raisons qui l'ont rendue suspecte aux yeux des positivistes au point que certains ont considéré qu'il fallait y renoncer. Puisqu'au fond, la cause se dissout en un poudroiement qui peut parfois défier la narrativité, puisque les conditions générales englobent et noient des facteurs plus limités de causation, l'énonciation causale risque d'aboutir à une accumulation indéfinie de facteurs juxtaposés, un peu comme dans les récits d'enfants où la conjonction passe-partout est un "et puis" sempiternellement réitéré, d'où toute consécution effective, logique ou temporelle, a complètement disparu. Le terme d'"interactions" s'est d'ailleurs imposé dans le récit historique bien avant d'envahir le domaine de la physique des forces. Comme l'écrit Emile Borel :

> "Dans une conception entièrement déterministe de l'univers, il n'y a pas de cause au sens que l'on donne habituellement à ce terme : l'ensemble de l'univers doit, à tout instant, être regardé comme la cause de tous les événements passés, présents ou futurs ; il n'est pas en effet possible de modifier un phénomène sans modifier tous les autres, car il faut pour cela concevoir un autre univers, celui dans lequel nous vivons ne pouvant, dans cette hypothèse, être conçu autre qu'il n'est. On doit donc, à ce point de vue entièrement déterministe, remplacer la notion de cause par celle de corrélation, qui s'applique également quel que soit l'ordre de succession des phénomènes étudiés et leurs relations directes apparentes."[1]

Le temps "fractal"

Au XXe siècle, la distinction, dans l'historiographie, entre le temps court et la longue durée est une projection métaphorique du local et du général de la thermodynamique boltzmannienne. Cette référence est à plusieurs reprises reconnue par Levi-Strauss, qui, dans les dernières pages de *Tristes tropiques*, indique clairement qu'il croit que l'unification planétaire imposée à la diversité bariolée d'un monde

1. E. BOREL, *Le hasard,* PUF, p. 114 note 2.

ethnocentré, conduit l'univers historique à son maximum d'entropie, comme à une mort thermique.

Dans *Race et histoire*, Levi-Strauss esquisse une géométrie, depuis lors devenue prégnante dans les représentations en fin du XXe siècle, selon laquelle le progrès a perdu cette sorte d'évidence qu'on cherchait perpétuellement, et vainement, à lui donner dans les théories de l'histoire du XIXe siècle. Elle suit une courbe à la fois sans tangente et qui éclate en arborescences scalantes dont le cours est prévisible en certaines séquences, mais jamais sur le tout.

> "le 'progrès'(si ce terme convient encore pour désigner une réalité très différente de celle à laquelle on l'avait d'abord appliqué) n'est ni nécessaire, ni continu ; il procède par sauts, par bonds, ou, comme diraient les biologistes, par mutations. Ces sauts et ces bonds ne consistent pas à aller toujours plus loin dans la même direction ; ils s'accompagnent de changements d'orientation, un peu à la manière du cavalier des échecs qui a toujours à sa disposition plusieurs progressions, mais jamais dans le même sens. L'humanité en progrès ne ressemble guère à un personnage gravissant un escalier, [...] elle évoque plutôt le joueur dont la chance est répartie sur plusieurs dés et qui, chaque fois qu'il les jette, les voit s'éparpiller sur le tapis, amenant autant de comptes différents. Ce que l'on gagne sur un, on est toujours exposé à le perdre sur l'autre."[1]

L'erreur du matérialisme historique en l'occurrence n'est pas tant une erreur de théorie du passé qu'une erreur sur la liaison qui y est faite avec la théorie du futur. Tant qu'il s'agit de rendre compte du révolu, sa capacité explicative rétrospective est souvent assez défendable, mais c'est sur ses capacités à prédire qu'il développe des illusions. Même en en accentuant une lecture probabiliste et en insistant sur le sens de la contingence dont Marx fait preuve lorsqu'il analyse des situations historiques réelles, il demeure qu'il mérite beaucoup des critiques que lui adresse par exemple Popper lorsqu'il s'en prend à ce qu'il appelle "l'historicisme". Par exemple, le rapport entre nécessité et hasard évoqué par Engels dans plusieurs lettres (17 avril 71 à Kugelmann, 21, 22 Septembre 90 à J.Bloch ou 25 janvier 94 à Starkenberg) montre que, pour lui, toutes les petites perturbations finissent nécessairement par s'amortir et s'égaliser. Il ne prend pas conscience qu'elles ne peuvent toutes être mises sur le même plan et que si certaines en effet s'égalisent, d'autres peuvent s'amplifier. Il faut attendre les théories actuelles du chaos pour qu'une certaine intelligi-

1. C.LEVI-STRAUSS, *Race et histoire,* Folio-essais 1952, 1987, p.38.

bilité apparaisse dans ce domaine[1]. Elles montrent que, dans des situations de non-équilibre, la capacité créatrice du temps est énorme. On voit qu'à la même époque que Marx, Darwin a été plus prudent. Pour lui, on peut reconstruire des filiations dans le passé, on ne peut annoncer prédictivement les espèces futures, même s'il ne fait guère de doute qu'il y en aura et qu'elle se formeront selon des processus sur lesquels la science ne manque pas d'informations.

III - TEMPS ET DÉTERMINISME HISTORIQUE

Les lois et le hasard

Dans un monde parfaitement déterminé, le présent est la continuation nécessaire du passé et donc il est possible, à partir du passé, de dire ce qui se passera dans le futur. C'est pourquoi, dans le monde tel que le pense idéalement Laplace, on peut savoir l'avenir d'une situation quelconque. Parlant de l'esprit humain celui-ci écrit :

> "ses découvertes en Mécanique et en Géométrie, l'ont mis à portée de comprendre dans les mêmes expressions analytiques les états passés et futurs du système du monde."

Naturellement cela ne vaut que s'il n'y a pas d'événements indépendants, car

> "Si, par l'instabilité des circonstances, nous sommes ramenés sans cesse à l'état d'une indécision absolue, si par exemple, on change de pièce à chaque coup au jeu de croix ou pile (pour éviter d'avoir affaire à une pièce pipée), le passé ne peut répandre aucune lumière sur l'avenir, et il serait absurde d'en tenir compte"[2]

Nous voyons ainsi que même si en réalité il n'y a pas d'événement qui échappe à un déterminisme objectif, il est inévitable qu'épistémologiquement, en raison de l'incomplétude de notre connaissance des données paramétriques et des lois non mécaniques et géométriques, nous soyons réduits à une saisie seulement probabiliste. Comme le note Cournot : quoique nul événement ne se produise sans cause, il y a des événements *fortuits*, dits aussi *résultats du hasard*, qui sont amenés par

1. R. PASSET, *La politique et le chaos*. Le Monde diplomatique. Février 90.
2. LAPLACE, *Essai philosophique sur les probabilités,* Gauthier-Villars 1921, p. 14.

"la combinaison ou la rencontre de phénomènes qui appartiennent à des séries indépendantes, dans l'ordre de la causalité.".[1]

Qu'advient-il de la forme du temps si donc on admet qu'il existe deux types d'événements : (1) ceux qui, dans leur passé n'ont qu'une série causale homogène et sans rupture, comme on en rencontre dans la mécanique céleste keplerienne et newtonienne, parangon du déterminisme laplacien... et (2) ceux qui, comme l'histoire humaine en donne des exemples sans nombre, présentent un mélange confus d'éléments dont l'ordonnancement causal relève de toutes sortes de lectures interprétatives ?

Cournot nous donne des éléments qui aident à penser un temps des phénomènes dus au hasard. Naturellement, il n'ignore pas qu'il est impossible de montrer que deux séries sont effectivement indépendantes sur tous les points, mais, pour lui, le concept du hasard, sans être une simple illusion, est une invention de l'esprit humain visant à caractériser assez précisément certaines situations. Il n'y a pas de sa part, (son kantisme le lui interdit), une affirmation ontologique de l'existence objective du hasard comme force productive d'événements. Mais le hasard ne peut néanmoins se résoudre en une simple apparence, il existe des événements fortuits. Pour lui en effet, il n'est pas sérieux d'admettre *en général* l'explication de l'histoire par des faits accidentels, et par exemple, il se montre assez dur à l'égard de Voltaire, lorsque celui-ci, dans l'*Essai sur les moeurs*, explique la constitution de l'anglicanisme et sa rupture avec la papauté par les caprices amoureux d'Henri VIII. Il qualifie ce genre d'explications d'"enfantillages[2]". Il faut reconnaître aux événements fortuits un rôle qui soit proportionné à ce qu'ils sont. Le nez de Cléopâtre n'a pas le pouvoir de changer la face du monde, mais on aurait tort de le tenir pour un simple rien.

Cournot nous invite à être sensibles en histoire à l'échelle à laquelle on choisit de la décrire : ce qui est complexe, contradictoire, inattendu à petite échelle de temps, devient quasi continuité à grande échelle. Une pensée statisticienne le pousse à ne pas donner d'importance excessive à des événements isolés dont les effets semblent s'annuler sous l'influence d'autres événements plus amples qui les absorbent et dans lesquels ils deviennent une sorte de variation mineure, un tremblement du trait qui n'en altère pas la direction d'ensemble.

Dans une philosophie de l'histoire qui fait une place au hasard, le temps est double.

1. COURNOT, *Exposition de la théorie des chances et des probabilités*, Vrin, n°40.

2. R. PREVOST, *Cournot historien de la civilisation*, in *Etudes pour le centenaire de la mort de Cournot,* Vrin 1978, p. 37.

D'abord, il est un flux indéterminé qui charrie tous les événements déterminés qui se produisent. Comme tel, il faut le dire indéterminé parce qu'il n'a pas de forme connaissable. Cournot laisse entendre, sans se prononcer davantage, qu'il pourrait y avoir un déterminisme divin, mais cela ne peut faire l'objet d'un savoir.

Ensuite, le temps est aussi une ligne brisée parce que des lignes de détermination interfèrent, se coupent. Il y a en effet des lois générales qui permettent d'attendre comme devant régulièrement se produire, des événements qui se sont déjà produits dans des conjonctions identiques. Et puis surgit la surprise, qui tient seulement au fait que la connaissance n'avait pas tenu compte de la totalité des facteurs, mais seulement d'un ensemble jugé le plus probable. Soudain un facteur non retenu comme probable joue un rôle effectif.

Cela conduit à la conception d'un temps fait de fibres temporelles qui peuvent avoir un cours parallèle dans une de leurs séquences, puis avoir un point sécant ou un segment commun dans la phase suivante. L'idée d'un temps en réseau de lignes implique dans ce cas que le temps n'est pas une réalité simple. Comme l'écrit le physicien Jean-Marc Lévy-Leblond :

> "Plutôt que par un mince filament, il serait mieux décrit par l'image d'un cordage tressé. Nous vivons dans plusieurs temporalités enchevêtrées, tant par leur nature (le temps de nos sensations, celui de nos idées, celui de nos rapports sociaux, etc.) que par leurs échelles (de la milliseconde au siècle) – tout comme une corde est faite de multiples brins, eux-mêmes composés de fines et courtes fibres."[1]

Pour Cournot, le hasard *révélé* comme un effet de l'ignorance ne saurait néanmoins trouver son essence entière dans cette présentation simplifiée.

A) Il y a sans doute pour nous hasard quand nous sommes étonnés par la non conformité d'un événement par rapport à ce que la régularité des lois connues nous avait incités à attendre. L'inattendu du cours de l'histoire attire l'attention par son caractère exceptionnel. C'est parce qu'il y a un ordre ordinaire des choses que nous sommes parfois étonnés. Si rien n'était jamais prévisible, le monde serait pour nous un chaos et rien ne pourrait nous étonner. Or ce n'est pas le cas. Notre étonnement néanmoins relève de notre connaissance insuffisante de la profusion des chaînes causales existantes. Le hasard a ici une dimension épistémologique.

1. J.M. LEVY-LEBLOND, *Quel temps fait-on ?* in *Le temps et sa flèche*, Frontières 1994,p. 279.

B) Mais le hasard n'est pas pour autant sans base objective. Car si l'intersection de chaînes causales semble relever du non prédictible, et si le phénomène est rare et semble n'avoir pas de régularité, ce qui ne se produit finalement qu'une fois échappe à l'idée ordinaire de la loi sans pourtant échapper à la causalité. Ainsi la mort ne se produit-elle qu'une fois dans la vie d'un homme, même si elle se produit toujours dans la vie des hommes. La régularité de la loi vaut à l'échelon des grands nombres, elle n'a pas de sens à l'échelon des unités. Aussi, lorsque la mort d'un personnage interrompt un cours historique déterminé, elle n'est pas la négation des lois régulières de l'univers, mais une rupture du sens des événements en cours. Si le temps, dans sa totalité (dans le tout qu'il est) est non déterminé, dans le cours des événements en revanche, il leur adhère complètement et il a alors un sens qui peut bifurquer.

C) Le hasard n'existe pas positivement, mais négativement. Pour bien le comprendre, il faut faire la distinction entre l'ordre des *causes* et l'ordre des *raisons*. L'exemple devenu célèbre que Cournot utilise le montre bien : une tuile tombe d'un toit et blesse une personne qui se rendait à son bureau. Il y a bien là un rapport de causalité : la tuile est bien la cause de la blessure, mais il n'y a pas ici un *ordre de raison* : il n'y a pas de raison pour qu'un coup de vent empêche une personne de parvenir à son bureau, en décrochant une tuile d'un toit sur son chemin. Notre esprit invente la notion de hasard et celle, corollaire, d'accident parce qu'il ne peut relier par ordre de raisons deux éléments qui restent distincts, mais aussi parce qu'il lui faut bien tenir compte des chaînes causales sans faille qui mènent à ce moment du temps où l'événement se produit à la fois nécessairement et de façon absurde.

Causalité et accident en histoire, et du sentiment de fatalité donné par le récit.

L'événement historique accidentel, conçu, selon la formule de Cournot, comme produit par la "rencontre de chaînes causales indépendantes" peut être l'objet de lectures différentes. Il peut en effet, dans l'énoncé qu'en fait l'historien, s'inscrire logiquement dans une chaîne et logiquement dans l'autre, lorsqu'il s'agit pour l'esprit de suivre chacun des enchaînements, mais *la rencontre* prend elle aussi une signification propre et séparée pour qui la considère non comme un élément d'une suite, mais comme un événement en tant que tel. Dans l'exemple de la tuile, personne ne peut s'étonner qu'un homme reçoive une tuile qui tombe à ce moment là. La nécessité est aveugle et sans intentions. Celui qui ne veut pas recevoir la tuile doit s'arranger pour ne pas se trouver là quand elle tombe. Si au lieu d'une tuile, il s'était agit d'une goutte d'eau, personne n'en parlerait, l'exemple perdrait son caractère emblématique de toute discussion sur le hasard. Or, du point de vue de la causalité physique, les lois convoquées pour rendre compte de l'événement n°1 : un homme reçoit une tuile sur la tête, ou de l'événement n°2 : un homme reçoit une goutte d'eau, sont quasiment les mêmes. La différence qui saute aux yeux est seulement que la cas n°2 est *en tant que tel* un non-événement *pour nous*. Nous ne tombons pas dans une méditation métaphysique lorsqu'on nous dit qu'un homme qui est sorti par temps de pluie a reçu des gouttes d'eau. Si nous nous mettons à méditer sur la malchance qu'il y a à recevoir une tuile quand il se trouve qu'il en tombe une, c'est simplement parce que nous donnons à l'incident le sens d'un malheur et d'un risque de mort. Zufall et Unfall, dirait un allemand. La signification est différente pour la lecture des deux événements, même si les faits sont équivalents et interchangeables du point de vue des lois physiques.

L'évocation du hasard dans l'explication causale nous paraît tout simplement ridicule quand un homme reçoit la pluie précisément au moment où il sort de chez lui, alors que s'il était sorti dix minutes plus tôt, il n'aurait rencontré qu'un temps menaçant mais sec. Celui qui dirait : “ce que c'est que de nous !” avec un air contrit devant l'impuissance humaine face aux précipitations atmosphériques, serait tout simplement ridicule, à moins qu'il ne soit un humoriste, auquel cas, il serait drôle. C'est donc en vérité en raison de l'importance du sens que nous accordons à des événements – tragiques ou heureux par exemple – que la question de la coïncidence nous paraît digne d'intérêt. C'est aussi le projet d'en dégager le sens opaque, non directement intelligible, qui fait que l'attention va être concentrée sur des coïncidences. Mais ce n'est pas une logique scientifique qui préside à cette pensée, c'est une recherche de sens.

Il y a des lois qui rendent compte de la chute de la pluie, ou de celle de tuiles du haut des toits, mais il n'y a pas de loi de la chute de la pluie sur la tête d'un promeneur déterminé. L'effet d'énigme vient de ce qu'on pose la question de l'accident qui arrive à un individu déterminé, qu'il s'agit d'un macro-événement à échelle humaine et à signification humaine commune. A l'échelle atomique ou moléculaire, on ne peut guère provoquer d'effet d'énigme équivalent.

Le phénomène qu'on pourrait appeler “effet de fatalité” est produit par le récit tragique. Quand l'événement s'est produit, il apparaît – à juste titre, ce n'est pas seulement une apparence – que l'univers tout entier *conspire* à la réalisation de l'événement, mais qui donc raconterait une histoire si elle ne présentait pas de quoi frapper les imaginations ? Les journaux, dit-on, ne racontent pas le voyage des trains qui ne déraillent pas, la tragédie ne nous met pas en scène les fils qui ne tuent pas leur père et n'épousent pas leur mère par ignorance de leur véritable identité. La probabilité qu'Œdipe devienne le héros d'un mythe est très forte dès le départ si un narrateur décide d'écrire, au futur antérieur, la vie d'un personnage auquel il sera arrivé des malheurs effroyables. On peut sans doute décrire la vie d'un homme qui, chaque matin à la même heure, prend son attaché-case pour aller au bureau, traverse les rues dans les passages cloutés, ne trompe pas sa femme et qui, hélas, s'enrhume parce qu'il reçoit la pluie à tête nue. Dès lors que ce projet d'écriture est mis en place, il apparaît déjà que la totalité du monde conspire à rendre la vie de cet homme *exemplairement* ordinaire, au point, si l'écrivain a quelque talent, de l'exhausser à la taille d'un type : monsieur Personne. C'est ce que Sartre a appelé dans *La Nausée,* l'impression d' "*aventure*",.

> "[...]ce mince événement n'est pas pareil aux autres : tout de suite on voit qu'il est l'avant d'une grande forme dont le dessin se perd dans la brume et l'on se dit aussi : 'Quelque chose commence'. Quelque chose commence pour finir : l'aventure ne se laisse pas mettre de rallonge ; elle n'a de sens que par sa mort. [...]Voici ce que j'ai pensé : pour que l'événement le plus banal devienne une aventure, il faut et il suffit qu'on se mette à le raconter."[1]

Il faut, il est vrai encore quelques ingrédients pour faire un mythe tragique, mais la matrice est déjà presque en place. Qu'on considère maintenant le mythe et qu'on en renverse certains éléments, on verra qu'il n'y a plus lieu de s'interroger sur les obscures raisons qu'a la Moïra de s'acharner sur le héros : un peu d'esprit de suite suffira pour ajouter la partie manquante :

Un jeune homme nommé Œdipe, qui ne serait pas un enfant trouvé, tue un homme qui ne lui laisse pas le passage, mais celui-ci n'est pas son père. L'horreur du parricide par ignorance disparaît. Un jeune homme nommé Œdipe, qui serait ou non un enfant trouvé, ne tue pas un homme qui ne lui laisse pas le passage ; chacun continuant sa route, il ne devient pas roi de Thèbes, mais succède à son père adoptif... Histoires sans intérêt. Examinons quelques unes des déterminations nécessaires pour que la fatalité s'instaure.

Si Œdipe ne connaît pas son père véritable et sait qu'il est de haute naissance (il se pense fils de roi, s'il se trompe sur l'identité de celui-ci), il y a parmi les inconnus susceptibles de ne pas lui laisser le passage

1. J.P. SARTRE, *La Nausée,* p. 59 et 61.

– parce qu'ils sont eux-mêmes de haute naissance – un homme qui, étant roi de Thèbes, n'en ferait rien et pourrait être son père. Si Œdipe ne connaît pas sa mère véritable, il y a parmi les femmes de haute naissance auxquelles sa valeur et son rang peuvent le destiner, une reine de Thèbes qui pourrait être sa mère, etc.

Dès lors, et n'ayant examiné que quelques conditions encore assez générales, nous constatons qu'Œdipe remplit déjà un certain nombre d'entre celles qui sont nécessaires pour qu'il devienne le personnage du mythe. Certaines conditions ont le don d'effectuer un tri drastique parmi tous les jeunes gens irascibles susceptibles de devenir l'époux de Jocaste. Si bien qu'il n'est nullement nécessaire d'en appeler à un nombre infini de conditions pour qu'Œdipe soit, en fin de compte, le seul candidat à son propre rôle. Un individu est un être qui est déterminé de manière telle qu'aucun autre n'est exactement le même. Un événement est une consécution qui est aussi déterminée. Qu'on recoupe ces conditions et alors surgit une singularité qu'un récit peut formuler. Racontons-le à partir de la fin, et voilà un Destin.

Ainsi, tant que nous n'avons pas examiné avec précision les déterminants de la situation, le récit peut nous suggérer une histoire contingente qui se révèle en profondeur, fatale, alors que si nous examinons ces déterminants, ils n'est plus étonnant que ce qui arrive arrive, puisque tout est prêt pour cela. "Statistiquement" (si l'on peut dire, puisque nous avons ici un individu dans une population limitée de personnages), Œdipe avait toutes les chances de vivre le mythe d'Œdipe et donc d'obtempérer au décret du Destin.

Notons d'ailleurs qu'en réfléchissant à partir de chaînes causales supposées indépendantes dans leur décours, Cournot lui même, en disciple de Kant, n'exclut nullement qu'en dernier ressort, et dans la transcendance inconnaissable, ces chaînes causales aient néanmoins le point commun (= le point de dépendance) d'être décrétées par Dieu (ou la Moïra), ce point relevant, non de la preuve (impossible si la régression doit être infinie), mais de la postulation rationnelle. La raison est ici la raison suffisante et tautologique : pour que l'événement se produise, il faut et il suffit que les conditions nécessaires à sa production soient effectivement remplies par quelqu'un.

Trois figures du déterminisme historique

On peut donc considérer que tout déterminisme historique est une façon de présenter selon les termes rationnels propres à un certain état de la science dans son évolution, ce que les mythes ont présenté sous la forme de la fatalité. Nous conservons du reste le terme de "fatale" pour caractériser une occurrence qui a toutes les chances (100%) d'advenir.

1. Le déterminisme classique, laplacien, est celui qui est le plus proche d'une fatalité à l'antique. Dans un temps déterminé de la sorte, l'homme perd tout rôle personnel et autonome d'agent historique. Il est mû par des mécanismes qui le précèdent et le dépassent. Les grands hommes ne sont grands que parce qu'ils sont des “élus” que l'Histoire projette sur le devant tant qu'ils obéissent aux projets de la Raison, et qu'elle congédie et rejette à Sainte-Hélène s'ils s'imaginent qu'ils peuvent la conduire à leur guise. L'homme est immergé dans des flux tumultueux où certains facteurs, “en dernière instance”, comme dit Marx, imposent une forme de limite infranchissable à la liberté.

2. L'homme du déterminisme statistique, depuis la fin du XIXe siècle, est raboté jusqu'à un profil de moyenne. Son action oscille entre les grands nombres et les quantités négligeables. Il joue certes sa partie, mais dans un jeu où ses actions sont nivelées dans des périodes de temps régulières ou rhapsodiques. Il finit parfois par apparaître comme typique d'une évolution parce que la mémoire collective a besoin de se reconnaître dans des images, mais ces images “passent” comme les photos jaunissent et les types se démodent.

3. L'homme du chaos déterministe, aujourd'hui, découvre qu'il peut changer l'histoire, mais seulement dans les “périodes critiques” où s'équilibrent de façon instable, des forces opposées. Des minorités peuvent alors avoir une action dont les effets (bifurcations de I.Prigogine), au lieu de s'amortir et de rentrer dans la moyenne statistique, s'amplifient de façon imprévisible, entraînant l'écart de divergence irréversible que constitue toute nouveauté. Ce même homme découvre en même temps d'ailleurs que l'efficacité de petites variations qui s'amplifient, lui ouvre par la même occasion la voie à une novation éventuellement tout à fait incontrôlable. Le facteur déclenchant peut lui-même être emporté par la novation qu'il initie, soit que la révolution dévore ses propres enfants dans l'avalanche qu'ils ont délibérément déclenchée, soit que les conditions initiales étant mal ou pas connues, les acteurs soient davantage des jouets-épiphénomènes que des agents de ce qui se déclenche. Si la rupture d'équilibre que manifeste un changement historique opère comme un germe dans une solution sursaturée, la mutation peut précipiter de façon massive et brutale.

L'histoire offre ainsi l'image de temporalités aux rythmes incertains : parfois le temps semble immobile, répétitif et quasi réversible, puis soudain catastrophique, irréversible, novateur pour le meilleur et le pire. Les événements connaissent des phases non libres et quasi prévisibles, des phases de probabilités partagées, des phases totalement aléatoires. Ce temps historique nourrit le nihilisme désabusé voire dépité de la pensée qui, à la fin du XXe siècle, succède à la pensée croyante des philosophies de l'histoire. Ce temps n'a pas encore trouvé véritablement son emploi ; scientifiques et philosophes le découvrent comme une vieille connaissance dont on commence, modestement à comprendre la nature.

IV - LA CONQUÊTE INTELLECTUELLE DU FUTUR

Magie et divination dans les sociétés d'autrefois

Il est une pratique en rapport avec le futur qui, dans les sociétés traditionnelles, est admise au grand jour et que la société moderne ne connaît plus chez elle que comme une survivance dont elle a un peu honte, c'est celle de la divination magique. Le mage ou le sorcier ne limite généralement pas son art à la prédiction de l'avenir, mais celle-ci y tient une place importante. Le *monde magique*, comme l'a défini Simondon, est "réticulaire" et les fils de chaîne et de trame y sont des croyances religieuses et des techniques, tissées dans un maillage serré et non séparable. Aussi peut-on soutenir que la prédiction de l'avenir est comme naturelle au monde magique. La divination relie présent passé et futur à un temps mythique où aucun événement ne flotte dans l'indépendance, mais où tous sont reliés par une causalité "surdéterminante", régnant diffuse partout dans l'univers (déjà les Stoïciens concevaient la divination comme appuyée sur une sorte de monolithisme du cosmos).

On peut constater cette surdétermination encore aujourd'hui dans l'exercice divinatoire de la médecine de sorcier. Il s'agit de lire des signes et de comprendre leur sens aussi bien du côté du passé que du futur : il y a là comme un état préparatoire et relevant du bricolage de ce que seront l'étiologie et le pronostic dans la médecine moderne. Ce qui est caché dans les signes, ce sont, du côté du passé, des causes inductrices, du côté du futur, un destin inéluctable. Les unes et l'autre se lisent toujours par interprétation du présent, mais le présent des signes est une voie d'accès à un Présent bien plus vaste, qui enveloppe le futur. La divination par les cauris, par les cartes, par les symptômes, est une sorte d'imitation, à échelle de sorcier, et pour le temps successif, de la vision panoramique que nous pouvons avoir de l'espace. La méthode de lecture procède par tautologies intemporelles déguisées (ou traduisibles) en relations temporelles de causalité. La relation : si A, alors B peut être lue logiquement et intemporellement, ou chronologiquement. Le temps peut être lu de façon intemporelle.

La mystique du nombre et le fantasme de l'omniscience à l'époque moderne

Si nous érigeons au statut de postulat l'hypothèse qui dit que la modernité commence avec la Renaissance, nous constatons qu'à cette époque, ce qu'on croit voir renaître, c'est le monde grec, moins très certainement celui de Dionysos et de ses mystères, que celui de Pythagore, lequel s'identifie à la toute-puissance du nombre et du calcul.

Le monde "renaissant" tend à devenir entièrement mesurable au moment même où il devient infini. La coïncidence est peut-être énigmatique, puisqu'en un sens, l'infini est bien ce qui échappe à tout arpentage effectif. Mesurable signifie ici qu'il relève du nombre et de règles de combinaison des nombres. Piero della Francesca peut bien symboliser cet idéal, lui qui est à la fois l'auteur d'un *de abaco*, traité de calcul aisé pour les étudiants en commerce, et le peintre de "géométries mystiques."[1]

Ce qui se présente comme un retour vers le passé grec, prépare, on le sait, une plongée audacieuse dans le gouffre d'un futur inconnu, parce que nouveau. Le sacré y est puissamment présent, mais ce n'est pas celui des métamorphoses auxquelles croit le paganisme, ce n'est plus celui des miracles du Moyen-âge chrétien, c'est le sacré d'un jeu aux règles fixes, mais transcendantes et donc intégralement connues de Dieu seul. Ce jeu commande aux affrontements dans lesquels la chance ou la grâce, la Fortune en tout cas, choisit les élus. Ce jeu ne sort certes pas du néant, les ordalies de la chevalerie en préparent vraisemblablement la structure, mais le calcul y entre maintenant comme l'instrument de l'orgueil humain. Le futur est nouveau, mais il n'est totalement surprenant que pour celui qui ne calcule rien. L'esprit rigoureux, lui, se convainc vite au contraire que ce qui est advenu, une fois qu'il est advenu comme il l'est, n'était pas complètement imprévisible, et que ce qu'on n'a pas prévu relève de la négligence, d'une défaillance de méthode, d'une insuffisante attention aux tendances déjà dessinées. Redoubler d'exigence de méthode devrait permettre d'être plus efficace la fois suivante. Ainsi naît l'idée moderne de déterminisme.

1. M. BANXANDALL, *L'oeil du Quattrocento,* Gallimard 1985,.p. 145.

On pourrait s'étonner de constater que cette époque qui voit un essor de l'esprit scientifique, est également celle d'un grand développement de l'astrologie. On aurait tort. L'idée de *calculer* le futur est une folie de rationaliste et non une superstition d'irrationaliste. Elle relève de la même pensée formaliste qui a fini par donner naissance à l'axiomatique. Roger Caillois note que *l'âgon* et *l'alea* constituent un couple indissociable aussi bien dans les jeux mathématiques que dans les sociétés qui développent un système administratif rationnel où le recrutement des fonctionnaires par concours et examens tend à gagner de proche en proche la plupart des strates de la vie sociale. Il établit également un lien entre les progrès de l'esprit démocratique ou rationnel-démocratique et cette vision d'un futur "libre", mais non sans règles.

Il y a liberté parce que le futur est un espace où chacun peut tenter sa chance, tout n'est pas déjà verrouillé par la persistance du passé, mais néanmoins ce qui adviendra n'est certainement pas n'importe quoi, car l'univers est ordonné rationnellement. Dans l'époque moderne, l'angoisse du lendemain reste forte, mais la raison calculante est capable de tracer des perspectives, à tous les sens de cette expression. Et Kepler, astrologue mathématicien et homme moderne n'a plus guère de points communs avec un sorcier, même s'il peut encore être menacé d'une telle accusation. (Kepler[1] dut défendre sa propre mère, qui était guérisseuse, dans un procès en sorcellerie). Il se lance dans le calcul de tables d'éphémérides, tâche redoutablement fastidieuse quand les opérations doivent être faites "à la main". Passer des semaines et des mois à prévoir une conjonction de Jupiter et de Saturne simplement pour savoir quand, de la terre, on pourra les voir alignés (et encore, si le temps n'est pas trop brumeux !) peut sembler un bien grand effort pour un résultat qui intéresse qui donc finalement ? Pourtant, si ces tables doivent permettre aux nobles de Styrie de prévoir une attaque des turcs, ou aux médecins de choisir entre deux potions, on voit qu'il y a là, pour l'époque, un intérêt objectif ! Face à une demande sociale aussi forte, il est difficile de ne pas se sentir soutenu dans sa peine. Comme de plus, Kepler n'est pas seulement l'objet de ces fortes sollicitations externes, mais que son intime conviction religieuse le pousse à trouver dans l'univers l'harmonie qu'un Dieu cohérent ne peut manquer d'y avoir mise, la prédiction du futur finit par rencontrer la nécessité que des aires égales soient balayées en des temps égaux (ce qui constitue la deuxième loi de Kepler).

1. G. CHEVALIER, n° spécial sur Kepler. Les Cahiers de Sciences et Vie, Juin 94.

> " La sagesse du Seigneur est infinie, comme le sont sa Gloire et sa Puissance. Cieux, chantez sa louange ! Lune , Soleil, planètes, glorifiez-le dans votre langage ineffable. Vous qui comprenez son œuvre merveilleuse et vous Harmonies célestes, louez-le !"(*Harmonie du monde.* 1619)[1]

L'anticipation par le calcul donne ainsi une assise aux certitudes. Le futur prévisible ne signifie pas encore le futur prévu à tous les coups, mais ce concept introduit à une prise d'hégémonie dans la vie intellectuelle de la société, d'une philosophie, ou peut-être plutôt d'une idéologie du risque. Il faut probablement en effet donner ici la préférence au terme d'idéologie, car on ne voit guère que cette forme de pensée et ce mode de vie conduisent à une sagesse et à une satisfaction, ils conduisent au contraire à l'exacerbation passionnelle et à l'insatisfaction permanente. Nous pouvons y lire en filigrane la "négativité" dynamique que Hegel théorisera comme *primum movens*, au coeur de la dialectique de l'Esprit.

Le temps de l'anticipation est créateur, ou potentiellement créateur. Il présente une dynamique, s'opposant à la fois au temps de la prophétie (qu'il mime pour le détrôner) et au temps de la rétrospection. Rien de plus proche en apparence et pourtant rien de plus éloigné l'un de l'autre en vérité que le prophète qui annonce ce qui sera et le calculateur qui prévoit. La prophétie, toujours inspirée par le Ciel et la Transcendance, laisse les hommes entièrement passifs, alors que l'anticipation les incite à l'action. Le temps de la rétrospection, de la synthèse a-posteriori, est celui de la mise en place d'un sens. Seule la décantation permet la séparation de ce qui est brouillé et sa mise au clair.

La rétrospection donne naissance aux idées de "main invisible", chez Smith, ou de "ruse de la raison" chez Hegel. Ces idées sauvent du non-sens des actions qui n'ont pas encore reçu leur sens effectif et qui ne le recevront qu'une fois la synthèse effectuée, car dans l'histoire, le résultat final des agissements des individus n'a souvent été désiré par personne, mais c'est celui qui demeure pour l'histoire.

L'anticipation est donc, d'une façon non-accidentelle, un des principes de la logique économique moderne. C'est même à partir d'un calcul anticipatif qu'on peut employer à juste titre le terme d' "économie". Pour le passé et le présent, le terme de "comptabilité" pourrait suffire.

Le capitalisme, comme forme d'action économique, investit, parie sur le futur. Celui-ci est étrangement double : il est conçu comme

1. S. HILDEBRANDT et A. TROMBA, *Mathématiques et formes optimales*, Belin 1986, p. 39.

ouvert, et donc non prévisible, puisque s'il était entièrement prévisible, il n'y aurait que des gagnants, mais en même temps, il est conçu comme prévisible (et lisible dans certains indices), sinon, à quoi bon un art, une stratégie, pour gagner (ou parfois simplement pour ne pas perdre lorsque les autres vont perdre) ? L'acteur capitaliste ne veut croire qu'à une partie du futur, ce qui le fait optimiste par profession de foi. Il oublie le reste du possible parce que si l'on pense aux échecs qui peuvent advenir, on n'entreprend rien. Notons au passage que le communisme a repris ce trait au capitalisme, il l'a même parfois accentué. Mais comme nous n'avons guère connu des tentatives communistes que des formes dictatoriales, où l'aléa n'a pas droit à l'existence, nous n'avons pu observer que des caricatures, dans lesquelles l'optimisme révolutionnaire est obligatoire. Douter ou s'interroger a souvent été perçu comme déjà une traîtrise, une complicité objective avec l'ennemi.

Le futur qu'on calcule et le futur qu'on fait. Le cas de la société capitaliste

Le calcul de l'avenir est un art spéculatif. Il l'est à tous les sens du terme lorsqu'il se déploie dans les milieux boursiers, puisqu'il est à la fois une sorte de pensée pure (désintéressée) et une technique d'enrichissement (pas vraiment désintéressée) qui joue sur des valeurs marchandes. Le sociologue américain Robert Merton a décrit un processus social qu'il nomme "self-fulfilling prophecy", autoremplissement de la prophétie, qui se manifeste avec une grande fréquence dans une société qui pense que son avenir est "ouvert" et néanmoins prévisible par le calcul.

Ce processus a les traits d'un discours performatif, il consiste pour une société, ou une couche sociale, à se faire une certaine représentation anticipatrice de ce qui probablement va se passer pour elle dans l'avenir, et celle-ci, commandant ses comportements, l'entraîne à réaliser effectivement ce qu'elle a cru probable ou inévitable. C'est alors l'autoremplissement de la prophétie. Le domaine de l'économie libérale, dans lequel on gagne un avantage sur ses concurrents lorsqu'on est le premier à faire de l'offre sur un marché demandeur, ou lorsqu'on peut se défausser, à temps d'une monnaie qui va se dévaluer, développe, outre des stratégies de la rumeur, une virtuosité dans le calcul systématique de ce qui pourrait se produire si...A, ou B, ou C... Le développement d'une économie mathématique formelle de grande sophistication, a été stimulé par cette recherche de "martingales" de jeu. Le crédit apporté à la fiabilité de ce calcul pèse fortement sur les conjonctures et sur les éléments qui, dans ces conjonctures peuvent déclencher ce qui a été calculé, finissant par le produire effectivement. Cela ne signifie pas que toutes les situations sont indifféremment sensibles à ces facteurs qui bien que subjectifs (et parfois même complètement illusoires), jouent comme des facteurs objectifs.

On pense par exemple aux cas où des investisseurs, sur la base d'informations fondées ou non (car parfois ces "bruits" sont sans la moindre vérité), redoutent des problèmes de débouchés pour leurs produits, ralentissent ou arrêtent leurs investissements, provoquent ainsi des licenciements de personnel, ce qui diminue la masse salariale, mais aussi son corollaire le pouvoir d'achat objectivé sur le marché. Des marchandises ainsi finissent par ne plus trouver de débouchés. Craignant ou calculant ce phénomène, les agents, par les précautions qu'ils prennent pour se l'éviter, finalement le provoquent, en accélèrent la venue ou l'aggravent. Autoremplissement de la prophétie.

Il se peut donc qu'un événement futur simplement possible, et peut-être parfaitement évitable, prenne des allures de fatalité, en raison même de ce que ce sont des hommes qui anticipent et pensent le futur au présent. Peut-on dire qu'une idée initialement fausse, mais capable de provoquer un événement réel qui confirme sa *vérité*, reste une idée fausse ? Dans l'univers ultra pragmatiste de l'économie, qui s'occupe peu des raisons lorsque "les faits parlent d'eux-mêmes", on voit bien que dans le rapport entre cette pluralité de futurs potentiels et celui d'entre eux, qui finit par l'emporter, il y a un aléa qui est moins objectif que subjectif : ce sont les sujets qui, par les croyances où ils sont, finissent par faire le réel. Les hommes finissent par faire eux-mêmes leur histoire à partir de leurs aveuglements. Comme le dit Marcel Mauss : "La société se paie toujours de la fausse monnaie de son rêve."

Reste alors une grande place libre, que l'idéologie occupe aussitôt pour justifier du point de vue des groupes sociaux que chacun avait bien raison. Les théories de l'histoire n'existent que par la force de ce besoin qu'éprouvent les groupes sociaux de trouver dans le passé, les signes que les lois de l'histoire confirment leurs prophéties et leurs calculs sur l'avenir. Les sociétés traditionnelles ne produisent pas des théories de l'histoire, elles produisent des mythes et n'anticipent pas l'avenir par un calcul visant à "déterminer l'imprévisible", elles recourent à la magie. Le calcul de l'avenir est une magie moderne. Il réussit d'ailleurs lui aussi, tout comme la magie.

Un projet d'entreprise, dans la société capitaliste, s'appuie sur des espérances de gain calculable sur la base des données moyennes du marché actuel, mais y interviennent également des facteurs minorants liés à un calcul de risque, car toute entreprise est réticente à s'engager sur des risques trop grands. Le calcul est ici très compliqué et peu rigoureux.

La décision est donc prise à partir d'une *spéculation*. En économie classique, on admet une règle qui est d'optimiser production et consommation productive à partir d'un échéancier où passé et futur sont connus grâce à l'accumulation de statistiques et aux extrapolations qu'on peut en tirer. Le futur est considéré comme une projection des trajectoires déjà connues. L'idée dominante est alors qu'il existe des lois naturelles que les courbes visualisent. L'invariance par projection permet de négliger certaines déformations des courbes à la façon dont le mathématicien identifie un cercle et une ellipse par déformation de l'une dans l'autre. Les courbes sont alors considérées comme demeurant valides malgré les déformations. Le credo est qu'il existe au fond une réversibilité du temps et les moyennes des anticipations prennent un caractère déterminant sur les décisions des "décideurs". Quant à ceux qui ne décident de rien, leur comportement est censé se déposer dans les moyennes de cet homme que Musil a dit "sans qualités".[1] Ce que Jacques Bouveresse commente ainsi :

> "L'avènement d'un fatum statisticum soulève, cependant une difficulté si l'on s'intéresse non plus au sort de tel ou tel individu particulier, mais à l'ensemble dont il fait partie et à la répercussion que peut avoir ce qu'il fait ou ne fait pas sur la situation et l'évolution de celle-ci. Car il semble justement que quoi qu'il fasse ou ne fasse pas, ce qui est prévu pour l'ensemble arrivera de toute manière."[2]

L'irréversibilité s'introduit en revanche lorsqu'on fait intervenir les probabilités "subjectives", c'est-à-dire les estimations et paris que font, sur l'avenir, les agents impliqués. Il y a ainsi des écarts éventuellement profonds entre les moyennes des anticipations et les moyennes effectivement concrétisées ensuite. Le risque introduit la dissymétrie, on pourrait presque dire qu'il "mesure" l'irréversibilité. Cette grandeur est ce dont on aura minoré le calcul du projet par

1. Musil est sensible à des études comme celle que Durkheim a menée sur le suicide montrant qu'on peut "réduire la procréation et le suicide à des courbes annuelles qui révèlent le caractère forcé de ce que l'on croyait le résultat des décisions les plus libres". *L'homme sans qualités*, p. 364

2. J.BOUVERESSE, *L'homme probable*, L'éclat 1993, p. 53.

rapport à ce qu'il aura effectivement rapporté. Il y a là un temps inconnu qui succède au temps toujours bien connu de l'économie classique. Le sentiment de l'incertitude envahit le monde même des prévisionnistes, comme on a pu le voir par exemple chez les pétroliers en cette fin de XXe siècle :

> "Que le prix auquel sera vendue, pour être irrémédiablement détruite, cette source d'énergie non renouvelable, que la nature a mis des millions d'années à constituer, puisse fluctuer de façon considérable en quelques minutes sur la foi d'un fait anodin, d'une dépêche de presse ou d'une simple rumeur, est un phénomène paradoxal dans lequel les philosophes, s'il en existait encore et s'ils s'intéressaient à ce genre de choses, pourraient voir une preuve supplémentaire de la vanité des choses humaines. Tel Cronos dévorant ses enfants, le monde actuel consomme allègrement le pétrole que lui a légué le monde d'hier, sans trop, apparemment, se soucier du lendemain."[1]

En même temps qu'un nihilisme des comportements qui peut se traduire par une formule du genre : maximisons les profits et après nous le déluge, apparaît un réel sentiment que l'avenir est ouvert, mais qu'il échappe aux déterminations. Ni la confiance en une main providentielle, ni l'espérance en une planification ne donne au futur les contours rassurants que le capitalisme et le communisme ont inventés en d'autres temps. La courte histoire de la modernité s'achève. Tout se passe comme si les hommes se trouvaient cette fois, et pour la première fois, devant un futur vraiment futur.

La tyrannie du futur, Le cas du socialisme de type soviétique

Dans les sociétés socialistes, la confiance dans le calcul va en permanence être réaffirmée de façon incantatoire en raison du caractère scientifique proclamé du socialisme et de la planification sociale censée donner à la société le contrôle complet de son développement.

La planification, on le sait, vise théoriquement à introduire une rationalité là où, dans le capitalisme, règne ce que Marx a dénoncé comme une "anarchie", c'est-à-dire par exemples, la surproduction par rapport aux besoins solvables, voire aux besoins tout court, ou encore le chômage, gaspillage honteux de force de travail.

1. D. VARLOT, directeur financier adjoint de Total, CFP, in *Total information* n°110, 1989, p. 19.

Avec le socialisme et la planification, doivent logiquement disparaître les possibilités et la nécessité d'un calcul économique au sens que nous avions retenu jusqu'ici. C'est du reste ce qui justifie la formule de Von Mises selon laquelle "le socialisme est l'abolition de la rationalité économique". Puisqu'en effet on peut imposer autoritairement (et "arbitrairement", si l'on s'en tient à la seule logique économique) le prix d'une marchandise à la vente au public, indépendamment de son coût pour le fabricant, il est parfaitement inutile d'essayer d'anticiper par le calcul quel sera son prix sur le marché, puisqu'on le décrète, et puisque la notion de marché, dans son sens classique, disparaît. Dans la conception libérale du marché, il y a en effet l'idée que le prix n'est pas donné au départ, mais qu'il se fixe de lui-même en fonction du coût de revient et de l'état de la demande.

La notion de "calcul économique" prend donc une signification toute différente dans le capitalisme et dans le socialisme, puisque, sur le marché capitaliste, le prix est d'abord une inconnue, inconnue qui mérite qu'on essaie de la deviner par des procédures de calcul, tandis que, dans la distribution socialiste, le prix est d'entrée connu. Ce qui est inconnu, c'est plutôt comment on va bien pouvoir s'arranger pour répercuter sur d'autres denrées le fait qu'on décide éventuellement, dans des cas extrêmes, de vendre 1F le pain dont la fabrication revient à 2F. Cet arrangement, on le sait, exige la planification complète des prix comptables des biens et des services. Ambition redoutable qui demande une prévision économique qui doit mobiliser la société entière.

Dans le dictionnaire d'économie politique publié aux éditions du Progrès, à Moscou, on trouve, à l'article "prévision économique" les notations suivantes :

> "Dans les pays capitalistes, la prévision est limitée par les rapports de propriété privée. Ses méthodes se réduisent à des extrapolations et des appréciations d'expert, à l'emploi de formules mathématiques détachées du contenu social des phénomènes et des processus. C'est pourquoi les prévisions des savants bourgeois n'ont ni la précision, ni la fiabilité nécessaires. Sous le socialisme, le fait que les moyens de production appartiennent à tout le peuple, que l'économie se développe de façon planifiée, permet de prévoir l'avenir avec un degré élevé d'authenticité."[1] (On notera au passage l'assurance de la formulation).

Encore la prévision économique n'est-elle pas la planification :

1. *Dictionnaire d'économie politique,* Editions du Progrès 1983, p. 316.

"à la différence du plan, le pronostic n'assigne pas de directives à des exécutants concrets."[1]

La prévision économique recouvre des domaines distincts de la production, comme l'évolution démographique ou les caractéristiques du développement technologique en fonction des secteurs où sont orientés les investissements. Un plan peut en effet déterminer les sommes d'argent allouées à la recherche scientifique, mais ne peut décréter quelles découvertes se feront ou ne se feront pas, ni quel retentissement auront les découvertes qui seront faites sur la modernisation des techniques ou l'élévation du niveau de santé des populations, etc. La planification normative, qui impose des chiffres à réaliser dans la production représente un système "conservateur" de calcul en ce qu'il ne peut décréter le futur, définir où surgira l'innovation, et qu'il ne peut qu'imposer l'optimisation par un programme, des réalisations du passé. Ainsi, souvent, l'économie planifiée n'est-elle tout compte fait qu'une économie programmée, qui impose de façon autoritaire des secteurs prioritaires : l'industrie lourde par exemple dans les premiers plans quinquennaux de l'URSS, l'industrie d'armement par la suite, et cela indépendamment de toute "demande" réaliste. Les instances du Parti décident de la demande en tant qu'elles représentent la partie la plus lucide et la plus informée du peuple. Il est entendu d'ailleurs que, puisque, pour leur information, des moyens scientifiques sont mobilisés, ces décideurs sont censés prendre des décisions scientifiques. C'est en tout cas le discours officiel tenu.

"L'approche normative. Ce procédé consiste à déterminer les données caractérisant le volume et la structure de la consommation les plus rationnels au moyen d'investigation médico-biologique et compte tenu de facteurs socio-économiques tels que la structure de l'emploi, la nature du travail etc. On définit ainsi les besoins en calories, la composition de la nourriture, les principaux produits, matières et éléments nutritifs. Ces données servent à établir des recommandations sur les normes rationnelles de la consommation selon le sexe, l'âge, les zones climatiques, les professions (travail intellectuel, travail manuel mécanisé, travail essentiellement manuel etc.)"[2]

S'il faut en croire le manuel de planification d'où ces lignes sont extraites, le pays serait ainsi considéré comme une gigantesque clinique diététique où la science, généreuse et maternelle, déterminerait les

1. *Ibidem* p.315.
2. *La planification scientifique en URSS*, éditions du Progrès 1973. Sous la rédaction scientifique de Y.CHVYRKOV.

besoins sociaux, lesquels deviennent alors l'impératif catégorique de l'homme socialiste.

Pour établir des *besoins sociaux* qui ne soient pas simplement une addition des demandes subjectives, des services de statistique comptant de nombreux enquêteurs et dotés d'ordinateurs capables d'effectuer des opérations complexes établissent des rapports qui prennent vite une épaisseur colossale et qu'il est humainement impossible aux décideurs de lire autrement qu'en des résumés faits par des intermédiaires. Et pendant ce temps là, le temps passe. Les mesures censées être des prévisions ne sont la plupart du temps, au bout du parcours, qu'un reflet partiel, partial, d'une réalité souvent déjà périmée.

Les partisans du capitalisme, naturellement, ne croient pas à la faisabilité d'une telle comptabilité prévisionnelle. Le calcul dans ces conditions est une tâche titanesque bien trop compliquée parce que cela implique une connaissance sans faille de tout ce qui se fait dans la société, et surtout, c'est un projet bien trop contraignant, puisqu'une fois qu'on l'a décidé, il faut se tenir à ce qui est prévu sous peine que des dysfonctionnements graves ne mettent tout le processus à bas. Or, c'est généralement ce qui se produit. En somme, le futur ne doit pas être "trop connu" sous peine que la contrainte qu'il exerce n'empêche tout simplement le présent d'être en conformité avec lui-même. Le heurt entre le présent tel qu'il est et le présent tel que le calcul dit qu'il devrait être rend la société schizophrène.

Le futur exerce encore sa tyrannie sur les choix. Toute société moderne fait des choix nécessaires dans ses investissements et dans son épargne. L'épargne résulte d'une forme de compression des besoins actuels, justifiée par une attente d'accroissement futur. Les calculs d'investissement sont nécessairement effectués en unités monétaires. Le capitalisme l'accepte avec cynisme, le socialisme, comme une contrainte technique à laquelle il faut se résoudre. Comme l'écrit Marc Guillaume :

> "Le monde marchand est entièrement dominé par un principe de commune mesure qui, dans une économie capitaliste, est la *mesure monétaire* (notre analyse reste valable, dans ses grandes lignes, pour une économie planifiée qui ne remet pas en cause une logique de *commune mesure* ente les choses et les activités). Il s'agit d'une axiomatique qui permet de mesurer toute chose et qui induit une logique simple, impérialiste, irrésistible."[1]

Il est ainsi possible (et nécessaire) pour le planificateur, de calculer le coût du "sacrifice" que la génération révolutionnaire accepte ou

1. M.GUILLAUME, *Eloge du désordre,* Gallimard 1978, p.88.

supporte dans le but de produire, avec l'enthousiasme socialiste, "l'accumulation primitive" que le capitalisme (russe ou chinois) n'avait pas été en mesure d'amasser à suffisance. Le sacrifice a été l'un des leitmotive de la mystique bolchevique, puis maoïste. La frugalité des puritains fondateurs du capitalisme américain et la frugalité des bolcheviks constituent comme deux images en miroir, en dépit de la profonde différence des sociétés et des idéaux dans chaque cas. La part d'investissement est le sacrifice que consent la génération actuelle pour les générations futures, mais il reste que la tonalité individualiste et la tonalité collectiviste du sacrifice demandé ne donnent pas à l'anticipation les mêmes formes. On pourrait les opposer comme le pointillé et le trait plein. Dans le capitalisme, les points individuels finissent par dessiner des nuages et des formes, dans le socialisme, il faut des contours nets pour que la prévision ait une validité. Dans le premier cas, les rivalités et concurrences ne sont en rien des indices pathologiques, dans le second, hors du monolithisme, il n'y a que trahison.

Comme le souligne Popper, malgré le stéréotype qui dépeint le système libéral comme une anarchie d'initiatives individuelles impuissantes à se coordonner entre lesquelles les crises font une cruelle et inhumaine sélection, le futur y est beaucoup plus ouvert que dans un système dont la doctrine assure d'une part que ce sont les oppositions dialectiques qui engendrent les synthèses nouvelles, alors que par alleurs la planification interdit ce jeu libre des oppositions dialectiques par l'imposition d'un monolithisme social.

Il y a en effet un paradoxe dans le fait d'affirmer d'une part que la dialectique des conflits est une loi complètement inévitable de l'histoire, qu'elle est ce qui provoque mouvement et progrès par dépassements successifs et dans le fait de se plaindre d'autre part de "saboteurs" de l'histoire (bourgeois, trotskistes ou juifs, selon les saisons) qui empêchent l'effectuation sans accoup des plans quinquennaux. Car, pourrait-on dire de façon un peu polémique, ou bien la planification est incomplète : elle aurait dû par exemple prévoir les résistances petites-bourgeoises de la paysannerie... et pourquoi dès lors ne pas les planifier ?! ou bien la dialectique doit s'arrêter : on est prié d'arrêter la lutte des classes pendant la réalisation du Plan défini par le Politburo. La planification implique nécessairement que le futur n'est plus ouvert, qu'il est au contraire tellement programmé qu'au moment où le Plan se réalise au présent, il est déjà au passé depuis longtemps.

Convenons donc que du passé, mieux vaut ne pas faire table complètement rase. Convenons aussi qu'à affirmer que la classe ouvrière est l'avenir de l'humanité, on risque de l'y enfermer pour l'éternité, sans lui donner une chance d'être un peu de son présent. Une planification indicative relève d'une prudence de bon aloi, la planification normative est une forme paranoïde de rapport au temps et la dictature du futur un projet insensé.

CHAPITRE III

LE TEMPS DE LA PSYCHÉ

I - UN TEMPS QUALITATIF ET FLOU

Le temps vécu

Pour ce que le temps est une donnée immédiate de la conscience, en tout cas pour l'homme adulte normal éveillé, il n'en a pas pour autant un statut clair et univoque. Le temps, en effet, se laisse oublier, mais le bon sens nous fait admettre que même alors, il accompagne toute expérience (ce qui lui vaut d'être considéré par Kant comme une forme a-priori). Le temps vécu existe selon plusieurs modalités ; doit-il être considéré comme psychique ou comme psychologique ? La réponse est qu'il est l'un et l'autre. Qui plus est, il accompagne l'expérience dans toutes les modalités enchevêtrées de la conscience qu'on en prend : perception, mémoire, attente, anticipation...

On connaît le combat que Husserl a mené contre ce qu'il a nommé le "psychologisme", pour maintenir la pensée philosophique dans un champ transcendantal. On sait aussi que ce combat a une raison d'être particulièrement forte : il veut faire pièce à une tentation permanente et probablement inévitable, pour qui accorde au vécu une valeur ontologique. La fonction méthodologique de l'*epochè*, de la mise en suspens, est elle-même censée être une sorte de suspension du temps ordinaire, dans lequel nous sommes impliqués presque à notre insu. Durant cette suspension de la thèse du monde, il y aurait instauration d'un temps spécifique de la méditation philosophique, dans lequel ce qui n'apparaît pas ordinairement, apparaîtrait, révélant une essence. La phénoménologie, surtout sur son versant existentialiste, fait de l'expérience d'un sujet "préréflexif", l'origine de toute réalité phénoménale ; l'objectivité est elle-même fondée sur l'inter-subjectivité transcendantale. Mais cette expérience, aussi originaire qu'on puisse la souhaiter, il faut tout de même l'appuyer sur les capacités de la psyché empirique : capacité de raisonner, d'analyser des faits, de spéculer par idées, de calculer, de se souvenir, d'imaginer, (et on en oublie probablement). On voit ici à quel temps kaléidoscopique on risque de parvenir, si l'on veut décrire le temps vécu psychologique. Le temps des phénomènes du monde dit "extérieur", le temps de l'expérience qu'on en a, le temps de la mesure instrumentale de l'un et de l'autre, les temps composés de la mémoire, où, comme au cinéma, pendant une minute trente, un *"flash back"* nous restitue six mois de la vie du personnage dix ans auparavant. Comment y trouver des structures ?

Lévi-Strauss a combattu le principe philosophique selon lequel, si le sujet est constitutif de l'expérience objective, il convient d'accorder au vécu une valeur épistémologique. Il lui oppose l'impératif de : "répudier le vécu, quitte à le réintégrer par la suite dans une synthèse objective dépouillée de toute sentimentalité."[1]

Nous partageons avec lui cette idée qu'on peut certainement faire de la bonne littérature avec du temps psychologique, mais pas toujours de la bonne philosophie.

> "Ce qui se passe dans la conscience des gens est très intéressant, mais seulement pour autant qu'en en faisant la critique, nous pouvons accéder à la façon dont les choses se passent en dehors d'elle : non pas la bouillie subjective, mais des ordres concurrents de nature organique, intellectuelle ou sociale, dont l'affectivité ne fait que répercuter, sur le plan de la conscience individuelle, les heurts, les conflits ou les difficultés d'ajustement."[2]

Le temps psychique doit alors être distingué du temps psychologique en ce que son approche selon des méthodes objectives semble possible. Nous le privilégierons, abandonnant le temps psychologique, aux analyses sémiologiques de la critique littéraire (comme les *Etudes sur le temps humain* de Georges Poulet) ou de la critique cinématographique (comme les analyses de *Iroshima mon amour* par Jean Douchet, ou d'autres). Ces études possèdent une certaine rigueur lorsqu'en effet, elles ne parlent pas dans la généralité, mais sur une oeuvre déterminée, ce qui permet d'évaluer quasi expérimentalement la pertinence du propos. Il reste que le temps n'a et n'aura jamais

1. C.LEVI-STRAUSS, *Tristes tropiques*; 10/18, 1955, chap. 6 p. 45.

2. Entretien de 1972. in *Claude Levi-Strauss*, Idées Gallimard 1979, p. 206/207.

d'objectivité que dans une expérience subjective : sa mesure même pose question. On peut mesurer l'intensité, la grandeur d'une force, à l'aide d'un dynamomètre, mais ce qu'on mesure du temps avec un chronomètre n'est nullement son intensité. On repère son écoulement et on le quantifie, mais il n'y a pas de croissance ni de décroissance d'un phénomène temps, il y a une succession indéfiniment réitérée d'instants. Les instants 1, 4, 7 etc. ne s'additionnent pas véritablement : *ils se succèdent* et donc se substituent aux autres qui s'évanouissent. On ne peut donc parler d'une "quantité de temps" comme d'une quantité d'objets. L'instant 7ème est ordinal, il n'est pas la somme cardinale des six moments qui le précèdent et de lui-même. Il est simplement lui-même et il est un seul instant. Le jour de notre anniversaire n'est qu'un seul jour, nouveau et inédit, il réorganise – comme chaque jour le fait – nos acquis densifiés en notre mémoire, mais aussi allégés de tout ce que nous avons oublié. Il n'est pas la somme des précédents.

L'énoncé selon lequel le temps subjectif n'est pas celui des horloges, qui est un thème richement exploité littérairement, implique un double point de vue de la subjectivité : d'une part le sujet qui constate à la lecture de sa montre-objet une durée dite "objective" écoulée et qui accrédite un temps conceptuel dont la mesure est possible, (implicitement appuyée sur l'axiomatique technoscientifique) et d'autre part un sujet supposé sensible qui n'a pas *senti* passer cette quantité de temps, qu'il ait estimé le temps plus long, à cause de l'ennui, par exemple, ou plus court en raison de l'intérêt porté à une tâche ou du caractère hypnotique d'une rêverie. On se rappelle à ce propos ce que dit Rousseau dans les *Rêveries d'un promeneur solitaire* :

> "Quand le soir approchait, je descendais des cimes de l'île, et j'allais volontiers m'asseoir au bord du lac, sur la grève, dans quelque asile caché ; là, le bruit des vagues et l'agitation de l'eau, fixant mes sens et chassant de mon âme toute agitation, la plongeaient dans une rêverie délicieuse, où la nuit me surprenait souvent sans que je m'en fusse aperçu." (cinquième Promenade)

Combien de fois prenons-nous conscience de ce que nous avions perdu conscience du temps... Cette captation de la lucidité par le monde extérieur ou intérieur donne généralement un sentiment tenu pour pur, de l'existence comme telle, de l'exister sans réflexion. Rousseau interprète lui-même ces moments comme relevant d'une sorte de rapport mystique avec l'être, ce qu'il formule dans la *septième Promenade* :

> "Je sens des extases, des ravissements inexprimables à me fondre, pour ainsi dire, dans le système des êtres, à m'identifier avec la nature entière."

Ne nous laissons pourtant point trop prendre par la splendeur littéraire de l'analyse, comme si elle devait suffire à sa vérité. Il y a une différence entre le temps vécu et le temps vécu raconté, c'est-à-dire reconstruit à travers des processus verbaux complexes. Nous pouvons exercer notre soupçon sur ce témoignage d'un homme hautement cultivé qui veut nous conquérir par son art et à son art. Piaget, étudiant chez des enfants de divers âges l'écart entre le temps objectif et son estimation remarque les effets d'allongement et de rétrécissement du temps estimé en fonction de la qualité de l'introspection. Il note :

> "La différence entre l'impression vécue au moment même de l'action et l'estimation de la durée évaluée après coup par la reconstruction mnésique, avec l'intervention des raisonnements qu'elle comporte [...], une durée vide paraît longue durant l'action à vitesse ralentie tandis qu'elle semble courte au souvenir, et cela précisément en tant que vide. Il va de soi que le pouvoir d'introspection du sujet jouera, dès lors, un grand rôle dans l'estimation du temps vécu : si les petits pêchent par défaut d'introspection [...] ils renverseront donc le sens des estimations que feront les grands."[1]

On peut parier qu'entre l'homme moyen et le grand écrivain s'établissent aussi des variations qui doivent nous garder de trop de crédulité.

Quelle est donc la fonction psychique qui voit passer le temps et qui voit son activité suspendue au moment même où le sujet semble se perdre lui aussi ? Y a-t-il une légitimité à parler d'"horloges psychiques", comme on le fait souvent aujourd'hui d'un point de vue d'ailleurs souvent plus biologique que psychologique, horloges qui équivaudraient à des marqueurs de temps fondés sur des rythmes et des périodicités de fonctionnement ? Et doit-on imaginer que celui-ci puisse être inhibé et activé selon les types de stimuli qu'il reçoit ? Les sciences positives d'un côté, avec leurs naïvetés ignorant tout point de vue transcendantal et la phénoménologie d'un autre côté, tiennent sur la fonction de voir passer le temps des discours dans lesquels on peine à reconnaître des questions communes. Examinons les successivement.

L'approche des sciences positives

Des études interdisciplinaires ont été menées par les sciences dites "cognitives", par exemple à propos de l'estimation des durées brèves, c'est-à-dire de durées engageant des comportements quasi réflexes comme le geste du joueur de tennis qui renvoie une balle, et qui

1. J.PIAGET, Le développement de la notion de temps chez l'enfant, PUF.1973, p.242.

impliquent une sorte de calcul non chiffré de sa vitesse (le terme de "calcul" étant ici en vérité très impropre, puisque les animaux sont capables de conduites analogues : un chien attrape une balle au vol en estimant sa vitesse correctement) jusqu'à des temps plus longs et inégaux comme les durées des notes que les musiciens effectuent sur leur instrument à partir d'une sorte de métronome interne. Les deux types d'apprentissage ont du reste plus en commun qu'on ne l'imagine au premier abord et la notion de virtuosité convient dans les deux cas.

Il apparaît qu'il faut probablement renoncer dans ce domaine à l'idée d'une horloge unique pour l'organisme pris dans son entier. Il y aurait plutôt des mécanismes nombreux et eux-mêmes temporaires, relevant plus du chronomètre que de l'horloge. Avec un chronomètre en effet, le top de départ peut être donné à tout moment et le top de fin arrête le compte lorsqu'une opération est achevée. Ces mécanismes biologiques, qui nous intéressent ici, n'auraient pas de constance dans le cerveau, ni même d'existence préalable à la tâche dont ils mesurent la durée. Ils consisteraient en une synchronisation d'un groupe de cellules nerveuses (chacune ayant sa pulsation propre), qui donnerait à ce groupe une "base de temps" se traduisant par un signal comme la mise en route ou la cessation de l'activité. Le système serait comme un chronomètre jetable, n'ayant pas d'existence antérieure à la tâche, et que la fin de la tâche ferait s'évanouir, quitte à ce que, plus tard, il en renaisse un autre pour une tâche du même ou d'un autre type.

Des études particulières semblent indiquer que ces mesures de temps seraient en liaison étroite avec quelques facteurs physico-chimiques. Ainsi, il est connu cliniquement que la fièvre (et donc une élévation de la température interne) provoque des estimations de temps marquées par des erreurs systématiques de même type : le chronomètre interne s'emballe et le temps passe beaucoup plus vite pour le sujet, d'où son étonnement incrédule lorsqu'on lui montre objectivement que le temps a passé moins vite. On sait aussi cliniquement que certains médicaments excitants provoquent la même impression tandis que les calmants donnent le plus souvent un sentiment de ralentissement. Comme les oscillateurs physiques, les oscillateurs biologiques multiples, de fréquences rapides, peuvent, lorsqu'ils sont associés, produire une fréquence résultante plus lente. Ce comportement, intuitivement surprenant, est classique dans tous les phénomènes de résonance.

Il est certain également que les procédures psychiques de repérage des informations temporelles ne sont pas d'un type unique. Ainsi quand on prévient d'emblée la personne testée qu'on va lui demander ensuite une estimation temporelle ou quand on lui donne d'abord des tâches ayant un objectif apparent tout autre et que seulement ensuite on lui demande une estimation temporelle, la procédure mentale utilisée pour rechercher des signes de temps n'est pas la même. L'attention directe et prospective au temps dans le premier cas, et dans l'autre, la recherche rétrospective d'indices indirects dont on puisse tirer par inférence des valeurs temporelles, suggèrent que les processus mentaux sont profondément différents.

L'approche de la phénoménologie

1° Le maintenant ou présent actuel durant

Dans les *Leçons pour une phénoménologie de la conscience intime du temps*, Husserl fait une distinction qui lui permet de parler du présent qui dure actuellement. Pour comprendre ce qu'est "*l'intentionnalité longitudinale*" qu'il oppose à "l'intentionnalité transcendante", il faut se rendre compte que le caractère prétendument infinitésimal du maintenant ne correspond pas à notre expérience ordinaire. Car l'instant dont on dit qu'il passe comme "un clin d'oeil" (l'Augenblick) est vécu comme un toujours déjà passé qu'on n'a pas eu le temps de vivre comme un présent. Le maintenant durable, c'est-à-dire selon l'image que l'étude des morphèmes du mot français "maintenant" fait apparaître, le maintenant comme participe présent du verbe maintenir, le "qui main-tient" - ce qui est encore "tenir d'une main ferme"...le maintenant donc, implique en son essence qu'il n'est pas ponctuel, mais linéaire, séquentiel, à moins qu'il ne soit un bloc, plus ou moins gros (à quoi bon dans ces conditions, les efforts pour faire des mesures de la plus courte sensation ?).

On peut en trouver une illustration dans *La nausée* de Sartre. Dans un journal intime – et *La nausée* se donne pour en être un – il y a un souci particulier de "rétention" au sens husserlien qui nous occupe ici. Déjà, en général, tout journal vise à la rétention du temps qui passe. Comme le note Blanchot : "Le journal enracine le mouvement d'écrire dans le temps, dans l'humilité du quotidien daté et préservé par sa date.", mais chez Sartre (et son personnage), il y a une intention plus délibérée encore d'arraisonner la réalité du temps au fur et à mesure, comme l'indique la déclaration de la première page :

> "Le mieux serait d'écrire les événements au jour le jour. Tenir un journal pour y voir clair [...]. Il faut dire comment je vois cette table, la rue, les gens, mon paquet de tabac."

Dans le récit de journal, on peut donc trouver raconté au présent, parfois légèrement différé (le narrateur le plus souvent écrit le soir ce qu'a été sa journée) mais parfois aussi en direct, dans un café, un maintenant qui est une convention fictionnelle. Le lecteur la reprend à son compte dans le mot à mot de sa lecture. La quantité de détails, leur commentaire[1] dépend des intentions – conscientes ou non – du personnage de souligner l'important, de négliger l'inessentiel, sans le supprimer nécessairement afin de ne pas nuire à l'intelligence des scènes.

Denis Hollier remarque qu'ici une séquence de 30 pages raconte au présent une durée approximative de deux heures. "Roquentin ne se sent plus. [...] Et déchaîné, se met à écrire couramment sans même en prendre le temps." L'intention conative de convaincre le destinataire inconnu et incertain de ce qui échappe selon lui à l'indifférence, sous-tend à notre avis ce que Husserl a nommé "l'intentionnalité longitudinale", ou "rétention" de la durée même. Janet appelait "présentification" cette phase de la "conduite de récit" qu'est d'emblée la mémorisation du présent durable. Denis Hollier montre avec humour que la convention fictionnelle se trouve du reste poussée chez Sartre jusqu'à l'invraisemblance : par distraction, l'auteur ne fait pas toujours attention aux indications de temps qu'il donne. "Il y a [...] ce dernier jour d'un février bissextile l'un des plus spectaculaires couchers de soleil de l'histoire de la littérature." Il fait un décompte d'environ quatre heures. Jamais le soleil, dans sa longue histoire, n'a mis autant de temps en touchant l'horizon pour y disparaître entièrement. Tandis que les événements ralentissent jusqu'à l'immobilité, l'homme qui écrit doit, lui, battre des records de vitesse dans son exercice d'écriture !

Mais, dira-t-on, cela ne correspond qu'à une écriture romanesque et à ce que Denis Hollier appelle lui-même "la mauvaise foi narrative qui règle tous les passages au présent"(p127). Certes, mais il demeure qu'il peut s'agir ici du récit, au fond simplement poussé à la caricature, du phénomène de prise de conscience "longitudinale" d'une durée dans sa totalité. Comme l'énonce Paul Ricœur dans son commentaire des *Leçons* de Husserl,

> "C'est par le terme de modification que Husserl tente de caractériser la rétention par rapport à l'impression originaire [...]. Chaque point de la durée est le point-source d'une continuité de

1. "Genette, en chronométrant *A la recherche du temps perdu*, (a trouvé que) la description de la matinée Guermantes, par exemple, pour une durée (de 2 heures) s'étend sur 190 pages", mais ces pages sont écrites au passé, ce qui fait disparaître l'invraisemblance. DENIS HOLLIER, *Politique de la prose*, Gallimard 1982, p. 127.

modes d'écoulement, et l'accumulation de tous ces points durables fait la continuité du procès entier" Il cite alors Husserl : "Ainsi la continuité de l'écoulement d'un objet qui dure est un continuum, dont les phases sont les continua des modes d'écoulement des divers instants de la durée de l'objet."[1]

2° La distinction entre le passé de la rétention et le passé représenté

On pourra s'étonner que nous nous en tenions à l'examen du présent et que nous passions rapidement sur ce que Husserl appelle ensuite, dans les *Leçons*, le "ressouvenir". Le temps passé n'est-il donc pas du temps ? Notre réponse est que c'est un problème de psychologie, voire de physiologie de la mémoire, et non un thème de la conscience intime du temps. La mémoire du passé n'est pas la conscience intime du temps, n'en déplaise sur ce point aussi bien à Husserl qu'à Ricœur qui lui emboîte le pas. Le temps de la mémoire n'est pas le temps, c'est, comme l'a dit Janet, du sens. C'est un temps condensé, c'est un temps "joué". A Husserl, nous opposons la remarque à nos yeux décisive de René Poirier : "Le souvenir imite le passé, il le joue comme un vieux texte, en un décor nouveau, avec des intentions nouvelles."[2]

Les exemples donnés par Husserl et commentés par Ricœur ne sont pas convaincants. La mélodie dont nous nous souvenons, ou bien se résume dans notre souvenir à des significations - telle la petite phrase de Vinteuil - : rapidité, violence, lenteur solennelle, etc... (mémoire-image de Bergson) ou bien nous la chantonnons note à note sur sa longueur réelle et c'est alors de la musique actuelle, présente, que nous nous faisons à nous même (mémoire-habitude de Bergson) et le seul mystère est celui de son écriture engrammée dans les circuits de notre cerveau.

Lorsque Ricœur note :

> "La question qui hante Husserl est celle-ci : si la manière dont le ressouvenir présentifie le passé diffère fondamentalement de la présence du passé dans la rétention, comment une représentation peut-elle être fidèle à son objet ?"[3]

1. P. RICŒUR, *Temps et Récit* n°3, Le temps raconté, Le Seuil 1985, p. 57 et 58.
2. R. POIRIER, *Essai sur quelques caractères des notions d'espace et de temps*, Vrin 1931, p. 61.
3. P. RICŒUR, *ibidem* p. 67.

Cette question relève de la psychologie de la mémoire. G. Edelman et I Rosenfield[1] la traitent, de manière scientifique (en soutenant l'hypothèse d'une concurrence darwinienne entre les neurones) et nullement en réalisant une phénoménologie des ekstases du temps. Ils donnent d'ailleurs une réponse à cette question et éliminent l'idée qu'il y aurait une quelconque fidélité du souvenir à son objet qu'on pût établir de façon interne. Chaque situation dans laquelle un souvenir est réévoqué pèse sur le souvenir lui-même et sa reconstitution catégoriale (la mémoire est catégoriale, classificatrice, selon Edelman) repart chaque fois du contexte présent. L'idée d'une fidélité au passé en lui-même est un rêve philosophique. Un souvenir est convoqué maintenant et son utilité ou sa signification dans l'économie inconsciente s'inscrit dans la situation d'aujourd'hui. Pourtant il est juste de reconnaître entre le ressouvenir et la pure imagination une différence profonde, mais elle relève non d'une "double intentionnalité", comme le suggère Husserl bizarrement (et reconnaissons-le, bien facilement : pour un "re-souvenir", une deuxième intentionnalité (!) et la cause paraît entendue), mais cela relève de l'intersubjectivité transcendantale. L'authentification des souvenirs est une opération à plusieurs. Là encore : impossible d'éviter la "conduite de récit". L'objectivité d'un souvenir implique qu'il soit partagé. Il n'y a de mémoire du représenté que ce qui peut se raconter. C'est Jean-Pierre Vernant qui écrit :

> "Aux diverses époques et dans les diverses cultures, il y a solidarité entre les techniques de la remémoration pratiquées, l'organisation interne de la fonction, sa place dans le système du moi et l'image que les hommes se font de la mémoire." [La mémoire] "met en jeu un ensemble d'opérations mentales complexes, avec ce que cette maîtrise comporte d'effort, d'entraînement et d'exercice. Le pouvoir de remémoration [...] est une conquête."[2]

1. I. ROSENFIELD, *L'invention de la mémoire*, Eshel 1989, p. 147 ou des p. 164 à 178.

2. J.P. VERNANT, *Mythe et pensée chez les Grecs,* Maspéro 1965, p. 80 et 81.

II - PSYCHOGENÈSE DU TEMPS

Une approche épistémologique du temps

La temporalité des vivants que la biologie décrit dans leur ontogenèse, peut fort bien être prolongée, quand il s'agit de l'être humain, dans une description de l'évolution psychique de l'enfant. C'est ce qu'effectue, avec une sophistication souvent subtile (mais parfois peut-être controuvée lors de certaines synthèses théoriques) la psychologie génétique de Piaget.

Retracer la genèse du sujet épistémique qui passe par divers stades caractérisés chaque fois avec précision par des "opérations" de cognition, c'est ce que cette psychologie d'ambition scientifique, à la fois observationnelle et théorique, a eu l'immense mérite de tenter la première. Elle entend se distinguer d'abord de la psychologie impressionniste – dont Piaget ne nie du reste pas qu'elle soit souvent très pénétrante – celle qui porte sur les "intermittences du cœur" et qu'on trouve par exemple chez les grands écrivains. Elle s'oppose aussi – et pour nous, cela est plus important – à la psychologie métaphysique bergsonienne. Il faut se rappeler que Bergson donne une interprétation très personnelle et contestable du temps physique. Il le tient pour une abstraction réductrice, de valeur simplement instrumentale et il lui oppose la notion de *durée* ontologique. Celle-ci, saisie par l'intuition, échappe aux déterminations du langage. Dans une distinction célèbre entre deux types de mémoire, Bergson reconnaissait à une "mémoire habitude" la capacité d'adapter la personne à une situation présente sans conscience du passé comme tel, comme lorsqu'un comédien récite par coeur sa tirade et il attribuait à la seule "mémoire pure" la capacité de dater des événements. Ainsi, évoquant ce qu'il nomme " la mémoire vraie", il écrit :

> "Coextensive à la conscience, elle retient et aligne à la suite les uns des autres tous nos états au fur et à mesure qu'ils se produisent, laissant à chaque fait sa place et par conséquent lui marquant sa date, se mouvant bien réellement dans le passé définitif."[1]

Contre Bergson, Piaget inverse la hiérarchie des temps, montrant que le temps fondamental n'est pas celui de l'intuition, mais celui de l'action qui construit le rapport au monde. Il écarte :

1. BERGSON, *Matière et Mémoire*, PUF 1968, p. 167

"cet enregistrement intégral et passif auquel certains auteurs ont songé, comme s'il suffisait de consulter le registre de ses souvenirs pour en retrouver les pages en bon ordre et pourvues d'une table des matières[...]"[1] [pour lui], "le temps psychologique immédiat, c'est tout simplement [...] le temps de l'action en cours. Ce n'est donc pas le temps du rêve, de la rêverie ou de l'évocation spontanée des souvenirs [...] mais le temps de l'action actuelle, dans lequel le moi se construit lui-même, par le seul fait qu'il façonne les choses ou les autres personnes."[2]

Le temps ne se laisse donc pas penser spontanément, il présuppose que soient mises en place des structures logiques préalables qui doivent être acquises. Piaget établit une histoire épistémologique de l'accès de l'enfant au *temps de la cinématique*, histoire marquée par les étapes d'une conquête motrice de l'espace et d'une conquête intellectuelle de structures logiques qui triomphent du flou intuitif.

Le temps est une construction impliquant plusieurs types d'opérations

Le concept d'une continuité du temps peut difficilement être tenu pour originaire, il ne peut relever, chez le jeune enfant, que d'une conquête tardive. En effet, l'activité consciente du bébé est perpétuellement suspendue, entrecoupée par des phases de sommeil. Le monde environnant est pour lui l'objet d'une expérience hachée. Transporté comme un paquet, il s'endort chez lui, s'éveille chez ses grands parents, se rendort, s'éveille dans la voiture etc... Personnes, lieux et objets apparaissent et disparaissent de son champ sensoriel sans raison logique accessible. La logique en appartient à un système extérieur qui reste à conquérir. Le sens est complètement émietté, et pratiquement, la seule ponctuation forte qui puisse résister à l'effet de kaléidoscope, c'est le retour de la faim et de sa satisfaction. C'est donc la *répétition* du même et non le *durable* qui constitue chez lui l'expérience originaire du *stable*.

Mais l'enfant ne reste pas longtemps ce petit volume de chair complètement dépendant que son système nerveux inachevé ne rend capable que de quelques gestes saccadés aux finalités incertaines. Dans sa conquête du milieu, il agit, il "opère". Tous les efforts d'apprentissage initiaux portent sur la coordination des actions sur les objets. Notons que Delay aussi considère la mémoire *psychomotrice* (qui n'est

1. JEAN PIAGET, *Le développement de la notion de temps chez l'enfant,* PUF 1973, p.260
2. *Ibidem.* p.241

pas consciente du temps) comme l'ensemble des opérations rudimentaires sans lesquelles ni la mémoire *autistique* (affective) ni la mémoire *sociale* (sémantique) ne pourraient exister. Il s'agit donc ici généralement de synchronisations épigénétiques d'automatismes génétiques.

Piaget note que structures algébriques, structures d'ordre et structures topologiques, sont présentes dans les comportements que l'enfant met à l'essai : des inversions, des réciprocités ou des associations par voisinage, grâce auxquelles il construit sa maîtrise sur l'espace et le temps de sa perception et de sa réflexion.

> "Ces faits semblent donc indiquer que les structures-mères des Bourbaki correspondent sous une forme naturellement très élémentaire, sinon rudimentaire, et fort éloignée de la généralité et de la formalisation possible qu'elles revêtent sur le plan théorique, à des coordinations nécessaires au fonctionnement de toute intelligence dès les stades assez primitifs de sa formation."[1]

L'observation rigoureuse de ces comportements permet au psychologue de repérer le *fait* (pour Piaget, c'en est un) que ces actes correspondent à des opérations logiques et mathématiques, conditions transcendantales d'un type nouveau, préalables à toute cognition. Le déplacement spatial sert de schéma directeur général de tout changement. Piaget remarque qu'au cours de l'évolution de la pensée enfantine et au cours de l'histoire des sciences, l'espace, le temps, l'objet s'élaborent comme des invariants. La raison enfantine et la raison scientifique construisent un système de repérage des variations en fonction de coordonnées qui deviennent des invariants (que Kant a pu prendre pour des transcendantaux). Le déplacement spatial a un privilège rationnel lié à la motricité, à l'action. C'est parce que l'homme est un *acteur* et nullement un spect*ateur* qu'il coordonne des actes à partir desquels ses représentations se construisent. Mais les représentations mentales se situent à un stade évolutif supérieur. Bien sûr, ceux qui ignorent les mathématiques ne perçoivent rien de tout cela, mais certains exemples illustratifs donnent une crédibilité à ces hypothèses. Ainsi, dans *Le développement de la notion de temps chez l'enfant*, Piaget soutient que pendant une longue période, le petit d'homme a une représentation du temps qui ne correspond pas au concept du temps de la cinématique.

Très tôt l'enfant comprend par exemple ce qu'est une *succession*. Pratiquement dès la naissance il peut repérer une séquence de signaux, on le voit qui s'attend à un effet lorsque le premier signal de cette suite répétée a été donné. En revanche il ne comprend pas ce qu'est un

1. JEAN PIAGET, *Le Structuralisme,* PUF. 1968,.p.24.

intervalle, ce qu'est une *durée*. L'enfant qui a acquis le langage et peut répondre aux questions des psychologues ne perçoit d'abord pas l'équivalence de deux intervalles de temps parce qu'il ne peut se dégager de certaines propriétés sensibles spatiales des situations perçues.

Par exemple[1], face à deux vases communiquants, dont l'un est de forme haute et verticale et l'autre de forme large et horizontale, il considère que l'intervalle de temps nécessaire au vidage du premier est plus court que celui nécessaire au remplissage du second. Pour lui, l'équivalence numérique des quantités de temps n'est pas une évidence originaire. Quand on l'interroge, il ne répond pas ce qui est simplement logique, car il appuie son "raisonnement" (c'en est un), sur l'évidence visible que la ligne de niveau du premier baisse plus vite que celle du second ne monte. L'inéquivalence a pour lui une évidence perceptible et c'est la logique qui pour lui est illogique. Les notions d'intervalle et de durée sont donc relativement tardives à apparaître et elles ne sont ordinairement acquises que dans les premières années de l'âge scolaire.

Ce que Piaget a appelé "égocentrisme" se repère en particulier au fait que l'enfant ne dissocie pas le temps de son contenu, c'est-à-dire ne le dissocie pas de l'événement qui se produit dans l'espace selon une certaine vitesse. Il estime la durée soit par la vitesse, soit par la quantité d'espace (visible) parcouru. C'est pourquoi il se trompe régulièrement en établissant dans tous les cas la relation *directe* : plus d'espace = plus de temps ou encore : plus vite = plus de temps. La relation inverse : plus vite = moins de temps, trop abstraite, n'est pas originairement accessible à sa pensée. L'accès à une chronologie véritable implique le préalable de l'acquisition de la relation logico-mathématique inverse.

Notons que si les conditions transcendantales que suggère Piaget sont nouvelles, puisque elles sont d'abord praxiques puis logiques et non des formes intemporelles sensibles, elles ne sont pas incompatibles avec celles que proposait Kant. Dès la *Dissertation de 1770* en effet, Kant considère que les concepts d'espace et de temps sont *a-priori*, mais qu'ils ne sont pas innés, qu'ils doivent être acquis, et à l'occasion des expériences, nous ne manquons pas de le faire. "Le concept de temps ... n'est pas une intuition innée."(p.61)

Le temps est un principe formel qui rend possible des connaissances sensibles avant même qu'on en ait la moindre. Le temps n'a pas de réalité absolue (en soi), mais il n'est en rien relatif au sujet

1. JEAN PIAGET, *Le développement de la notion de temps chez l'enfant*, Chapitres V à VII.

psychologique ni à un sujet *social* moyen. Si c'était le cas, alors, en fonction du type d'expérience à l'occasion de laquelle chacun de nous acquiert le concept de temps, celui-ci pourrait n'être pas identique pour tous, et ne serait même identique pour tous que tendanciellement, à mesure que s'accumuleraient les expériences. Il n'y aurait pas de vérité à propos du temps. Notons du reste que, psychologiquement parlant, il apparaît bien une diversité *empirique* que la psychologie génétique range selon des "stades", mais ils n'ont rien d'individuel et chez l'enfant normal, ils débouchent toujours sur le même concept. De même la diversité des attitudes vécues que répertorie l'ethnologie comparative atteste que le temps de la cinématique est accessible à toutes les mentalités, si "primitives" qu'elles puissent paraître. Jamais de cette diversité empirique on ne peut tirer la conclusion que le temps serait une structure psychique liée aux accidents de l'histoire personnelle ou collective.

Dire que le temps n'a pas de réalité absolue ne doit pas prêter à de fausses interprétations, cela signifie que s'il était absolu, nous n'y aurions pas accès par la connaissance. Or même pour Kant, nous ne pouvons dire que le temps échappe à notre connaissance à la façon dont Dieu échappe à notre connaissance. Le temps n'est pas, comme Dieu, un être transcendant dont nous pourrions postuler l'existence ou la non-existence, sans pouvoir en donner la démonstration. Le temps n'est pas transcendant, il est transcendantal. C'est dire qu'on ne peut guère en douter, chaque fois qu'on a l'expérience d'un phénomène. Ce qui distingue Kant et Piaget tient en ceci : ce qui est "transcendantal" chez l'un est axiomatique chez l'autre. Or on peut changer les axiomes, alors que la forme d'un Sujet universel est donnée pour l'éternité (et elle est euclidienne !).

Comprendre le temps

Il n'est pas essentiel pour notre réflexion que nous nous attardions au détail des stades que définit Piaget dans la progression de l'enfant vers un concept du temps qui constitue une notion commune. Il importe plutôt que nous notions que cette progression se fait d'un égocentrisme originaire qui n'évalue les durées, au mieux, que par rapport au nombre de changements perçus, vers une décentration qui lui permet d'emboîter des durées jusqu'à cette forme de pensée que Piaget appelle la "compréhension" du temps, stade final où l'esprit est capable d'une "conduite de récit"(expression empruntée à Janet) complète.

"Comprendre le temps, c'est s'affranchir du présent : non pas seulement anticiper l'avenir en fonction des régularités inconsciemment établies dans le passé, mais dérouler une suite d'états dont aucun n'est semblable aux autres.(...) Comprendre le temps, c'est donc transcender l'espace par un effort mobile : c'est essentiellement faire acte de réversibilité. Suivre le temps, selon le seul cours irréversible des événements, ce n'est pas le comprendre, mais le vivre sans en prendre conscience. Le connaître, c'est au contraire le remonter ou le descendre en dépassant sans cesse la marche réelle des événements."[1]

III - TEMPORALITÉS DES OPÉRATIONS PSYCHIQUES

Continuité du sentiment du temps et discontinuité des opérations psychiques

La discontinuité de la pensée et des perceptions se manifeste par quelques effets clairement conscients, comme la fatigue et la distraction, dénonçant l'existence dans l'attention d'intermittences d'allure non régulière. On peut s'interroger sur la continuité effective des phases d'activités psychiques, même lorsqu'elles paraissent continues. S'il y avait une discontinuité en pointillé très serré, la résultante serait en tout état de cause l'impression de continuité. Dans la perception oculaire par exemple, nous constatons aisément, avec le cinéma et les 24 images par seconde, que la continuité visuelle est bonne, pour la lecture des mouvements les plus fréquents de notre environnement et en particulier les mouvements du corps humain. Il y a un sautillement des mouvements lorsque le rythme des images est plus faible ; encore est-ce variable selon le type de mouvement observé : un film sur la germination d'un haricot filmé à quelques images par 24 heures peut donner une assez forte impression de continuité globale répartie d'ailleurs en phases dont certaines semblent un peu plus heurtées que les autres, ce qui tient au différentiel entre la discontinuité régulière de la prise de vue et la discontinuité propre à la croissance de la plante.

Paul Valéry a noté avec précision – et chacun peut en faire l'expérience sur lui-même,

> "*La conscience est sans repos*. Toujours par quelque endroit la relation qui la constitue : (chose/Présence), est modifiée. Et cette

1. *Ibidem*. p.274.

> instabilité qui s'observe d'ailleurs dans la sensation même est le caractère essentiel de la *sensibilité* [...] Cette instabilité est d'ailleurs une loi des sens – car il n'est pas de sensation continue constante."[1]

Chacun a pu constater qu'il perd une sensation, si elle n'est l'objet d'aucune variation pendant une certaine durée. Il y a une différence qualitative entre une durée continue sans changement et la même durée marquée par une succession de deux états ou plus. Dans une durée continue, tout se passe comme si on l'"oubliait". Une personne allongée dans une position de repos, et tenant un objet dans la main, finit par le lâcher. Elle ne *sent* plus l'objet si elle ne fait aucun mouvement pour s'en ressaisir. Le retour à l'attention tient à un différentiel, à l'instabilité qui permet de distinguer deux moments successifs. Le moment de l'endormissement est marqué par un estompage des différentiels, une monotonie, qui se présente comme une sorte d'équivalent psychique de l'équilibre entropique : il n'y a plus de successions. Chacun sait que pour combattre l'endormissement, nous devons nous donner des sensations, bouger, chanter...(Hélas, que faire lorsqu'on s'endort au concert et que tous ces moyens sont exclus ?). Le sentiment de la continuité du temps ne nous est pas donné par une continuité des opérations psychiques, ni par la continuité des phénomènes, puisque aucune de ces deux continuités, n'est effective. Au téléphone[2], nous percevons la voix de notre correspondant comme une continuité, or la technique de la téléphonie consiste précisément à segmenter le message en un très grand nombre de petits morceaux, émis seulement sur certaines fréquences de la voix, afin de les traduire en signaux. Ces signaux ne sont nullement envoyés en continu : une nanoseconde de signal de voix envoyée toutes les millisecondes suffit pour que l'oreille entende un message continu et une voix certes un peu déformée, mais reconnaissable. Dans les intervalles ainsi récupérés, on envoie d'autres communications. Chaque seconde d'émission contient ainsi 500 communications dites "simultanées". Comme le note Michel Imbert, le cerveau qui perçoit les signaux fonctionne lui-même dans le temps quand il repère les phénomènes temporels.

> "Il y a des systèmes qui répondent de façon dite "tonique", c'est-à-dire qui continuent à fonctionner tant que le stimulus est présent. D'autres systèmes sont dits "phasiques" : ils ne vont signaler que

1. *Cahiers* n°16. Pléiade I , p. 1037.
2. Exemple de F. MIGNARD, *L'espace et le temps aujourd'hui,* Points-Seuil 1983, p. 126.

> des discontinuités temporelles, c'est-à-dire l'apparition ou la disparition d'un événement dans l'environnement."[1]

Descartes notait dans les *Principes*, que le mouvement perçu n'est pas lié de manière directe au mouvement réel de l'objet, mais au différentiel pris en compte par la pensée. Ce qui fait diverger des rapports signale.

> "Par exemple, si nous considérons un homme assis à la poupe d'un vaisseau que le vent emporte hors du port, et ne prenons garde qu'à ce vaisseau, il nous semblera que cet homme ne changera point de lieu, parce que nous voyons qu'il demeure en une même situation à l'égard des parties du vaisseau sur lequel il est ; et si nous prenons garde aux terres voisines, il nous semblera aussi que cet homme change incessamment de lieu. [...] Il n'y a point de lieu d'aucune chose au monde qui soit ferme et arrêté, sinon en tant que nous l'arrêtons en notre pensée."[2]

La perception de deux indices consécutifs comme consécutifs est elle-même dans le temps, et il y a ainsi un seuil en deçà duquel, percevoir deux indices comme successifs n'est plus possible. Ernst Pöppel[3], cherchant à définir des seuils perceptifs en descendant progressivement jusqu'à des stimuli de l'ordre de la milliseconde, a pu constater qu'en faisant se suivre deux flashes lumineux dans un temps entre 30 et 40 millisecondes, la capacité de déterminer leur ordre de succession disparaît.

Ceci mettrait donc à mal le concept leibnizien de temps comme *ordre des successions*, puisque dans ce que Leibniz appelait les "petites perceptions", on peut en trouver – les mesures de Pöppel l'attestent – de suffisamment petites pour qu'il n'y ait plus de succession (et dès lors plus d'ordre), alors qu'on ne peut dire qu'il n'y a pas de temps en elles. La mesure en effet nous indique, que, si bref qu'il soit, il y en a. Le concept kantien ne serait pas mieux traité puisque, comme a-priori continu, il ne devrait connaître aucune fraction minimale. Or c'est pourtant le cas. Ainsi le temps dans lequel nous percevons empiriquement connaît une limite minimale et celle-ci définit une sorte d'unité physiologique de temps psychique pour un être humain.

Nous pouvons dire alors que l'ordre temporel des perceptions visuelles commence à cette fréquence, qu'en-deçà, il n'y a plus d'avant ni d'après pour les capacités perceptives visuelles du cerveau, or la perception visuelle est, entre toutes les perceptions, la plus rapide.

1. MICHEL IMBERT, *L'espace et le temps aujourd'hui,* p187.
2. *Principes* II. n°13, Pléiade 1958, p. 618.
3. *Science et vie* n°184, p. 140.

Pöppel a appelé ces unités temporelles des "quanta temporels", mais nous voyons bien qu'il ne s'agit ici que d'une métaphore.

Paul Guillaume avait au début du siècle montré également, avec les tests de la psychologie de la Gestalt, que devant certaines images ambigu's dont le rapport de fond à forme peut être inversé, la lecture des formes prégnantes est oscillante et non continue, quels que soient les efforts de volonté de la personne. Pendant un certain temps, l'œil voit une forme, puis il sature et il est alors contraint de voir l'autre. "Le temps est un accordéon", disait Claudel, pour qualifier la fluidité et l'épaississement de son écoulement, alternativement ressentis en fonction de l'intérêt accordé aux diverses activités.

Les temporalités entrelacées des fonctions

L'idée que le psychisme soit fait d'une torsade de temporalités propres à des sous-unités fonctionnelles multiples ne semble pas trop difficile à étayer. Par exemple, en cherchant à distinguer les manifestations de l'inconscient de celles de la conscience, Freud est conduit à faire une distinction entre ce qu'il appelle le *processus primaire* et le *processus secondaire*. Primaire signifie à la fois antérieur à l'autre dans le développement de l'enfant et plus rudimentaire dans le degré d'organisation. Le processus primaire est confus et chaotique si on le compare à la maîtrise et au contrôle du processus secondaire.

Lorsqu'on examine les caractéristiques du processus primaire, on voit tout de suite que son désordre est dû, non pas uniquement, mais aussi, à une *absence de coordination* temporelle entre les fonctions (d'où l'idée, simplificatrice comme un slogan, que "l'inconscient ignore le temps"). Entre le désir et l'effectuation des actes, entre le geste et la parole, entre la pensée et les perceptions, entre les perceptions des divers sens, il y a des différences de tempo pour chacune des partitions. La métaphore de l'orchestre est sans doute un poncif, mais elle correspond bien à l'impression d'harmonie ou de cacophonie que nous fournit même l'introspection. Certaines séquences des processus complexes – la psychologie expérimentale, qui cherche à mesurer tout ce qui peut l'être, l'a largement confirmé depuis – ont une vitesse d'effectuation qui n'est pas égalée par les autres. Lacan a d'ailleurs étudié sous le nom de "stade du miroir" une période de la vie du bébé où l'image spéculaire, selon lui, permettrait une mise en ordre d'un coup (*l'Augenblick* de Heidegger), de ce qui était initialement une pagaille sensorielle, constituant ainsi le Moi comme image unitaire du sujet. Aussi l'unité du Moi est-elle fragile, si bien que ce que Freud décrit à l'origine comme manque de "liaison de l'énergie" conduit à ce que des bribes d'un sens complexe en construction se télescopent, comme désajointées. C'est assez net dans les manifestations régressives de la névrose, mais également dans des phénomènes normaux comme le rêve, ou dans des phénomènes intermédiaires comme les actes manqués, les lapsus. Souvent cette discordance des phases, survenant par exemple chez l'adulte fatigué, ne peut être surmontée que par un effort mental actuel, qui ralentit, pour le maîtriser, le processus global sur le tempo de la fonction la moins performante, qui est souvent l'ar-ti-cu-la-tion. Chez l'enfant, pour obtenir cet ajointement, il faut un effort d'apprentissage répété sur des années.

Freud a considéré que *condensation* et *déplacement* étaient les formes principales du processus primaire. On pourrait montrer que chacune de ces formes d'activité psychique est marquée par un différentiel de rythmes dans des opérations élémentaires.

Combien de fois la condensation est-elle due à une précipitation de l'inconscient, qui est fait de pulsions primitives, proches des réflexes. L'inconscient intuitionne tellement plus vite que les fonctions de la conscience réfléchissante, qui demandent la concaténation syntagmatique d'unités sémantiques segmentaires ! Si nous rappelons l'exemple du rêve de Freud, dans lequel l'injection de "propylène" désigne la patiente de la rue des Propylées, nous n'avons pas trop de peine à y trouver une sorte de "court-circuit" mental.

Le déplacement pourrait être décrit comme la contamination d'un sens temporellement second par un sens premier, plus "primaire", selon la terminologie psychanalytique, c'est-à-dire plus proche des instincts : le lapsus est l'apparition plus prompte (non inhibée) du sens proscrit (secondairement proscrit). Ce surgissement éclipse l'énoncé qui aurait été dans la logique (secondaire) des propos antérieurs conscients. Dans la phobie, la notion de déplacement est beaucoup plus complexe et construite. Il s'agit ici à la fois d'un raccourci et d'un détour dilatoire. Il y a le cheval dangereux qui menace de mordre Hans i.e. l'être au grand pénis (Papa) qui menace de castration le petit garçon œdipien et masturbateur. Le résumé névrotique : "les chevaux sont méchants" ou "je hais les chevaux", cache un processus élaboré qui tient Papa à distance. La névrose est un moyen infantile, mais souvent très efficace, pour manœuvrer les adultes. Face à un danger : que faire ? Gagner du temps. Face à un véritable cheval dangereux, on ne peut pas gagner une seconde, mais face à un père qui aime son fils, on peut gagner des années...et être encore névrosé vingt ans plus tard : l'inconscient ignore le temps.

A propos de l'incohérence des rêves, Gaston Bachelard a proposé une esquisse d'hypothèse intéressante mettant en cause ce qu'il nomme des temporalités superposées. Pour lui, le fait qu'il y ait des séquences sensées qui conduisent à une incohérence finale pourrait s'expliquer par un différentiel entre des rythmes mentaux :

> "Il semble que, rendus par le sommeil à leur développement autonome, les centres nerveux soient des détecteurs temporels qui ont des rythmes indépendants."[1]

La temporalité, très prompte, propre aux phénomènes visuels, et probablement propre aussi à la mémoire visuelle d'une part, et d'autre part la temporalité lente, laborieuse propre à l'expression linguistique, se trouvent à la fois superposées l'une à l'autre, et disjointes. Les processus mentaux qui les arriment ensemble lors de l'état de veille sont à l'évidence momentanément inefficaces. Ainsi, pendant que les images filent à grande vitesse, les propos qui les accompagnent prennent un retard qui les rend impropres à construire un sens unitaire pour le tout du rêve. Il arrive même que cette dissonance finisse par être insupportable au rêveur au point qu'elle l'éveille.

> " Pris au niveau de l'activité cellulaire, le temps doit ressembler davantage au temps de l'éphémère ou de l'amibe ; les concidences doivent être des exceptions. Quand tout le cerveau se réveille comme une ruche, le temps statistique redonne à la fois la régularité et la lenteur."[2]

Cette notion de "temps statistique" est probablement fréquente et elle explique peut-être le flou de l'estimation des durées. Dans certaines situations, il arrive que nous avons de la même durée deux estimations contradictoires. Chacun a pu ainsi avoir l'expérience d'une interrogation d'examen où (1) il n'a pas eu le temps de tout dire (c'était beaucoup trop court) et (2) ce fut un supplice interminable (l'examinateur n'en finissait pas). Question : combien de temps a duré l'interrogation ?

1. G.BACHELARD, *La Dialectique de la durée,* PUF. 1993, Chap. VI, section IV, p.97.
2. *Ibidem*, p.98.

IV - TEMPS ET INCONSCIENT

Temps et psychanalyse

Ce que nous enseigne la psychanalyse, c'est que l'existence (masquée) de l'inconscient rend suspecte la notion consciente de causalité puisque celle-ci a une préhistoire psychique : chercher la cause, d'un événement, c'est chercher ce que ou qui l'on peut accuser. La cause, c'est ce à quoi on peut imputer, c'est, somme toute le coupable, et la causalité, c'est la culpabilité. Nous savons du reste à quel point cette attitude primitive est récurrente dans l'explication historique et tout spécialement dans le discours politique. C'est la faute à Voltaire, c'est la faute à Rousseau, voilà la forme la plus spontanée de la causalité.

Tout patient, qui entre, par le truchement de la cure, dans une recherche de causalité, cherche à se débarrasser d'une culpabilité présente sur des situations ou des personnes du passé susceptibles de les endosser. Le rapport à soi n'y échappe pas. On peut accuser l'enfant qu'on a été pour s'innocenter aujourd'hui, l'enfant étant excusable, puisqu'enfant. "Vivre, c'est survivre à un enfant mort", a dit Anatole France, et les morts ont bon dos. D'autant qu'il apparaît que ces morts font des revenants perpétuels. L'enfance est ce dont on ne vient jamais totalement à bout, ce dont on ne s'échappe jamais que partiellement. Le refoulé, c'est toujours quelque chose de l'enfance qui continue d'être là sous l'apparence de n'y être pas. L'oxymore, c'est le symptôme, qui passe du cri qui se tait au silence qui hurle. "Les névrosés sont restés à l'état infantile de la sexualité, ou sont retombés en cet état"[1],écrit Freud. Et André Comte-Sponville ajoute, pour compléter le tableau des affections mentales :

> "Le pervers est cet adulte qui n'a pas renoncé à ses jouissances d'enfant ; sa sexualité est une sexualité *anachronique*." "le psychotique serait alors celui qui va jusqu'à perdre la réalité (et jusqu'à se perdre lui-même) pour ne pas perdre son enfance, ou pour la retrouver."[2]

1. FREUD, *Trois essais sur la sexualité,* idées Gallimard 1962, p. 62.
2. A.COMTE-SPONVILLE, *Le mythe d'Icare*, PUF 1984, p. 222.

La psychanalyse s'intéresse par prédilection à ce qu'on pourrait appeler une "marche arrière" dans le temps. D'abord comme pratique thérapeutique, elle se présente volontiers comme une plongée dans la mémoire du patient. Dès leurs premières hypothèses, Breuer et Freud ont considéré la névrose comme une maladie du temps psychique. Ils ont pensé pouvoir, grâce à l'hypnose, remonter vers une sorte d'événement-cause. Une fois l'événement revenu à la conscience, une bouffée d'affects (suggérant que l'événement lui-même pouvait être revécu et modifié dans le passé) devait permettre une "abréaction" qui déclenchait un effet cathartique.

Le symptôme présent, dont le patient vient se plaindre parce qu'il lui fait la vie impossible, est, comme le dit Gérard Bonnet "une machine à remonter le temps". La psychanalyse le tient pour une construction stratifiée où une vie s'est quotidiennement déposée comme en une sorte de calcification psychique. C'est ce que signifie la formule freudienne qui dit que l'inconscient ignore le temps : une sorte de bloc intemporel se trouve là. L'analyse va consister en une "lyse", qui va dissocier dans ce bloc, des sous-ensembles. Etager en une chronologie ce qui est sans mémoire et dès lors sans causalité rationnelle, rétablir avec la coopération du patient des connexions temporelles, telle va être la tâche du praticien. C'est aussi la raison d'être de la présence, dans la théorie, de "catégories" temporelles qui permettent au praticien de sortir, pour ce qui le concerne, de la répétition où le discours du patient risque de le reconduire, puisque c'est là l'impasse au fond de laquelle ce dernier se débat (d'ailleurs parfois à peine). Gérard Bonnet[1] cite pêle-mêle, "bouleversements archaïques", "angoisses primaires", "fantasmes préœdipiens", "scène primitive" etc. Freud, lui, était allé jusqu'à définir des "stades" de la libido, non par observation directe du développement des enfants, comme on sait, mais par une reconstruction idéal-typique de l'enfance qui rende intelligibles les "fixations" et autres "régressions" des adultes. Si cette fiction génétique est le plus souvent abandonnée aujourd'hui dans sa rigidité formelle, il en reste bien des vestiges dans les nouvelles catégories en usage actuellement en psychanalyse.

Le temps interne de chacune des structures névrotiques a ses spécificités, nous en dirons un mot plus loin, mais dans tous les cas de figure, ce temps peut avoir une épaisseur qui va au-delà du temps de vie du patient. Le mal vient toujours "de plus loin", enjambant souvent les générations. Le symptôme est l'actualisation permanente du passé et

1. GERARD BONNET, *Le transfert dans la clinique psychanalytique*, PUF.1991, p. 108 à 118.

du passé de ce passé. Parce que même si traumatisme il y eut, il apparaît que ce ne fut pas traumatisant par hasard, car la force du traumatisme psychique, pour le patient, n'est pas dans sa violence supposée objective et d'intensité quasiment mesurable, mais dans un enracinement en rhizome. Sur un plan objectif, le traumatisme est parfois, chez le névrosé, une situation qu'on jugerait insignifiante. Comme le dit Edgar Morin, "son bonheur ou son malheur dépendent de drames d'enfance minuscules qu'il aura vécus comme des cataclysmes...il lui faut un long, constant effort pour percevoir exactement ce qu'il voit et concevoir ce qu'il ressent."[1]

L'œuvre de maturité de Freud considère que le rapport au passé est considérablement plus complexe qu'un lien causal direct entre un événement et un symptôme. Le "mais qu'est-ce qui m'arrive ?", peut se traduire en un "qu'est-ce qui m'échoit ? De quoi est-ce donc que j'hérite ?" Il y a une *dette* : je suis redevable à ceux qui m'ont précédé et il y a la déculpabilisation : je suis innocent de ce que je suis puisque c'est leur fait.

> "Folie et non péché ! Saisissez-vous ? Il faut qu'un dieu l'ait aveuglé, disait le Grec en hochant la tête..".[2] écrit Nietzsche.

Les Grecs imputent la responsabilité des crimes et malheurs les plus monstrueux des hommes au fait qu'ils sont les jouets des dieux qui s'affrontent. Avec le monothéisme vient la théodicée. Dieu est Cause de tout, certes, mais sans responsabilité à l'égard de nos turpitudes et faiblesses. Alors sur quoi exercer l'esprit de vengeance qui anime la recherche des causes ?

> "Partout où l'on a cherché des responsabilités, c'est l'instinct de la vengeance qui les a cherchés. Cet instinct de vengeance s'est tellement emparé de l'humanité au cours des siècles, que toute la métaphysique, la psychologie, l'histoire et surtout la morale en portent l'empreinte."[3]

Les parents, les ancêtres, sont à la fois les êtres envers lesquels chacun a une dette sans fin, puisque chacun leur doit tout, pas moins, et les êtres auxquels un reproche universel peut être adressé, puisque, sans eux, point de Surmoi. La deuxième topique, qui caractérise le sujet dans sa diachronie, institue chez lui une mémoire qui va bien au-delà des événements autobiographiques, si brutaux soient-ils éventuellement en eux-mêmes. Devenir humain, pour le petit pervers poly-

1. E.MORIN, *Introduction à une politique de l'homme,* Seuil, p.26.
2. NIETZSCHE, *Généalogie de la morale* II, n° 23.
3. NIETZSCHE, *Volonté de puissance.* III, 458.

morphe, c'est assumer l'héritage, ici non pas génétique, mais symbolique et culturel des générations antérieures. Jérémie annonçait que le proverbe hébreux "les pères ont mangé les raisins verts et les fils en ont les dents agacées" devait cesser d'être vrai, et que désormais chacun ne serait plus coupable que de ses propres fautes. Voire. C'était compter sans le Surmoi. Pascal l'a dit, l'humanité est comme un seul homme.

Les névroses et le temps

> "Les processus du système inconscient sont atemporels, c'est-à-dire qu'ils ne sont pas ordonnés temporellement, ne se voient pas modifiés par le temps qui s'écoule, n'ont absolument aucune relation au temps.[1]", écrit Freud.

Si l'inconscient est intemporel, il ne manque pas d'être actif dans le temps psychique des hommes. S'il n'est jamais très facile de définir les traits de la santé mentale, on peut toujours tenter de le faire négativement en montrant que l'intemporel y agit autrement que dans la psychose et la névrose.

La psychose est systématiquement marquée par le "hors-temps", non que chaque psychotique n'ait pas des rapports au temps souvent complexes, mais il a une position invariable dans le temps. La souplesse et les retournements, les ruptures de temporalité caractérisent ici la santé psychique, et même, dans une grande mesure, encore les névroses. Même le délire, qui semble une situation chaotique où tout peut se renverser en son contraire, montre une rigidité temporelle qui tient au fait que la structuration psychique de forme psychotique est toujours extrêmement précoce, elle s'effectue dans une époque de l'enfance qui est "hors-temps" et vers laquelle aucune "remontée" ne suffit à faire évoluer le malade par les seules vertus de l'analyse parlée.

Dans les névroses en revanche, le rapport au temps se glisse toujours dans le désir pour y faire symptôme.[2] Ainsi le désir n'est-il pas uniquement tourné, comme la logique consciente d'un désir le voudrait, vers un objet actuel ou futur à atteindre. Par exemple, le *désir d'enfant* se manifeste dans le double sens du génitif de l'expression. Il est désir *d'avoir* des enfants, désir de réalisation, de prolongement de soi, d'avenir, mais aussi désir *d'être* encore et toujours un enfant, d'être aimé de sa mère, de son père et de s'éterniser dans cette position infantile, désir d'un passé perdu. Selon les types de névroses, les figures de ce désir double ne seront pas les mêmes et si elles sont

1. FREUD, *L'inconscient*; *Métapsychologie*, Gallimard 1968, p. 97.

2. De nombreux exemples sont présentés et analysés dans le cahier n°26 de *La Cause freudienne*, intitulé : "Le temps fait symptôme."

frappées de répétition, elles connaissent des alternances, des périodes de répit, des superpositions de phases.

Le début et la fin de la cure sont caractéristiques. Il y a toujours, dans la période qui fait naître chez le patient le désir d'entreprendre une analyse, ou qui déclenche son passage à l'acte dans ce domaine, le sentiment que du temps a passé qui a été perdu, ou bien qu'il passe si l'on peut dire "en pure perte". Il y a toujours dans les névroses, l'angoisse de ce que quelque chose de la vie se perd, sera un jour perdu, ou a toujours été perdu. Temps hémorragique. Ou il y a aussi le sentiment qu'il faut attendre, attendre encore, lorsque l'heure d'obtenir est déjà dépassée.

La fin de la cure se définit par le fait qu'après bien du temps passé à combattre les productions fantasmatiques par des fantasmes substitutifs, le patient :

> "consent au réel : cela veut dire qu'il arrête de tout faire pour ne pas voir, ne pas savoir qu'il y a de l'impossible [...]. Il consent à vivre à son heure, qui le mènera à la mort. [...]Au moment où le sujet, reconnaissant son désir, dit 'je voulais...', ce passé, imparfait dans le sens où il gardait la vivacité du présent, devient un passé révolu, ayant perdu sa valeur, on pourrait dire un parfait passé."[1]

Dans l'hystérie, le sujet se refuse, s'échappe, fait attendre, se venge de ce qu'à ses yeux, on ne l'ait pas attendu – pas assez – il attend lui-même dans l'espérance : plus tard, quand je serai grand(e)... un jour mon Prince viendra. Il fait désirer, en théâtralisant ses attitudes, mais sans donner vraiment. Attendre que ça pousse, attendre que ce qui a été refusé soit accordé et d'ici là refuser, même si, comme le dit Lacan, aimer, c'est donner ce qu'on n'a pas. N'y être pas encore, parce qu'une fois qu'on y sera, que restera-t-il ? Qu'y aura-t-il à apprendre qui soit autre chose que la fin de la jouissance d'attendre ?

Dans la névrose obsessionnelle, le patient se trouve pétrifié dans l'anticipation de sa mort. Sa montre avance, il met tout à distance et il lui faut aussi ce temps d'avance pour faire face à ce qui va arriver. Il ne faut pas qu'il se fasse surprendre et il souffre de ce que nécessairement, il se fait bien surprendre de temps en temps : "le non-dupe erre", raille Lacan. Par ailleurs, la procrastination, la remise à plus tard, laisse croire qu'il n'est pas soucieux de l'heure, qu'il sait aussi être en retard. En réalité, tout indique qu'il dispose d'un temps de stratégie : il précipite la décision sadique ou masochiste, ou il tergiverse dans des délibérations interminables. C'est dans chaque cas pour se débarrasser

1. CLAIRE HARMAND, *La Cause freudienne* n°26 p. 32.

de l'acte. Dans les deux cas, il n'a plus à le faire, soit parce qu'il est déjà fait (bon débarras !), soit parce que, toujours futur, il perd sa réalité.

Dans la phobie, l'omniprésence de l'objet phobique fixe le sujet dans le présent, l'enferme dans des déplacements dont la géométrie est réglée par lui. L'attitude peut éventuellement prêter à confusion avec la fuite hystérique ou avec la pétrification obsessionnelle dans l'"affût" vis-à-vis de l'objet.

On voit que les névroses représentent des façons de vivre le temps en fonction d'une stratégie (inconsciente) déterminée. Ce qui fait de cette stratégie une dimension névrotique de la personnalité, c'est précisément qu'elle est "objective", que le sujet ne l'élabore pas selon la diversité des situations, mais qu'elle s'impose à lui comme la seule façon qui lui donne sa jouissance répétitive.

Si Freud a accordé à l'hystérie un statut privilégié dans son rôle révélateur des processus de l'inconscient au point que tout inconscient aurait probablement un noyau de forme hystérique, il a trouvé dans la névrose obsessionnelle (Zwangneurose, névrose de contrainte), une des structures les plus primitives de l'ordre social. La religion en effet, par le sentiment de culpabilité assez typé qui la caractérise, est fondamentalement de forme obsessionnelle.

> "Au sentiment de culpabilité du névrosé obsessionnel correspondent les protestations des dévots lorsqu'ils affirment savoir qu'ils sont de grands pécheurs dans leur cœur."[1]

Les comportements de l'obsessionnel consistent en permanence à "précéder" ce qui va se produire, ce qu'on doit *s'attendre à* voir se produire. C'est ce que Freud définit comme une *angoisse expectante.*

> "L'influence de l'instinct refoulé est ressentie sous forme de tentation, et c'est au cours du processus de refoulement lui-même que naît l'angoisse, qui, en tant qu'angoisse expectante, s'empare du domaine de l'avenir." "On pourrait retrouver quelque chose de ces rapports dans la vie religieuse [...] l'angoisse expectante sous forme de la peur des châtiments divins."[2]

Les structures religieuses de l'ordre social fonctionnent comme une épée de Damoclès divine menaçant d'avance les hommes pour des péchés qui vont probablement (inévitablement ?) être commis. Certes, il s'agit bien sûr, selon Freud d'une illusion, d'une illusion tenace dont il accorde qu'il est peut-être à son tour illusoire de penser se débar-

1. FREUD, *Actes obsédents et exercices religieux.* in *L'avenir d'une illusion,* PUF 1971, p.90.
2. FREUD, *Ibidem*, p.91 et 92.

rasser avant longtemps. Nous voyons ici que la structure psychique de la croyance religieuse s'appuie sur la certitude que le futur est un futur de punition. L'impuissance de l'homme face aux interdits divins est double : d'une part il ne peut pas ne pas pécher et d'autre part, il ne peut pas ne pas en être puni. Alors autant s'en punir tout de suite, et d'avance par la mortification et les sacrifices.

Si l'on en croit Freud, la temporalité religieuse, comme la temporalité de la névrose obsessionnelle, est marquée par l'anticipation d'un châtiment futur et transcendant qui justifie qu'on s'impose au présent et dans l'immanence, privations et flagellations. Toute souffrance dans l'immanence est pensée comme provisoire, alors que la souffrance transcendante est éternelle. Plutôt souffrir que souffrir.

L'après-coup et la question de la causalité récursive

La question de la causalité récursive intervient dans un contexte théorique compliqué. Freud, dans son *Projet pour une psychologie scientifique* (1895), soutient en effet qu'un événement devient traumatique dans *l'après-coup*. Il cherche alors à résoudre une difficulté double :

– d'ordre *psychologique et médical* d'abord : comment cela se passe-t-il dans le psychisme lorsqu'un état durable comme la névrose semble imputable à des événements ponctuels du passé, que le patient met consciemment en accusation comme ayant été pénibles ? Comment comprendre cette "causalité traumatique" alors qu'il y a une paradoxale, mais peu douteuse jouissance dans le symptôme récurrent dont se plaint (et dont souffre effectivement) le patient ?

– et d'ordre *épistémologique* ensuite : se peut-il qu'il existe une causalité spécifique, dont on ne rencontre guère d'exemples dans d'autres domaines scienti-fiques, et qui fasse d'un événement un traumatisme psychique non au moment où il se produit, mais parfois des années plus tard ? Peut-on comprendre qu'il devienne capable de prolonger sa causalité sur des années, sur une vie et peut-être au-delà ?

Ne minimisons pas la dimension potentiellement *métaphysique et éthique* de la question, dimension que Freud ne privilégie pas, on s'en doute, mais qui, chez Kierkegaard est abordée de face dans *Le Concept de l'angoisse*, dans le chapitre "le concept du premier péché". La question freudienne : y a-t-il une causalité psychique qui rende compte d'une culpabilité transgénérationnelle ? est préfigurée chez Kierkegaard sous la forme de celle-ci : Comment le péché d'Adam, s'il s'agit d'un fait réel, peut-il être la cause de la "peccabilité" humaine, devenue une constante à travers les générations d'hommes ? Comment ma culpabilité peut-elle remonter à Adam ?

> "Reste maintenant le serpent."[...] "Le péché est entré dans le monde, la sexualité a été posée, deux choses tenues pour inséparables"[...] "Chez l'animal, la différence sexuelle peut être développée instinctivement, mais ce n'est pas de cette façon là qu'elle peut exister chez l'homme, justement parce qu'il est une synthèse. Au moment où l'esprit se pose lui-même, il pose la synthèse, mais pour la poser, il doit d'abord en agent diviseur la pénétrer, et le sommet du sensuel est précisément le sexuel. Cette pointe extrême, l'homme ne peut l'atteindre qu'au moment où l'esprit se réalise. Avant ce temps, il n'était pas animal, mais au fond pas davantage homme [Freud dirait ici : il était un "pervers polymorphe"], ce n'est qu'au moment de devenir homme, qu'il le devient aussi du fait d'être en même temps animal."[1]

Les modes de présence du passé dans le présent sont multiples et divers. Les modes d'action d'un passé révolu dans le présent sont paradoxaux, puisque la causalité peut sembler s'y trouver inversée : peut-on *rendre causal* un fait du passé qui ne l'était pas déjà ? Le paradoxe, on le sait, n'était pas pour effrayer Kierkegaard, qui y voyait volontiers la façon dont Dieu se rend présent à ses créatures : "Vouloir expliquer l'entrée du péché dans le monde logiquement est une sottise", écrit-il, puis il se livre à un exercice de raillerie caustique vis-à-vis d'éventuelles tentatives de la science pour résoudre ce mystère transcendant dans lequel la foi trouve l'un de ses aliments de prédilection. On a même le sentiment curieux de lire sous sa plume, dans ce texte de 1844, une diatribe contre la possibilité d'un Freud, lequel était encore à naître (1856) :

> "[...] la science, en ne rejetant pas énergiquement de sottes questions, confirme des esprits crédules dans leur attente d'un savant faiseur de système qui serait homme à trouver la solution."[2]

Pour ce "système" qu'est la psychanalyse, le chahut qu'il peut y avoir dans la chronologie, et dès lors dans la causalité, ne relève d'aucun mystère transcendant. Mais selon que les événements se revêtent – déjà au moment où ils sont vécus – des significations du système symbolique social et en particulier des significations morales, ou qu'ils surviennent dans la précoce petite enfance durant laquelle ces significations sont encore inaccessibles, leur valeur cognitive et affective de souvenir peut être très différente. Chez le petit "pervers

1. KIERKEGAARD, *Le Concept de l'angoisse,* Gallimard 1935, p.70/72.
2. *Ibidem* p.75.

polymorphe", qui n'est ni animal ni homme, la rencontre du plaisir et du déplaisir est assez primitive : l'énergumène jouit sans entrave de tout ce qui se présente, sans faire le tri entre ce qui demeurera licite et ce qui, plus tard, le jettera dans la honte. Voilà d'où surgit *l'après-coup* que nous pouvons illustrer par un exemple freudien, résumé ici par Serge André :

> "Comme on va le voir dans l'exemple que Freud cite à l'appui, ce n'est en effet que dans la répétition qu'émerge, sous la forme de l'angoisse, une excitation sexuelle qui ne pouvait apparaître dès la première fois. La répétition signifiante permet de désigner dans la première scène – qui devient dès lors traumatique – un réel inassimilable par le signifiant, un réel qui concerne une jouissance. Ainsi, Emma n'ose pas entrer seule dans une boutique. Elle s'explique ce symptôme par un souvenir qui remonte à sa treizième année. Elle était alors entrée dans un magasin de vêtements mais lorsqu'elle aperçut les deux vendeurs en train de rire, elle fut prise de panique et s'enfuit ; elle pense que les deux hommes se moquaient de sa toilette et confie à Freud qu'elle croit bien avoir ressenti une attirance pour l'un d'entre eux. Mais l'analyse menée par Freud fait émerger un autre souvenir, plus ancien, auquel elle ne pensait pas au moment où elle se trouvait dans la boutique. A l'âge de huit ans, en effet, elle était allée dans une épicerie pour acheter des friandises et l'épicier avait porté la main, à travers l'étoffe de ses vêtements, sur ses organes génitaux. Emma n'avait nullement été émue par cette tentative puisqu'elle retourna chez cet épicier par la suite. Ce n'est qu'avec la seconde scène, qui a donc lieu cinq ans plus tard, que le geste de l'épicier acquiert sa valeur traumatique et déclenche l'excitation - ici : la panique."[1]

Le processus causal récursif pourrait schématiquement se décrire ainsi :

Dans un moment n°1 de l'enfance précoce, un incident aléatoire survient, qui est source d'un plaisir érotique violent. Sur le moment, cet événement n'est en rien traumatique, il est simplement réel et agréable, il marque la mémoire, mais sans être revêtu de *signification* sexuelle. Le désir ardent de son retour l'instaurera en *séduction* originaire et prendra une forme angoissante plus tard ; pour le moment, sur le plan de la signification, c'est un "signifiant énigmatique".

> "L'inconscient de tout individu garde la trace d'un nombre incalculable de questions, de chocs, d'énigmes qui se sont

1. S. ANDRE, *Que veut une femme ?* Navarin 1986, p. 77.

accumulés tout au long de l'enfance, dont certains sont de véritables bombes prêtes à sauter à la première occasion."[1]

Un *signifiant énigmatique* est presque sans signifié, parce que l'enfant n'a pas les moyens de le maîtriser dans un sens univoque : le Moi et ses fonctions sont trop labiles. Dans un devenir normal, cela est provisoire, car il s'inscrira dans des contextes qui lui donneront son sens ; dans la névrose (où se déploie le phénomène *d'après-coup*), cela est provisoire également, mais le sens peut être masqué, parce que le signifiant est susceptible de s'adapter à une pluralité de signifiés possibles, selon les déplacements et les symbolisations, il reste donc énigmatique, malgré la présence de signifiés qui donnent le change. [2]

Dans un moment n°2, lorsque l'enfant a développé son Moi et ses systèmes de repérages dans le symbolique et que des formes de la culpabilité existent, un événement se produit, qui éveille soudain de façon rétrospective, le sens de l'événement n°1 et en particulier sa signification sexuelle perverse.

> "Lorsqu'un fait, un événement, un anniversaire, un dire, vient réactiver l'une de ces charges, le risque d'explosion augmente et le sujet se sent menacé de l'intérieur, d'autant qu'il ignore totalement de quoi il s'agit. C'est dans des moments comme ceux-là qu'il recourt au symptôme."[3]

Le souvenir devient alors "traumatique". Nous pouvons comprendre ici que le souvenir n°1 devient cause après-coup. La "causalité traumatique" remonte de la situation n°2 à la situation n°1. Compte tenu du système symbolique, la situation avait "vocation" à devenir traumatique, c'était une bombe à retardement, une structure en attente, si bien que l'après-coup convainc aisément de l'existence d'un destin. Il y a tant de raisons pour que le jeune pervers polymorphe ait joui de son innocente perversion et perversité, que ce serait plutôt miracle si aucune de ces occasions ne devenait peu ou prou traumatique. Il est donc plus juste de considérer qu'il y a dans la causalité des névroses, des situations névrosantes (névrogènes ?), plutôt que des traumatismes, et on comprend que Freud et la psychanalyse qui l'a suivi aient tendu à raréfier l'usage de cette notion comme concept technique. Chacun aura

1. G. BONNET, *Le Transfert, ibidem* p. 115.

2. Dans la psychose, on peut dire qu'il est sans signifié et sans possibilité d'en trouver. Gérard Bonnet parle à son propos du "degré zéro de l'objet"(p. 208) : "un sentir sans parole, un objet innommable, incommunicable et qui demeure à jamais inscrit dans son corps." (*opus cit.*p. 212)

L'énigme intérieure à la névrose appelle ainsi vers un futur où elle doit être résolue, celle de la psychose est enfermée dans l'intemporel.

3. *Ibidem*, p. 115.

donc ses traumas sans qu'on ait à définir d'avance ce à quoi on les reconnaît, il les assumera sous forme de traits de personnalité, ou les assumera mal, comme des traits névrotiques. Le refoulement de la signification s'étaie sur la culpabilité d'avoir joui la première fois. Des symptômes se développent alors, constructions "monumentales" au sens étymologique, c'est-à-dire mnésiques, susceptibles d'exprimer à la fois le retour du souvenir dissimulé sous une forme méconnaissable (et maintenant source de souffrance chez le civilisé qu'est devenu le jeune sauvage) et la recherche répétitive de la jouissance impudique et innocente, survenue lors de la séduction originaire (événement n°1, source d'une jouissance inoubliable et pourtant inaccessible à la remémoration, puisque non repérable dans le système symbolique). La position passive de l'enfant vis-à-vis des soins de propreté, ou des manifestations de tendresse le place objectivement en situation de recevoir des caresses et autres gestes de séduction.

Contestation de la causalité récursive

La question qu'on s'est souvent posée à propos de cette récursion, c'est de savoir si elle ne part pas plutôt d'un moment n°3, c'est-à-dire de la cure et de l'effort d'anamnèse dont elle est l'occasion. Le patient raconte la situation n°2, qui le conduit à la situation n°1 qu'il avait oubliée, ou dont il avait refoulé le sens. La situation de la cure analytique est, pour le patient, une situation où le transfert peut avoir des effets de suggestion, les psychanalystes en conviennent fréquemment. L'analyste exerce un empire, conscient ou non, dont les formes doivent d'ailleurs être analysées (c'est une exigence et de méthode et d'éthique professionnelle) et le patient, dans son désir d'apaiser sa souffrance, est parfois docile à une suggestion.

On voit que la causalité récursive pourrait bien être un argument ad hoc que le patient est prêt à accepter et même à corroborer par une rémission. Loin alors que la guérison vienne jouer le rôle de la preuve expérimentale de la justesse de l'hypothèse explicative (il existe une causalité récursive), elle pourrait tout aussi bien montrer que toute causalité psychique se décide après-coup comme une *rationalisation*. Toute signification 1 ou 2, et toute relation significative d'un moment 1 à un moment 2, dès l'instant où elles se décident en un moment 3 peuvent indifféremment être rangées dans l'ordre de 1 vers 2 ou de 2 vers 1, ce sens ne concerne en vérité ni 1 ni 2, mais bel et bien 3. La question de la réalité de 1 et 2 ne se pose même pas, si seule agit *la croyance,* lors du moment 3. La rétrodiction étant le processus ordinaire de toute présentation du passé dans le langage, la seule garantie, relative, qu'on puisse avoir de la réalité des faits, et qui serait le contrôle possible par des tiers, disparaît dans le cas de situations individuelles infantiles et ceci, même si des éléments de ces situations tombent effectivement sous la possibilité de vérifications objectives.

A propos d'un cas célèbre analysé par Freud, Adolphe Grünbaum écrit :

> "Supposons que l'on puisse se fier à un souvenir aussi ancien dans les conditions propices à la suggestion qui sont celles de la psychanalyse. Il est alors vital de voir que la seule authentification rétrospective de la simple occurrence d'un trauma précoce ne justifie en rien la pertinence causale de cet événement dans la pathogénèse des obsessions de l'homme aux rats. A coup sûr, le seul caractère traumatique d'un événement ne permet pas de justifier sa pertinence étiologique."[1]

Il peut donc tout simplement y avoir de la part du patient qui, grâce au *transfert*, a surmonté ses *résistances* initiales aux interprétations de l'analyste (ou qui est devenu consentant à ses manipulations), une forme de complaisance à reconnaître que la cause de son mal est bien cet événement (supposé être dégoûtant et en vérité délicieux) qu'avec son aide il a retrouvé dans son oubli. Mais de ce qu'il admet maintenant que le trauma désigné est causal, peut-on dire que le patient est devenu compétent pour décider de la cause ?...alors que durant sa période de *résistance*, on lui contestait cette compétence à parler valablement de ce qui – de toute façon inconscient – lui échappait nécessairement.

La question d'une causalité renversée dans le temps, ou renversant le temps, peut encore être examinée d'un autre point de vue. En 1990, pour un rapport sur "le nouveau", les psychanalystes Georges Pragier et Sylvie Faure-Pragier, ont tenté de mettre en parallèle des résultats ou hypothèses récents de la physique ou de la biologie, et des thèmes devenus classiques dans la psychanalyse. Ils espéraient que de "nouvelles métaphores" puissent en naître, susceptibles de renouveler la connaissance du psychisme.

Rapprocher des phénomènes physiques et des processus psychiques provoque traditionnellement la méfiance. Bien qu'un certain dualisme des substances demeure souvent implicite, même dans le supposé matérialisme (moniste) de Freud, on peut dire néanmoins qu'aujourd'hui une tendance se développe visant à considérer les phénomènes psychiques comme inscrits dans l'ensemble des phénomènes de l'univers. Or, comme la physique quantique, avec Heisenberg et Feynman, propose sur certains aspects du comportement de la matière, d'admet-

1. A. GRÜNBAUM, *La psychanalyse à l'épreuve*, Ed. de l'éclat. 1993, p. 67.

tre que tout se passe comme si la causalité était parfois inversée, il est certes risqué, mais n'est pas insensé d'examiner si cela ne lève pas un lièvre pour comprendre la causalité récursive. Certains, comme Régis Dutheil[1], prompts aux audaces les plus extrêmes, ont en effet imaginé des particules superlumineuses, les "tachyons" dont les agissements hors espace-temps, correspondraient aux opérations psychiques, de sensation et de pensée, par exemple.

Le fait que la pensée navigue dans le temps, se souvient (le remonte) et anticipe (le précède), avec aisance, est admis. Cela est même classiquement ce qui fonde la thèse selon laquelle la pensée est d'une autre "substance" que la matière et ce qui fonde l'idée de liberté spirituelle : il n'y a qu'une pensée pour se penser libre, parce qu'elle s'en donne le sentiment en établissant des liens entre ici et là-bas sans y être, entre l'origine et la fin en restant à l'extérieur de l'une et de l'autre. Qu'une expérience seconde puisse être mise en connexion avec le souvenir d'une première n'étonnera dès lors personne. C'est ainsi que fonctionnent la pensée et la mémoire, c'est ce que nous enseigne même l'introspection la plus spontanée. L'une est actuelle, l'autre est ancienne, et le sens de la première s'enrichit, ou même se découvre à partir de la seconde. Tout se passe donc comme si du sens "remontait le temps" pour donner à la première celui qu'elle n'avait pas initialement. C'est une relation sémantique, ce n'est pas une relation causale. Si l'on interprétait comme causale récursive la relation, il faudrait admettre que chaque fois que nous comprenons ce que nous n'avions pas compris, nous effaçons notre vie passée pour la refaire et que dire alors des rechutes ? Que dire du savoir perdu, réappris, reperdu ?

Feynman, dans sa conférence Nobel, raconte comment, pour faire la découverte qui lui valut ce prix prestigieux, il s'appuya sur une hypothèse de temps régressif :

> "Je me rappelai la vieille idée de Wheeler à propos du positron qui serait peut-être l'électron remontant le temps à reculons [...] je supposai simplement que, pour un moment, on pouvait remonter le temps, et je regardai quels termes on obtenait en faisant courir les variables de temps à l'envers. La même remarque vaut pour l'idée du positron comme électron remontant le cours du temps : elle fut très commode, mais non absolument nécessaire pour la théorie."[2]

Le rapprochement entre des positrons qui pourraient être des électrons remontant le temps et le fait que nous remanions nos souvenirs en en faisant évoluer le sens devrait-il nous conduire à

1. R. DUTHEIL, *L'homme superlumineux,* Sand 1990.
2. R.FEYNMAN, *La nature de la physique*, Points Seuil, 1980,.p.267 et 274.

admettre que des particules de sens naviguent à dos de tachyons durant les cures analytiques qui nous permettent de guérir (ou que des positrons vont dynamiter le passé pour le faire passer ? car, comme nous le savons, la rencontre électron-positron est explosive).

Les deux rapporteurs concluent avec sagesse :

> "Pourtant, à faire ainsi des analogies, n'oublions pas que nous ne traitons que du processus psychique, et non d'un objet [...]. La notion d'après-coup, par sa discontinuité, constitue-t-elle un argument suffisant pour adopter la métaphore quantique du fonctionnement psychique ? Cela ne nous paraît pas nécessaire."[1]

1. Revue Française de Psychanalyse. Nov-Dec.1990, p. 1476-1477.

CHAPITRE IV

LE TEMPS ET LE VIVANT

S'il se trouve un monde qui, par sa précarité, semble électivement marqué par le temps, c'est bien celui du vivant. Le phénomène vivant laisse apparaître l'effort, l'hésitation, un fonctionnement fluctuant, perpétuellement envahi par des dysfonctionnements, et finalement la mort. La vie se présente toujours en effet comme un effort temporaire, provisoire, dont la mort accompagne le cours de bout en bout dans la mesure où les formes qui survivent le font au détriment d'autres formes qui sont détruites et dans la mesure où la mort clôt chaque processus qui s'était initié, puis développé. Nulle part n'apparaît avec autant de clarté l'image de ces "échecs de Dieu" dont parle le *Talmud*. Les vivants ne fonctionnent jamais complètement, jamais parfaitement et jamais bien longtemps, comme si Dieu avait présumé de ses forces en s'engageant dans l'aventure trop complexe de la vie.

> "Ce monde qui semble renoncer à la sécurité de normes stables et permanentes est certes un monde dangereux et incertain. Il ne peut nous inspirer nulle confiance aveugle, mais bien peut-être le sentiment d'espoir mitigé que certains textes talmudiques ont, paraît-il attribué au Dieu de la Genèse : "Vingt-six tentatives ont précédé la genèse actuelle, et toutes ont été vouées à l'échec. Le monde de l'homme est issu du sein chaotique de ces débris antérieurs, mais il ne possède en lui-même aucun label de garantie : il est exposé, lui aussi, au risque de l'échec et du retour au néant. "Pourvu que celui-ci tienne" (Halway shéyaamod), s'écrie Dieu en créant le monde, et ce souhait accompagne l'histoire ultérieure du monde et de l'humanité, soulignant dès le début que cette histoire est marquée du signe de l'insécurité radicale."[1]

1. I.PRIGOGINE et I.STENGERS, *La nouvelle alliance,* Folio-essais 1986, p. 391-192. La citation est empruntée à A.NEHER, *Les cultures et le temps*, p. 179.

I - TEMPS ET DÉVELOPPEMENT

Les êtres vivants ont un âge

Hegel écrit quelque part que, des Alpes, on ne peut pas dire grand-chose sinon qu'elles sont là. Leur être nous donne le sentiment qu'elles sont ce qu'elles ont toujours été. L'univers de la matière dite inerte nous donne le sentiment d'être éternel, ou encore d'être sans âge. Dès que nous nous tournons vers le vivant, nous ressentons les choses différemment : un arbre est un vieil arbre, ou un arbre jeune, il nous paraît avoir un âge. Le fait que certains arbres puissent vivre un temps qui enjambe plusieurs générations d'hommes est un thème fréquent de la poésie. Comme presque toutes les plantes, ils connaissent des phases liées aux saisons, et ainsi aux années. Bien sûr, dans les serres, on peut en jouant sur certains facteurs conditionnants comme l'éclairement, la température, le degré d'humidité, tromper les plantes sur la saison et les faire passer à une phase de floraison qu'elles n'auraient pas présentée à cette date dans la nature et cela peut nous conduire à douter si les plantes sont effectivement réglées sur du temps. Les facteurs évoqués, que nous considérons comme indépendants du temps, sont conjugués dans la nature selon un certain calendrier en raison de la position de la terre sur son orbite, l'inclinaison de son axe et l'angle d'incidence des rayons du soleil etc...Ainsi serait-il peut-être plus juste de dire que ce sont les saisons qui sont temporelles et non point les plantes ; et pourtant il apparaît que la liaison entre la floraison et la fructification par exemple, est bien un ordre de succession nécessaire qui réintroduit le temps dans la plante et ses caractéristiques physico-chimiques. Ajoutons qu'on a pu observer que les végétaux placés, comme disent les biologistes, "en libre cours" dans l'ombre, gardent leurs rythmes ordinaires en l'absence d'un déclencheur lumineux externe. Ce qui montre qu'ils sont commandés par un temps propre interne, dont il reste à trouver les facteurs déterminants génétiques.

Selon la d*endrochronologie*, on peut mettre en évidence que certains arbres sont de véritables calendriers d'une grande précision. Le séquoia en Amérique, le chêne, le mélèze, le sapin, l'épicéa en Europe, offrent aux dendrochronologues l'occasion de démontrer les étonnantes possibilités de leur science.

Chaque année, ces arbres s'épaississent de couches nouvelles qui prennent la forme de cernes clairs et aux pores larges au printemps, plus sombres et aux pores plus fins en été. Les années météorologiques étant par ailleurs toutes différentes (il n'y a pas de séquences cycliques repérables sur les millénaires étudiés par carottage dans les glaces polaires), il est possible de dater l'époque où un arbre a été abattu. Le journal *Le Monde* signalait le 4 Décembre 1991 que, dans la région du lac de Neufchâtel, en Suisse, les pieux d'un village lacustre de la préhistoire avaient été retrouvés, fort bien conservés par la vase, faits de troncs qui avaient été abattus durant l'hiver de l'année 2795/94 avant notre ère. En 1994, la dendrochronologie a permis également d'établir qu'un tableau sur bois jusqu'alors attribué à Jérôme Bosch était nécessairement l'œuvre d'un épigone, puisque l'arbre dans lequel le support avait été fait, avait été coupé 10 ans après la mort de cet artiste. Ces étonnantes précisions auraient pu pousser Leibniz à réviser son classement des monades. Les plantes lui paraissaient en effet être des monades douées de perception, d'appétition, mais pas de mémoire. Ces exemples donnent à penser que le vieillissement est potentiellement une caractéristique objectivement mesurable sur beaucoup des vivants, peut-être sur tous, même si, dans l'état actuel des connaissances, la performance de le faire reste confinée à ce domaine exceptionnel. Ce décompte des années implique l'itération périodique d'un phénomène discret dans une continuité, le discontinu sur le continu.

Dans les règnes végétal et animal, les êtres présentent les deux phénomènes de la *croissance* et de la *sénescence*. Pourtant les choses ne sont pas aussi simples :

Dans le sous-ensemble des unicellulaires (et du reste, chez les cellules elles-mêmes des pluricellulaires) l'être se reproduit par scissiparité. Une phase de croissance de chacune des moitiés suit ordinairement leur séparation. La question de la sénescence ici n'est pas très claire : y a-t-il ou non sénescence ? puisque la division se produit à un stade qu'on peut caractériser comme de maturité plutôt que de vieillesse. D'autre part, chacune des moitiés semble manifester après la séparation, une sorte de "rajeunissement". Là où il y avait une cellule mature, il y a deux cellules plus "jeunes". Il semble ainsi que quelque chose des processus oscillants *réversibles* se maintient dans un processus qui n'est pas purement réversible puisqu'on peut distinguer des générations successives dans la réitération de la scissiparité. Ainsi dans un bouillon de culture, il n'y a pas stabilité de la population, mais croissance géométrique, jusqu'à épuisement des conditions, des conditions nutritives par exemple, mais elles ne sont pas les seules.

Les vivants complexes sont composés de chronomètres

Chez tous les pluricellulaires, on voit que leur constitution en système contraint les cellules à des fonctions oscillantes : par exemple, dans une première phase, une cellule dépense son énergie en travaillant pour l'ensemble des autres auprès desquelles elle remplit une fonction spécifiée, puis dans une autre phase, il lui faut reconstituer sa propre énergie de fonctionnement et donc travailler pour elle même en recevant des produits sécrétés par les fonctions spécifiées des autres groupes cellulaires.

Ce principe "organique" (ou systémique), vaut pour les organites, les organes et les organismes. Alain Reinberg écrit par exemple :

> "Certaines enzymes favorisent la synthèse du glycogène et d'autres son utilisation. Elles ont des effets opposés mais sont compatibles si elles ne "travaillent" pas en même temps. La cellule hépatique privilégie à certaines heures la synthèse de glycogène – pendant la phase d'activité – et celle des protéines et de l'albumine à d'autres moments – pendant la phase de repos – ,même quand l'organisme est privé d'apport alimentaire. Il s'agit là d'un phénomène général qui revient à dire que toutes nos cellules sont programmées dans le temps."[1]

Les rythmes, les pulsations sont des caractéristiques temporelles des êtres vivants et ces rythmes engagent des mouvements (changements de lieux de substances chimiques) et des changements d'états (changements dans la pression, la température etc...). Le temps est ici un champ de liberté dans lequel s'effectuent des réactions chimiques, qui en elles-mêmes, sont contraintes. Une molécule de A et une molécule de B réagissent, si et seulement si. Ces conditions réunies définissent une aire de liberté : cette réaction désormais *peut* se produire, mais rien n'est dit. Si on ne lui en laisse pas le temps, eh bien, il ne se produit rien. Ce temps de réaction est déterminé par des paramètres multiples, mais il est certain que la température, par ses manifestations dynamiques, joue un rôle particulièrement digne d'étude, comme l'a montré Jacques Tonnelat.[2]

Un être vivant maintient son être à travers une certaine durée. A un moment quelconque, il est donc le résultat cumulé, sous des formes variées, de ce qu'il a été antérieurement. Comme le dit Simondon :

1. Science et Avenir n°96 p. 65.
2. J.TONNELAT, *Thermodynamique et Biologie,* Maloine 1978.

> "Le vivant n'intériorise pas seulement en assimilant ; il condense et présente tout ce qui a été élaboré dans le successif : cette fonction d'individuation est spatio-temporelle ; il faudrait définir en plus d'une topologie du vivant une chronologie du vivant associée à cette topologie."[1]

Cet appel à une approche diachronique du vivant a été partiellement entendu, mais dans la chronobiologie, comme nous l'évoquerons dans quelques exemples, les études restent actuellement parcellaires et très descriptives, (dans le domaine médical, on ne peut se plaindre d'une prudence imposée par l'éthique et la déontologie). On ne voit pas actuellement se dessiner un cadre théorique unificateur et cette chronobiologie scientifique reste à élaborer. Pourtant nous pouvons essayer de nous faire une idée de ce que Simondon vise, en comprenant que l'individu vivant, qui tend par ses processus internes à se maintenir distinct de son milieu, est lui-même *un processus*, c'est du reste pourquoi cet auteur parle plus volontiers d'individu-*ation* que d'individu constitué. Se calquant sur l'idée cartésienne de "création continuée", il considère qu'il y a dans le vivant :

> " une individuation perpétuée, qui est la vie même, selon le mode fondamental du devenir : le vivant conserve en lui une activité d'individuation permanente ; il n'est pas seulement résultat d'individuation, comme le cristal ou la molécule, mais théâtre d'individuation."[2]

Nous voyons en cela que le vivant n'est pas d'abord un individu lancé dans le devenir comme un bouchon dans la rivière et qui se trouve ainsi entraîné dans des aventures. C'est son être même qui est devenant et les altérations de chaque étape lui rendent son devenir différent des devenirs qui lui étaient antérieurement possibles. L'effet vaccin, par exemple, que peut déclencher dans un organisme, une première rencontre (surmontée) avec un microbe d'un certain type, induit un nouveau mode de fonctionnement pour les cellules qui produisent telle enzyme en plus grande quantité qu'initialement, obtenant désormais une "défense" plus efficace. L'organisme a ainsi développé une sorte de "compétence" à traiter une agression. Il n'est d'ailleurs pas exclu qu'il puisse la perdre, parce qu'il *est une histoire* dans laquelle, même s'il n'y a jamais de retour complet vers une phase antérieure, il peut y avoir des phases oscillantes. Après une maladie guérie, un être vivant n'est pas revenu à l'état antérieur, même si bien des signes macroscopiques semblent le suggérer. On voit ainsi en quel

1. Cité par J.C.BEAUNE dans Cahiers philosophiques n°43 p.65.
2. G.SIMONDON, *L'individu et sa genèse physico-biologique*, PUF 1964, p. 9

sens fort, il faut prendre la formule de Simondon : “L’identité de l’être vivant est faite de sa temporalité”[1]

Les métamorphoses de l’œuf, de la chenille, de la chrysalide, du papillon définissent des *phases* d’un *même* être, or la structure, non seulement macroscopique et morphologique, mais même les structures fonctionnelles (modes d’alimentation, de respiration) et les constituants moléculaires dans leurs interconnexions ont été modifiés. Si bien qu’en dehors de *son temps d’existence* vivante, on ne voit pas bien ce qui individue cet individu.

La notion d’homéostasie élaborée par Cannon (1932) indique qu’un être trouve des équilibres, mais il est clair que ces équilibres ne doivent pas être conçus comme des constantes fixes, ce qui est régulier, ce sont plutôt des séquences périodiques aux cycles plus ou moins compliqués. L’équilibre propre à un enfant, à un adulte, à un vieillard ne se situera pas nécessairement entre les mêmes valeurs-repères, et selon les saisons ou les heures du jour, il y aura encore des normes souples, mais qui n’en sont pas moins des normes.

II - LE TEMPS ET L’ÉVOLUTION

Penser le temps biologique demande qu’on considère qu’un être vivant ne se définit pas seulement par un contour spatial et une organisation interne, mais qu’il est un être qui reste lui-même, à travers des transformations, voire des métamorphoses, durant un certain temps. Il y a là un devenir qu’on doit examiner dès les conditions mêmes antérieures à la vie et qui la préparent. Bien sûr la biologie, la chimie dite “organique”, avec des travaux comme ceux d’Oparine, nous restituent l’histoire de phases possibles dans la naissance d’entités qui précisément naissent, demeurent, en produisent d’autres, et s’effacent de diverses manières, qui ne sont d’ailleurs pas toujours une mort à proprement parler. Gilbert Simondon, avec sa métaphysique de l’individuation a tenté de formuler le privilège gagné par le vivant sur la chimie pré-biotique.

> “La faculté que possède le vivant de se modifier en fonction du virtuel est le sens du temps, que la machine n’a pas parce qu’elle ne vit pas.”[2]

1. *Ibidem* p. 149.
2. G. SIMONDON, *Du mode d’existence des objets techniques*, Aubier 1989, p. 145.

L'individuation et le temps propre à l'être individué

Simondon donne, avec la cristallisation dans un milieu sursaturé une sorte de paradigme de ce qu'il appelle *individuation*. On peut faire fonctionner à nouveau ce schéma, moyennant des modifications, d'ailleurs éventuellement importantes pour les divers autres niveaux d'individuation - niveau vital, ou niveau psychique et social,[1] qui sont les stades de l'évolution qu'il retient. On voit ainsi que sa réflexion sur le phénomène de genèse n'est, en toute rigueur ni ontogénétique, si l'on entend par là par exemple l'étude d'un humain de l'ovule fécondé jusqu'à la naissance, ni phylogénétique, si l'on entend par là par exemple l'étude du passage de purgatorius jusqu'à homo sapiens sapiens. Elle est ontique-génétique.

La solution sursaturée est dans un état liquide homogène, mais la sursaturation indique qu'elle dépasse l'état d'unité et qu'un incident mineur est susceptible d'y provoquer des phénomènes d'individuation, ici sous forme de séparation d'entités vis-à-vis du milieu. Un germe cristallin introduit dans la solution provoque une cristallisation autour de lui, et celle-ci se propage selon des formes qui désormais obéissent à une loi de rangement qui n'existait pas dans la solution initiale. Le cristal se développe, s'individue et même s'individualise un peu s'il peut y avoir quelques variantes dans la croissance. Cette séparation est appelée par Simondon "déphasage de l'être par rapport à soi-même".

Ce processus se reproduit donc pour l'autonomisation du vivant lorsque parmi les formes physiques complexes mais non vivantes, certaines s'individuent d'un degré supplémentaire en perdant leur homogénéité par rapport aux autres, différenciant leur être du milieu par la création d'un milieu intérieur. Cette individuation est un processus de fragilisation de l'être nouveau par rapport à la stabilité de l'être ancien : la vie, cela ne fonctionne pas dans tous les cas qui conviennent à une entité seulement physique, un être vivant obéit soudain à des normes supplémentaires. Du reste, quand on dit ici que la vie "cristallise", c'est maintenant une métaphore, puisque le vivant ne s'est certainement pas individué comme le cristal le fait. La souplesse du vivant suggère même que se produit une forme d'éloignement vis-à-vis de la rigidité du cristal. La ségrégation par une membrane, d'ailleurs poreuse, d'une entité qui va garder une identité séparée du milieu (lequel n'est pas vivant, mais a préparé son émergence), se fait par clôture et définition d'échanges spécifiés entre intérieur et extérieur. Cette séparation fait acquérir une durée de vie propre à la

1. G.SIMONDON, *L'individu et sa genèse physico-biologique*, PUF 1989, p. 7

nouvelle entité, durée de vie qui peut d'ailleurs être grande dans le cas de forte stabilité d'échanges non destructeurs. On est néanmoins passé d'un temps à un autre.

De la même façon, lorsqu'à son tour, le psychique, tout aussi métaphoriquement, "cristallise" en s'individuant à partir d'un état métastable du vivant, Simondon y voit un "ralentissement des dynamismes vitaux"[1]. (Nous l'illustrerons un peu plus loin avec l'analyse de la néoténie.)

On a ainsi l'impression qu'un ralentissement surgit dans un système qui s'emballait, qui s'accélérait, était en excès (sous la forme que modélise la sursaturation) et qui se serait détruit si, brutalement, il n'avait changé de manière d'être en produisant en lui une structure de niveau supérieur. La nature ainsi "invente" selon un processus formellement identique, bien que chaque fois renouvelé et spécialisé, à chaque "saut qualitatif" qu'elle opère.

La progression n'est ainsi ni linéaire, puisque les sauts individuants sont discontinus, ni vraiment dialectique, puisque la solution trouvée à tout état d'excès ne ressemble que d'assez loin à une synthèse des éléments contradictoires. Simondon la dit "transductive", expression malheureusement peu parlante par elle-même et dont les définitions sont un peu trop disparates et "opportunistes" dans les diverses circonstances où elles sont énoncées pour qu'on ne diagnostique pas en elle un concept en ébauche, lui-même encore dans un état pré-individué et non encore décanté.

La singularité de la thèse de Simondon est qu'elle part d'une réflexion sur les inventions techniques de l'homme et postule qu'elles doivent être d'une certaine façon en continuité avec les inventions de la nature, dont elles ne sont, tout compte fait, qu'une forme d'un niveau élaboré. "L'opération technique est une opération pure qui met en jeu les lois véritables de la réalité naturelle ; l'artificiel est du naturel suscité."[2]

Si en effet, considérant comme Spinoza ou comme Roger Caillois[3] que l'homme n'est pas un empire dans un empire, on postule une

1. *Ibidem.* p.153.

2. G.SIMONDON, *Du mode d'existence...* p.256.

3. "La toile de l'araignée, le nid du fournier, du tisserand ou de l'épinoche, le plus simple ustensile, la machine la plus complexe, le jouet comme le monument, tout ce qu'un vivant invente et fait exister en dehors de soi pour sa subsistance, son confort ou son plaisir, ajoutent à la nature un troisième genre de formes. Les produits de l'art et de la technique y appartiennent de droit, mais aussi chez les animaux, les fragiles constructions qu'un instinct impératif les pousse à édifier. De telles formes ne sont pas celles de la vie, mais elles ont pour origine *l'action d'un*

homologie formelle de procédure d'un niveau à un autre de l'évolution, ainsi qu'une série de variations propres à chaque niveau (dans lesquelles nous voyons, contrairement à Simondon lui-même, une créativité de hasard, un "réarrangement par le bruit"), on s'aperçoit alors que d'un bout à l'autre de l'histoire de la nature, ou de bas en haut de l'étagement des structures naturelles, on peut vérifier que chaque fois se retrouve une situation de recherche d'issues pour un problème d'excès surgissant à l'intérieur d'un milieu déterminé. Une individuation s'effectue alors comme résorption de l'excès en un système nouveau qui "consomme" le précédent, ou qui repose sur lui comme sur sa condition d'existence.

La progression est en même temps un approfondissement de l'individuation. Dans tout état métastable se produit un "précipité" qui est une structure-solution de la tension née de l'excès. Ainsi, dans l'évolution du vivant, chaque phase suivante d'une série successive peut être pensée comme la solution par différenciation interne, par production d'une forme interne qui s'autonomise, d'une "crise de production" survenue dans la phase précédente (schéma qui n'aurait pas étonné Marx). "Chaque étape de l'être se présente comme la solution des états antérieurs."[1]

Or la production de situations d'excès qui se succèdent de niveau en niveau implique la croissance d'une grandeur, et, en l'occurrence, on ne peut guère penser à une autre que l'entropie, car il n'y a pas foule de candidates pour une croissance sans retour. Pourtant la chose ne va nullement de soi, dans la mesure où la croissance d'entropie disperse et détruit, mais n'organise pas. Il faut donc une thermodynamique non linéaire pour fournir des exemples de processus auto-organisateurs à partir du désordre et c'est en quoi I.Prigogine s'inscrit dans une sorte de continuité non voulue (il n'y a visiblement pas influence) avec la théorie simondonienne, mais c'est en quoi aussi, il en réoriente le sens en la tirant vers un matérialisme plus accentué et en y introduisant pour le hasard un plus grand rôle qu'initialement supposé. La thermodynamique des états loin de l'équilibre, avec sa notion de "bifurcation", fournit un concept plus efficace que celui de "transduction", bien qu'il laisse échapper le fait que la solution vient de l'intérieur du système qui s'individue subitement d'un degré.

On voit que les modèles d'intelligibilité épistémologique doivent suivre eux aussi une logique de l'invention qui peut prendre

être doué de vie." ROGER CAILLOIS, *Esthétique généralisée, in Cohérences aventureuses,* idées Gallimard 1976, p.33-34.

1. G. SIMONDON, *L'individu et sa genèse...* p.223.

brutalement un cheminement oblique lorsque le système qu'ils constituent commence à se saturer.

Evolution et néoténie
La nature invente la jeunesse

Tout enfant humain est un prématuré dans la mesure où , à la naissance, son système moteur est si inachevé qu'il n'a aucune chance de survivre s'il n'est pas élevé pendant une longue durée. Il demeure donc un embryon, une larve, même après la naissance, ce qu'on nomme *néoténie*[1]. Ce phénomène ne surgit certes pas avec l'homme : bien des animaux connaissent ainsi la nécessité d'une période d'élevage dans les premiers temps de l'existence, mais il est certain qu'avec l'homme, cette période prend une ampleur considérable.

On peut lire cet écart comme un saut qualitatif dans un phylum qui était déjà orienté vers la construction d'êtres "temporels", si l'on entend par là des êtres capables d'attendre, d'avoir des projets à distance, de se souvenir d'un processus initié, puis mis en suspens etc... Nous pouvons d'ailleurs constater, en ce qui concerne l'humain, comme Freud l'a noté dans le passage du "*processus primaire*" dominé par l'exigence immédiate de satisfaction du désir et la grande mobilité de l'énergie, au "*processus secondaire*" défini par la capacité de *différer* la satisfaction et par la "liaison" de l'énergie, qu'il y a un progrès dans la maîtrise motrice associé à un progrès dans *le contrôle du temps*. La petite enfance peut être décrite comme un laborieux apprentissage des coordinations dans le temps, ce qui implique de différer l'arrivée au but en prenant le temps nécessaire au parcours des étapes intermédiaires. Le bébé ne sait pas attendre, l'enfant apprend, l'adolescent reste marqué par une fougue qui est une impatience.

Opposant les comportements intelligents, qui doivent s'acquérir par apprentissage dans la durée, et les automatismes instinctifs des insectes, immédiatement et remarquablement opératoires, Bergson montre qu'il n'y a pas de jeunesse chez les insectes. La jeunesse est une

1. "Quant aux causes qui ont abouti, grâce à la sélection naturelle, au phénomène d'hominisation, c'est-à-dire au tri des mutations qui caractérisent l'homme, elles restent encore dans le domaine de l'hypothétique. Un anatomiste hollandais, Bolk, a formulé même une théorie spéciale de la "foetalisation" d'après laquelle l'homme est un stade juvénile du singe. En partant de la ressemblance qu'il trouve entre le "foetus" de singe et l'homme adulte, Bolk considère que l'espèce humaine a subi le phénomène de néoténie, c'est-à-dire qu'en acquérant la maturité sexuelle avant d'arriver au stade adulte du singe, il se reproduit et se conserve dans ce stade infantile." DENIS BUICAN, *La génétique et l'évolution passée et future*, NRF. 08-78 p.95.

invention plus tardive dans l'histoire des vivants ; elle est une période de plasticité qui montre une indétermination, un champ libre laissé à plusieurs cheminements possibles. L'individualisation à travers ces cheminements originaux est très inégale selon les espèces. Par exemple, Alain Prochiantz rappelle que les vers nématodes ne sont quasiment pas individualisés parce que le nombre de cellules qui les composent ne permet pratiquement pas de variations. Tout nématode a très rapidement tous les comportements du nématode. Il y a en revanche une plasticité *durable* jusque chez les adultes dans le groupe des vertébrés.

> "Chez les animaux qui se reproduisent vite, et pour qui la sélection naturelle se fait donc rapidement, sont sélectionnés les individus qui sont le plus adaptés. Chez des animaux plus évolués, il s'est produit une sélection de stratégies d'adaptation au niveau individuel plus qu'au niveau spécifique."[1]

Chez les animaux supérieurs et les hommes, la jeunesse est une phase de jeux où le champ des possibles comportementaux est exploré dans la durée, avant la fixation des attitudes les plus adaptées au mode de vie moyen. Ce sont donc des êtres pour lesquels le temps existe pour le développement et la formation.

A l'opposé, chez les insectes, il y a dans l'immédiateté de l'instinct, la réduction au minimum d'un temps d'exploration et de découverte du but. Temps ultra bref et conservateur, qui trouve tout de suite son point de perfection (son entéléchie, aurait dit Aristote) et n'en bouge plus. Présent répétitif sans établissement de relations à un passé ni à un avenir. Les insectes représentent l'une des formes les plus courtes de l'efficacité de la sélection naturelle, celle qui passe par l'adaptation immédiate associée à une rigidité, une absence de plasticité, une absence de temps de latitude.

On peut comprendre ainsi que le cerveau humain représente une forme d'évolution qui a pris une autre voie, se traduisant par une plasticité très longue et presque aussi longue que la vie elle-même. "L'invention du cerveau des vertébrés est peut-être un ralentissement du temps du développement, par l'expression continuée des gènes de développement."[2]

Le temps du "projet" implique une mise à distance temporelle, la constitution d'un télos, état d'équilibre attracteur vers lequel se déploie une activité que l'on peut tenir pour créatrice et en tout cas pour organisatrice. Dans ce cheminement, il y a la formation, l'éducation,

1. *Les sciences de la forme aujourd'hui.* ,Points-sciences 1994, p. 92.
2. *Ibidem.* p. 93.

l'acquisition d'habitudes qui impliquent une diversification dans les niveaux de réussite et d'excellence (un accroissement d'individualisation donc). L'indétermination larvaire du bébé qu'introduit l'état de néoténie au sens étroit, mais, au-delà, celle de l'enfant, et les formes résiduelles qui en demeurent dans l'âge adulte ou même encore dans la vieillesse, se définissent toujours par une certaine plage de temps qui est aussi un espace de liberté, puisque la détermination reste toujours partiellement à faire, elle n'est jamais déjà enfermée dans sa clôture. La phénoménologie n'a pas manqué de le noter. Dans sa version existentialiste elle a insisté sur le caractère ontologique du projet comme enjambement temporel qui fait du futur une dimension du présent de la conscience. Sartre, par exemple, écrit :

> "La concience ne peut "être dans le temps" qu'à la condition de se faire temps par le mouvement même qui la fait conscience ; il faut, comme dit Heidegger, qu'elle se 'temporalise'. Il n'est plus permis d'arrêter l'homme à chaque présent et de le définir comme "la somme de ce qu'il a" : la nature de la conscience implique au contraire qu'elle se jette en avant d'elle-même dans le futur ; on ne peut comprendre ce qu'elle est que par ce qu'elle sera, elle se détermine dans son être actuel par ses propres possibilités : c'est ce que Heidegger appelle ' la force silencieuse du possible' "[1]

Ce que ne dit pas à ce propos la phénoménologie, parce que ce n'est pas son sujet de préoccupation, c'est que pour obtenir cette autonomie relative de la conscience, il faut une chaîne imposante de phases d'individuation. Le futur est une invention qui se prépare depuis longtemps. Aussi, quand Sartre dit très cavalièrement, juste avant l'extrait précédent : "si on commence par plonger [l'homme] dans le temps universel, le temps des nébuleuses et des planètes, des plissements tertiaires et des espèces animales, comme dans un bain d'acide sulfurique, la cause est entendue", il entend probablement, de son point de vue, pratiquer *l'épochè* sur les aspects épistémologiques qui nous préoccupent justement ici, mais nous ne pouvons le suivre dans son jugement à l'emporte-pièce, car loin de "dissoudre" le temps de la conscience, ce temps biologique, à l'évidence, le prépare.

1. SARTRE, *La temporalité chez Faulkner*, in *Situations* I, p. 79.

III - LE TEMPS ET LA GÉNÉTIQUE

Un programme génétique est un programme de temps de vie

Comme le note Hubert Reeves :

> "Une caractéristique essentielle des êtres vivants est la capacité non seulement de *stocker* d'immenses quantités d'informations, mais de rendre cette information *disponible rapidement*. Pour vivre et survivre, il faut réagir vite et bien."[1]

Nous voyons que cela signifie qu'un être vivant maintenant doit être le résultat d'une accumulation antérieure de capacités, inscrites dans ses torsades d'ADN : L'ADN de toute espèce, que porte, avec quelques variantes mineures chaque individu, est une *mémoire*, un héritage des accumulations millénaires. Le premier ADN n'a pu imposer le vivant sur la terre que par itération, réitération, duplication incessante d'un modèle. La novation, accidentelle, rare probablement pendant certaines périodes, plus active dans d'autres, oriente alors l'évolution. Ce que Jacques Monod ou François Jacob appellent "un projet" se dessine. Chacun voit que sous le même nom, cette notion n'est pas du tout celle que nous avons évoquée jusqu'ici.

Cet ADN qui est comme une géométrisation entortillée de temps, représente une nouvelle capacité de développement temporel. Il a fallu à la nature environ 15 milliard d'années pour faire un ADN contenant les gènes d'un être humain (puisque l'homme reste une invention récente). Quand la nature est parvenue à le faire, elle le fait désormais en 9 mois. Nous avons ici la double impression bizarre de lenteur et de rapidité : extraordinaire lenteur du Fiat initialement nécessaire, mais qui permet aux gènes d'aller maintenant très vite, vertigineusement vite pour fabriquer un être. Albert Jacquard nous donne une idée de cette vitesse :

> "Dès avant la naissance, l'équipement de l'individu en neurones est achevé ; or la durée de la vie intra-utérine, 9 mois, représente 400.000 minutes : le futur bébé, durant cette période, fabrique en moyenne 250.000 neurones par minute, rythme qui peut sans doute

1. H.REEVES, *L'heure de s'enivrer*, Le Seuil 1986, p. 155.

atteindre 500.000, ou même plus, à certaines phases de son développement."[1]

Quand on sait la complexité moléculaire que représente chacun des neurones, et qu'il faut agencer tout cela en bon ordre, pour que cela ressemble tout de même un peu à un neurone, dans des fractions de temps qui s'enfoncent dans les profondeurs décimales, on en vient à penser que prendre presque 15 milliards d'années pour faire le "moule" à neurones, ce n'est peut-être pas trop long, et peut-être que c'est justement le temps qu'il faut.

Nous voyons donc que s'agissant du vivant, il y a une multiplication du temps : temps pour faire les gènes la première fois, temps pour les refaire chaque fois pour la génération actuelle, temps dans lequel ils opèrent pour construire l'individu vivant, et tout cela se noue dans une topologie des atomes d'une part, mais aussi dans le fait que cette géométrie biscornue "vibre" et que les éléments spatialement (topologiquement) disposés ne restent pas là où ils sont, ou en tout cas pas tous. Il faut encore un "clinamen", comme le demandait Lucrèce, et comme la théorie quantique peut en fournir plus qu'il n'en faut.

La génétique a appelé "programme" l'ensemble des gènes de l'ADN parce que l'expression de chacun d'eux ou de chaque groupe corrélé commandant un même caractère s'effectue selon un certain ordre chronologique. François Jacob écrit :

> "Il y a en effet une corrélation entre l'espace et le temps au cours du développement embryonnaire. Pas plus qu'ils ne se répartissent au hasard dans l'individu, les organes ne se forment dans n'importe quel ordre."[2]

La notion de programme génétique correspond au "plan de formation dans le temps" que semble suivre statistiquement le développement microscopique, moléculaire, de chaque être d'une même espèce.

Cet ordre de succession des phases embryonnaires avait été noté déjà avec beaucoup de minutie par Aristote chez le poussin. Ce *plan* diachronique semble ainsi inscrit dans les structures chimiques détenues par la cellule-œuf et donc en lui se trouve enfouie (du moins le semble-t-il) la *forme finale* de l'organisme et de ses organes : la notion d'*entéléchie* dans la métaphysique d'Aristote qui vaut pour l'être pris dans son entier, ou celle d'*attracteur* mathématique chez René Thom qui vaut pour chaque séquence de la construction embryo-

1. R.JACQUARD, *Moi et les autres*, Point-virgule 1983, p. 111.
2. F.JACOB, *La logique du vivant,* Gallimard 1970, p. 145.

logique, tentent de rendre compte de cette sorte de "projet" qu'on trouve dans tout vivant.

> "Toute création ou destruction de formes, toute morphogenèse, peut être décrite par la disparition des attracteurs représentant les formes initiales et leur remplacement par capture par les attracteurs représentant les formes finales. Ce processus appelé *catastrophe*, peut être décrit sur un espace P de *variables externes*."[1]

Par conséquent, le futur semble déjà présent dans le présent comme ce qui lui ordonne téléologiquement de le rejoindre en s'accomplissant : Le dé-roulement des séquences suggère que l'ADN les contient en-roulées, le temps des dé-veloppements semble préexister à leur effectivité sous forme en-veloppée dans l'infinitésimal quasi leibnizien des torsades d'Adénine, Thymine, et Guanine, Cytosine. Cette lecture qui semble donner force de cause au futur sur le présent satisfait les théologiens, mais est-elle autre chose qu'une magie ?

A propos du vivant, la pensée des hommes a du mal , depuis Aristote, à se débarrasser d'un hylémorphisme finaliste récurrent. La pensée part de l'individu constitué, puis s'émerveille de l'ordre des étapes qui y conduisent. La présupposition de l'être formé et abouti, c'est bien *l'entéléchie*, c'est-à-dire l'état de perfection final, la forme dynamique qui commande et guide le devenir. Car ni la forme, ni la matière ne sont engendrées (livre Z de *la Métaphysique*), seule leur fusion est un devenir engendrant. Donc, malgré la critique qu'il fait de la pensée de Platon sur la question des Idées hypostasiées et quasiment réifiées, Aristote rend à l'eidos la caractéristique d'être à la fois hors-temps et futur dans le temps.

On ne manquera pas de noter que la téléologie instaurée par lui en évidence empirique se traduit dans la réalité biologique, chacun peut le constater tout aussi empiriquement, par un gâchis de formes vivantes assez vertigineux.

La biologie ne peut certes se satisfaire d'un principe dynamique causaliste qui conduit du passé à l'actuel. Mais elle demande plutôt de l'aléatoire et même un certain chaos pour rendre compte de ce qui se passe effectivement. Cela implique-t-il pour autant une inversion du temps ? Le fait de s'organiser, de se complexifier, d'aller vers un état final qui semble jouer le rôle d'objectif à atteindre, de modèle implicite à rejoindre, est-il un renversement de la flèche thermodynamique qui conduit, dans le temps, à l'homogénéité voire à l'indifférencié ? L'archétype, de forme platonicienne, Aristote en convient, ne se

1. RENE THOM, *Stabilité structurelle et morphogenèse,* Ediscience 1972, 3ème thèse p. 321.

concrétise jamais. Alors, quel peut bien être le rôle de cette entéléchie, puisqu'on voit bien qu'un être vivant fonctionne souvent mal, qu'un nombre énorme d'entre eux dès le départ, ne parvient même pas à naître et que tous sont finalement détruits après avoir traversé des maladies et toutes sortes de dysfonctionnements que la médecine moderne nomme "fonctionnels", parce que leur causalité relève de l'énigme ?

Simondon considère qu'à partir d'un hylémorphisme, il est définitivement exclu qu'on puisse comprendre l'individuation de l'être qui s'individue puisque selon cette hypothèse, l'identité est posée comme se maintenant d'un bout à l'autre, à travers toutes les étapes : c'est un chat qui est inscrit "en creux", "en puissance" dès la blastula. Pour lui :

> "L'opposition de l'être et du devenir peut n'être valide qu'à l'intérieur d'une certaine doctrine supposant que le modèle même de l'être est la substance. Mais il est possible aussi de supposer que le devenir est une dimension de l'être, correspondant à une capacité que l'être a de se déphaser par rapport à lui-même"[1]

Ce "déphasement", cette rupture de phase, c'est ce que des notions comme celles de chaos, ou de fractale permettent aujourd'hui d'approcher chacune de façon originale.

Si nous nous en tenons pour le moment au temps de la chimie génétique (si c'en est un) nous pouvons d'abord remarquer qu'il ne manque pas de propriétés surprenantes. Il semble en effet être réductible à un *ordre des phénomènes* dont le caractère successif peut être arrêté par congélation, comme un écoulement d'eau pétrifié par le gel. Dans certaines limites en effet et selon des conditions physiques déterminées, on peut arrêter le développement d'un embryon, le conserver au froid plusieurs années, l'implanter dans un utérus où il reprend son développement sans avoir vieilli entre temps – du moins au sens ordinaire du mot. Cela entraîne (entre de nombreux autres problèmes !) l'indéterminabilité de l'âge de l'embryon.

Notons au passage que, comme nous l'avions annoncé plus haut, nous trouvons ici une relation – pour le moment bien obscure encore – entre le temps et la température. Nous pourrons en dire un peu plus lorsque nous aborderons ce que la thermodynamique peut nous dire du temps physique. Les entités chimiques que sont les êtres vivants (des polymères) sont très sensibles aux conditions thermiques. Les réactions chimiques se font, ou ne se font pas selon qu'un gradient de température est donné aux substances en présence et ainsi l'être se

1. G.SIMONDON, *L'individu et sa genèse physico-biologique*, PUF, p. 7

développe parce que les réactions chimiques ont lieu, ou cesse de le faire dans le cas contraire. Certaines analyses du sol martien suggèrent que des phases dites “prébiotiques” ont pu apparaître sur Mars et se trouver arrêtées dans ce cours sans aller jusqu'à la vie.

Le programme génétique se déploie selon des chronologies multiples qui tournent autour de moyennes ou de valeurs modales caractéristiques dans chaque espèce. (La valeur modale est la valeur la plus représentée dans une courbe de Gauss et si cette courbe est parfaitement régulière, elle se confond avec la moyenne). Les variations d'amplitude, généralement faibles autour de ces valeurs ne paraissent en revanche autoriser aucune variation dans *l'ordre*. Par exemple la formation de l'œil peut être observée un peu en avance ou un peu en retard sur le temps modal, mais il n'arrive pas que cette formation soit antérieure à la phase qui se trouve habituellement avant elle. L'ordre a donc une nécessité interne et il ne constitue pas simplement une succession, laquelle pourrait être régulière et pourtant contingente. Il n'est d'ailleurs pas exclu que cette nécessité liée aux conditions physiques de la planète, montre une malléabilité relative dans des situations non terrestres où les valeurs de quelques paramètres essentiels seraient significativement différents.

Même si l'on ne change pas lourdement la valeurs des paramètres, on a pu noter par exemple, dans l'étude biologique des vivants souterrains et cavernicoles, outre des caractéristiques anatomiques dues à une dérive génétique comme la perte de la pigmentation ou la régression des yeux, des caractéristiques très particulières dans le domaine des rythmes vitaux. Si bien qu'il y a une temporalité propre à la vie souterraine. Christian Geberthie cite le cas de batraciens, les protées, qui, placés en dehors des conditions de sélection de leurs congénères aériens, vivent une vie considérablement ralentie. La quasi absence de prédateurs dans ce milieu très spécial, donne une longévité exceptionnelle à des individus numériquement rares, qui épuisent quasiment les possibilités géniques du genre, alors que les individus des espèces de surface meurent bien avant cet épuisement.

Les durées de gestation chez les espèces animales n'ont pas une grande élasticité et les progrès des technologies agronomiques et zoologiques n'y ont jusqu'ici pas changé grand-chose. Sur l'existence d'une durée de vie limite comme caractère d'espèce, les biologistes divergent peu. François Jacob écrit :

> “Les limites de la vie ne peuvent donc être laissées au hasard. Elles sont prescrites par le programme qui, dès la fécondation de l'ovule,

> fixe le destin génétique de l'individu." [...] "Les contraintes de l'évolution s'accordent mal au vieux rêve d'immortalité."[1]

La notion de longévité recèle une complexité de facteurs. Des vitesses de vieillissement différenciées ont pu être mises en évidence. Ainsi, lorsqu'Alexis Carrel parvint à entretenir durant 25 ans une culture de cellules de cœur de poulet, alors qu'on n'a jamais vu un poulet vivre 25 ans, il fit apparaître que la mitose extraorganique diverge de la mitose intraorganique et, dans ce cas précis, que la durée de vie est fonction du degré d'organisation ou de désorganisation de l'organisme où les cellules sont intégrées. Les capacités géniques de durer ne sont donc pas données une fois pour toutes, mais une résultante surgit en elles, issue d'interactions compliquées.

Vie mortelle, vie immortelle

Jusqu'ici, parmi les cultures biologiques de laboratoire, seules les cellules cancéreuses ont montré ce qu'on est tenté d'appeler une "immortalité". Mais celle dont il s'agit est alors cellulaire et transgénérationnelle, elle n'est naturellement pas celle d'un organisme, mais celle d'un phylum de cellules, puisque naturellement une cellule cancéreuse est détruite par les autres ou alors elle détruit l'organisme où elle est.

> "Derrière le temps de l'ontogenèse se distingue confusément un autre temps, plus reculé, plus puissant, par quoi semble se dessiner tout un faisceau de relations entre les êtres vivants. C'est alors que devient possible une théorie de l'évolution."[2]

Weismann déjà, en établissant la distinction entre *soma* et *germen*, a pu opposer la vie qui meurt et la vie qui, jusqu'à présent, n'est pas morte. La suite des êtres vivants, traversée par le flux de germen depuis qu'il y en a, a été marquée par des mutations géniques, par des sortes de ruptures donc dans la répétitivité, mais elle n'a connu aucune rupture dans la continuité de la chaîne vivante depuis qu'elle s'est imposée dans sa forme identifiée par Mendel. Néanmoins, nous ne savons pas s'il n'y eut pas plusieurs essais infructueux avant la réussite dont nous sommes les descendants. Jacques Monod a en effet noté que la forme actuelle de la vie repose sur une sorte de mystère scientifique qui vaut bien, par son caractère circulaire, les mystères religieux de jadis, et qui tient en ceci que la cellule (non primitive) telle que nous la connaissons aujourd'hui, a besoin, pour traduire le code de son ADN, de composants macromoléculaires (et beaucoup : au moins 50 !), qui

1. F.JACOB, *La logique du vivant,* p.331 et 332.
2. F.JACOB, *La logique du vivant,* p.145.

sont le résultat de cette traduction. Ce cercle est actuellement irrésolu et laisse penser que peut-être, des formes ratées de vie ont pu être utilisées, pour réussir, par la forme qui a finalement réussi, mais il ne semble pas qu'il reste des traces de ces formes ratées si elles ont vraiment existé. Sans traces, l'hypothèse reste bien faible, ce qui conduit Popper à ce commentaire pessimiste :

> "Le code ne peut donc être traduit excepté par l'utilisation de certains produits de sa traduction. Ceci constitue un cercle vraiment déconcertant : un cercle vicieux, semble-t-il pour toute tentative de construire une théorie de la genèse du code génétique. Il se peut que l'origine de la vie (comme l'origine de l'univers) devienne pour la science une barrière impénétrable."[1]

Autre façon de dire que la question, qui était jusqu'ici philosophique, le demeure.

IV - LA CHRONOBIOLOGIE

Les êtres vivants sont structurés dans l'espace, mais aussi dans le temps

Certains rythmes des organismes vivants sont connus depuis toujours : rythme respiratoire, pouls, périodes de fécondité, ou de sommeil etc...mais ils restent une collection de faits séparés que personne n'a songé à rassembler pour en faire la science. Depuis qu'au début du XVIIIe siècle, De Mairan avait pu vérifier qu'un mimosa maintenu dans une pièce noire ouvre ses feuilles régulièrement, on soupçonne qu'il existe dans les êtres vivants, ou certains d'entre eux, quelque chose ressemblant à une horloge interne, puisque sans facteur déclenchant externe apparent, des automatismes se déroulent selon des consécutions identiques et réglées.

La *chronobiologie*, qui connaît un certain développement en cette fin de XXe siècle, a mis au jour d'autres rythmes qui se laissent moins aisément remarquer et elle s'est intéressée à la connaissance approfondie et la compréhension de tous ces rythmes qui font d'un être vivant une sorte d'orchestre dans lequel chaque instrument bat sa propre mesure, déclenchant des phénomènes de résonance avec conjonctions et oppositions qui sont autant de battements de second

1. KARL POPPER, *L'univers irrésolu*, Hermann 1984, p. 123.

rang. De très nombreux rythmes différents interférant les uns avec les autres peuvent, même s'ils sont individuellement réguliers, provoquer des rencontres qui paraîtront chaotiques parce que la règle de leur régularité impliquerait, pour le retour d'une même suite de phénomènes, une période excédant la durée de vie des organismes entiers. Ainsi, la régularité de certains phénomènes biologiques "sortirait" de l'organisme, lui donnant un cours contingent.

Entre le temps préréglé par des automatismes (éventuellement chaotiques) et le temps repéré par la conscience humaine, on peut rencontrer des modes intermédiaires, qui suggèrent que, dans l'évolution, le repérage du temps a pu représenter un avantage sélectif. On peut citer un cas de repérage adaptatif observé à propos des recherches, faites par Von Frisch sur le code de communication des abeilles. François Dagognet note à ce sujet :

> "Comment la découvreuse a-t-elle pu mesurer l'espace qu'elle a parcouru ? Von Frisch a calculé que lorsqu'elle lutte contre le vent qui la ralentit, elle signale une distance plus grande que ce qu'elle donne par temps calme.[...] Il s'ensuit donc qu'elle apprécie l'éloignement en fonction du temps qu'elle met à rallier l'objectif convoité. Elle estime l'étendue grâce à une sorte d'horloge cénesthésique ou encore elle mesure, elle, l'espace par du temps (quasi intérieur)."[1]

La dernière remarque répond à Bergson, qui soulignait que l'homme, lui, mesure le temps par de l'espace. L'hypothèse de F. Dagognet est logique, possible, mais non certaine. Elle confirme que ce qu'on appelle les *horloges biologiques* caractérise les vivants. Vivre, c'est se déployer aussi dans l'axe temporel et pas seulement conquérir de l'espace. Les rythmes organiques sont autant d'instruments de mesure, généralement inconscients. Il se pourrait aussi que le développement de la conscience se paie précisément de l'effacement (sans disparition), on pourrait dire l'"enfoncement" de ces rythmes dans les profondeurs du non-conscient. Quand Bergson, dans sa métaphysique de *l'Elan vital* place l'insecte et l'homme au bout d'une double évolution divergente, on peut lui accorder qu'il a raison sur les effets observables, mais douter qu'il ait raison sur leur explication. Ce nouveau dualisme qui oppose la conscience et la durée d'une part, le mécanique et l'étendue d'autre part tient difficilement face au fait que ce sont des mécanismes inconscients qui ont rapport à la durée.

Le mécanique, c'est le répétitif, ce qui contient des séquences périodiques réitérées. Le psychique et l'intelligent observable, c'est ce

1. F. DAGOGNET, *Le vivant,* Bordas 1988, p. 105.

qui échappe à la répétitivité et donc, en ce sens, innove. On est ainsi frappé par le fait que la machine est sans initiative devant une situation non prévue, alors que le comportement intelligent consiste justement à créer (avec réussite ou échec) pour surmonter une situation d'impasse. On ne manque pas d'être frappé parallèlement par le fait qu'un nombre non négligeable de dysfonctionnements psychiques sont marqués par la répétitivité, comme si la psyché avait perdu un degré de liberté et régressait vers des processus sous-jacents ordinairement cachés par les modes plus élaborés de fonctionnement. L'aliénation de l'aliéné, c'est le retour en surface de processus de radotage qui sont les substructures des comportements intelligents.

Les rythmes des activités organiques et leur synchronisation

Les activités organiques connaissent des rythmes d'amplitude et de fréquence très variables. On peut citer en guise d'exemples, le pouls d'un sportif qui peut battre hors de l'effort à 60 coups par minute, et l'électroencéphalogramme qui présente, chez l'homme éveillé, des ondes alpha à la fréquence de 12 impulsions par seconde. Des phénomènes plus flous comme l'adaptation du corps aux caractéristiques saisonnières (froid de l'hiver, par exemple) ont un rythme circa-annuel. On a pu calculer que le rapport entre les rythmes les plus courts et les plus longs est de l'ordre de 30 milliards[1] de fois les plus courts dans les plus longs.

Pour comprendre l'intérêt qu'il y a à faire toutes ces mesures du temps du vivant, il importe de s'intéresser aux deux notions d'"oscillateur" et de "synchroniseur," car c'est de leur action conjuguée, et éventuellement antagonique que résulte le temps final de l'être vivant individué depuis le stade de la morula jusqu'à une période indécise post-mortem, puisque certaines fonctions y perdurent un moment encore avant que tout ne s'effondre dans de simples lois de chimie. On peut considérer comme des transitions de phases des événements biologiques du type de la naissance, la puberté et probablement la mort : Ce sont des co-incidences de rythmes. On peut trouver un bon exemple *d'oscillateur* dans les battements cardiaques.

> "Le cœur semble jouer le rôle d'une horloge fondamentale de la ' machine ' vivante. D'ailleurs un cœur isolé de son organisme d'origine peut continuer à battre régulièrement pendant plusieurs heures, même des jours, à condition d'être irrigué et maintenu à

1. Nombre donné dans *Des rythmes au chaos*, par P. BERGE, Y. POMEAU, M. DUBOIS GANCE, Odile Jacob 1994, p. 179-180.

une température convenable. Il peut donc être considéré comme un oscillateur quasi autonome."[1]

Mais cette autonomie est bien sûr relative et le rythme du cœur finit bien par être altéré et brisé par des co-incidences externes et internes.

Les oscillateurs doivent parfois être synchronisés. Un synchroniseur est, dit A. Reinberg : "un ensemble de facteurs physiques – éclairement, température, nourriture, etc. – dont les variations périodiques sont capables d'entraîner les rythmes biologiques de période voisine de la sienne."[2]

Il existe de puissants synchroniseurs externes comme l'alternance jour/nuit. Des expériences menées avec des personnes qui se sont enfermées dans des grottes sans horloge, ont montré que le rythme circadien se maintient bien à 24 heures pour les variations de température, alors que les phases de veille s'allongent à environ 25 heures pendant les premières semaines, puis atteignent 35 heures dans les semaines qui suivent. Certaines fonctions se déphasent donc, mais, dans les expériences menées à ce jour, dans une mesure qui reste compatible avec la vie du système soumis à ces changements de régime. Il n'en va pas toujours ainsi. Lorsque deux oscillateurs de périodes différentes, mais voisines, entrent en interaction, on les voit déplacer leurs battements jusqu'à synchronisation. Celle-ci peut être dans un rapport de 1/1, ce qui alors les confond, mais elle peut se faire dans un rapport non entier. Si les différentes fréquences combinées ne forment pas un rapport rationnel, les mathématiciens nous assurent que la courbe représentative des variations sur la surface d'un tore ne se referme pas sur elle-même. Nous avons affaire à un phénomène quasi-périodique (la caractéristique d'un nombre irrationnel est que précisément la décimale suivante ne peut jamais être prévue à partir des précédentes). Le phénomène évolue donc de façon erratique. D'où un effet parfois extrêmement surprenant lorsque la coordination est déréglée d'une quantité infime dans l'un des oscillateurs.

La nature présente toutes sortes de cas de figure événementiels, conséquences de ces dérèglements : parfois le décalage est quasiment annulé, le système se recalant automatiquement en provoquant un effet de forçage sur l'oscillateur qui a connu une défaillance (quelques extra-systoles et le cœur retrouve un rythme correct), parfois le système se recale automatiquement sur une valeur plus basse ou plus haute que la précédente, mais qui maintient la cohésion du système (les

1. *Ibidem.* p. 180.
2. *Ibidem.* p. 188.

brady et tachycardies), parfois enfin, elle jette l'ensemble du système dans une pagaille telle qu'on a le sentiment (d'ailleurs faux) que les oscillateurs ne s'entre-influencent plus et se mettent à battre chacun pour soi dans un individualisme qui suggère le chaos (les fibrillations, arythmies voire l'arrêt du cœur).

Il ne fait pas de doute qu'un organisme biologique développe nécessairement des phénomènes de synchronisation dont la résultante est que le vivant vit. Qu'il vit, c'est-à-dire manifeste un fonctionnement (une synchronisation de fonctions, elles-mêmes peut-être résultantes de sous-organisations à pulsations synchronisées). Qu'il vit sans doute, mais que sa vie est traversée de dysfonctionnements permanents, qui parfois sont surmontés rapidement, qui d'autres fois s'incrustent un certain temps, ou qui ont un effet destructeur foudroyant. Qu'il vit, somme toute, et qu'il meurt lorsque l'unité synchronisée est désynchronisée et que des organes, ou des cellules, ou plus petit encore... jouent un jeu individuel (même dans ce cas, le jeu individuel est plus apparent que réel), et dissolvent l'ensemble solidaire qu'on appelait un vivant, pour constituer d'autres unités nouvelles (d'ailleurs, sur le fond, pas absolument nouvelles, puisque les processus de base sont les mêmes dans l'ensemble du monde vivant).

IV - IMBRICATION DU TEMPS PHYSIQUE ET DU TEMPS BIOLOGIQUE

Selon I.Prigogine, on peut interpréter l'évolution biologique comme la progressive (mais jamais complète) prise d'autonomie d'un temps par rapport à un autre, plus fondamental mais plus simple. Avec des "quasi-objets", comme les cellules de Bénard, ou comme les réactions chimiques oscillantes de Belousov-Zhabotinsky, qui sont sans doute encore très loin du vivant, mais qui déjà inscrivent des *formes* dans l'espace, ou dans le temps, il apparaît un temps relativement autonome, une rupture de symétrie avec le temps de la dynamique fondée sur l'astronomie.

Mais ce temps est fragile et très dépendant du monde extérieur. Dans chacun des deux cas évoqués, nous avons affaire à un système "ouvert" et si on cesse de nourrir la réaction qui produit le phénomène, celui-ci se dissout, retombe dans l'indifférenciation d'une agitation moléculaire désordonnée.

Dans un système vivant, la dépendance vis-à-vis du monde extérieur existe comme dans les exemples précédents, mais depuis plus d'un milliard d'années, grâce à l'ADN, un temps interne se détache de plus en plus du milieu dans lequel la vie se développe. Claude Bernard avait décrit la prise d'autonomie d'un "milieu intérieur" par rapport au milieu extérieur, W.B.Cannon le développement de mécanismes *d'homéostasie* ; I.Prigogine considère qu'on peut parler, sinon d'autonomie au plein sens du terme, du moins d'une prise de distance temporelle accompagnée d'une complexification du temps, quand on passe du temps de la chute des corps, au temps d'une "cellule" de Bénard, puis à celui d'une cellule biologique, comme une amibe, ou à plus forte raison à ceux des êtres pluricellulaires. Dans les systèmes périodiques des êtres vivants simples se trouve un attracteur, ou des systèmes d'attracteurs assez simples. Chez les êtres vivants complexes, il y a aussi des attracteurs simples, mais noyés dans une telle pluralité qu'ils peuvent paraître compliqués. Ainsi par exemple, souvent une membrane fonctionne sur un système binaire : elle laisse passer certains ions, ou elle les arrête. Il y aura des "phases" qui définiront une certaine "échelle de temps". Les interstices peuvent être pensés comme des "oublis".

Des attracteurs cycliques et d'autres chaotiques se rencontrent partout. On admet ordinairement qu'un rythme cardiaque régulier est un bon signe de santé, cette idée est néanmoins superficielle car ce rythme, pour rester signe de santé, doit pouvoir être altéré, sous peine que tout effort soit impossible. Une dépense supplémentaire d'oxygène dans un effort implique que le cœur doit pouvoir battre plus vite à certains moments et donc que l'irrégularité surgisse à point nommé dans la régularité. Dans les phénomènes psychiques comme la pensée, le caractère répétitif et régulier apparaît visiblement comme pathologique. Quand un perroquet nous dit une phrase dans un contexte approprié, nous sommes admiratifs et ne sommes pas loin de le trouver humain, quand il la répète cent fois dans toutes sortes de circonstances, même les plus inadéquates, il nous paraît idiot et nous ne sommes pas loin de penser, avec Descartes, qu'il n'est qu'une machine. Les phénomènes de compulsion de répétition qui caractérisent névroses et psychoses, présentent des comportements "réguliers" inquiétants de cet ordre. L'image de l'homme-machine se profile derrière le répétitif.

Si une pensée normale implique une capacité des neurones à improviser, à s'interconnecter de façon innovante, bref à briser la régularité, il n'empêche qu'elle dépend aussi en même temps de leur capacité régulière à s'alimenter en oxygène et en énergie de fonctionnement. Selon les niveaux que nous considérons, nous voyons dominer la règle ou l'exception.

Prigogine pense donc qu'on pourrait dire que le vivant est une combinaison temporelle dans laquelle il y aurait une "épaisseur" du temps (il n'est pas indifférent de noter que la même image vient à Bachelard pour distinguer le temps animal et le temps de la réflexion : la "verticalité" du temps du cogito réflexif donne à ce temps une sorte d'"épaisseur"). Dans un temps donné, il peut y en avoir un autre, plus rapide, c'est ce que pourrait illustrer la formule de Bergson qui dit que le temps est créateur ou qu'il n'est rien. Prigogine en donne une sorte d'approche imagée : selon les "générations" d'ordinateurs, dans un même temps d'horloge, les anciens font peu d'opérations, les nouveaux en font beaucoup et pas seulement les mêmes, mais de plus complexes. En ce sens, les nouveaux sont dits plus "créatifs".

La prise en considération des phénomènes vivants, nous conduit donc à la conclusion provisoire qu'il n'y a pas Un temps, mais qu'il existe une hiérarchie de temps qui est à la fois le résultat de l'évolution, et l'évolution même. Ce que nous appelons le temps de notre vie est en vérité une nébuleuse de rythmes et cadences auprès desquels le battement de notre montre est un phénomène grossier et simple, irremplaçable sans doute pour une connaissance scientifique, mais qui ne saurait revendiquer le monopole du nom de temps. Certes la physique d'aujourd'hui, comme nous le verrons, pousse à son tour à considérer qu'il existe des temps plus profonds et plus simples que d'autres, mais le discours physique est tenu à partir de théories qui, par leur complexité, dépassent désormais les possibilités d'observation directe et contraignent souvent l'honnête homme à faire confiance aux théoriciens. Avec les phénomènes que nous avons évoqués ici dans le vivant, il nous paraît qu'un effort d'attention lucide est encore en mesure de nous fournir l'expérience intuitive des temps multiples hiérarchisés dont nous avons parlé.

CHAPITRE V

LE TEMPS PHYSIQUE

I - LES PROBLEMES DE LA MESURE DU TEMPS

Du temps astronomique au temps de la mécanique

Pour mesurer, il y a quelques prérequis. Comme le remarque Koyré, il faut d'abord la présupposition que la chose est *mesurable* et dans bien des domaines de la physique, cette condition ne s'est pas rencontrée partout, ni très tôt dans l'histoire de l'humanité, car pour inventer le joule, le hertz, le pascal ou le becquerel, il faut préalablement avoir pensé qu'il y a là, dans la nébuleuse du monde des choses, des activités cachées quantifiables. Il faut ensuite seulement une *unité*. Pour mesurer ce qui semble le plus accessible : une distance, il en faut une autre qui serve d'unité-étalon et qu'on puisse reporter le nombre de fois qu'il faudra. Il faut donc aussi le *nombre*, et les opérations qu'on peut faire avec lui, car il arrive que le report ne tombe pas juste et qu'alors reporter ne suffise pas.

Mesurer une durée implique ces mêmes prérequis. Mais comment établir l'unité ? Comment établir que deux durées sont égales ? Henri Poincaré a décrit l'attitude perplexe du scientifique à l'égard de la mesure du temps : il faut *admettre* que des durées représentées sont égales, il faut *postuler* que des rotations terrestres sont identiques, bref, on doit multiplier les conventions[1] car si l'on reporte une longueur sur une autre, on peut (c'est du moins ce qu'on peut croire tant qu'on n'a pas lu Mandelbrot) les faire coïncider en un point

1. H.POINCARE, *La valeur de la science*, Chap. II. La mesure du temps. Flammarion 1970, p. 41.

considéré comme initial, mais comment établir un tel point dans le temps ? Comment établir la simultanéité initiale de deux événements ? Cette question difficile était toujours en débat au début du XXe siècle, puisque Poincaré et Einstein la placent au coeur du problème de la relativité restreinte. Il faut, dit Poincaré "un opportunisme inconscient[1]" pour que la mesure du temps soit considérée par la science comme un acquis.

On peut trouver à l'œuvre cet "opportunisme" dès les textes d'Aristote, lorsqu'il définit le temps comme "le nombre du mouvement". Il apparaît en effet que le temps serait nombre déjà par lui-même. Il faut dire qu'on ne peut guère penser physiquement le temps en dehors du mouvement ou du changement d'état. Or les changements d'état sont totalement hors de portée pour la physique grecque, car si elle peut mesurer des volumes, elle ne peut mesurer par exemple des pressions ni des températures. Reste donc le mouvement.

Pour Aristote, celui-ci est multiple. Il y a d'abord le *mouvement circulaire*, qui est parfait et vaut pour les sphères astrales. Le monde supra-lunaire est considéré comme immuable, éternel, animé d'un mouvement circulaire et régulier, bref, divin, parce que le premier mû par le Premier Moteur immobile. On ne sait trop à ce niveau lequel, du temps et du mouvement, nombre l'autre. "Par le temps nous mesurons le mouvement ; par le mouvement le temps."[2]

Une chose est certaine, c'est que, depuis l'Antiquité, tous les peuples qui avaient une bonne astronomie – et les Grecs sont du nombre – ont pu, en saisissant cette opportunité, établir un calendrier précis. La première physique se règle sur le temps des dieux repéré sur les astres.

Mais il existe aussi un *mouvement radial.* Celui-ci n'est pas immuable et vaut pour le monde sub-lunaire incertain, hésitant. Ce mouvement rapproche ou éloigne les objets du centre, ainsi certains tombent, d'autres s'élèvent, chacun en fonction de sa nature. La nature leur assigne à chacun un lieu qu'ils cherchent spontanément à rejoindre lorsqu'un mouvement violent les en a chassés. Ce temps n'est pas directement nombre ni nombrable, parce que les mouvements auxquels il se rapporte sont trop sinueux, accidentels et fourbes.

La nature, ici bas, a ainsi été brouillée avec elle-même. Pierre Aubenque écrit à ce propos :

> "En apparence, le mouvement violent est l'inverse du mouvement naturel, mais il ne peut durer indéfiniment et doit s'inverser à son

1. *Ibidem*, p.54.
2. ARISTOTE, *Physique*. Delta 12. 220 b. 23.

tour (comme dans le cas de la pierre qu'on lance et qui retombe) pour se convertir en mouvement naturel. Il faudrait alors reconnaître que le mouvement naturel lui-même a pour condition le mouvement contre nature : si toutes choses étaient dans leur lieu naturel et n'en avaient été arrachées par un mouvement violent, elles n'auraient nul besoin d'y retourner et tout serait en repos."[1]

On peut ainsi considérer qu'il y a chez Aristote la hiérarchie suivante : Au sommet, l'éternité immobile du *Primum movens*, puis une sorte de temps éternel, mathématiquement clair, puis un temps dégradé, plein d'accidents que l'on mesure un peu, ou parfois, ou qui défie tout simplement la mesure.

"[...] il n'y a de nature réalisée que dans l'immobile, c'est-à-dire en Dieu."

Nous comprenons ainsi que la définition aristotélicienne du temps ne vaut pas pour le tout de ce que nous appelons le monde. Ce monde uniforme où règne un déterminisme unique n'existe pas encore, il sera l'invention de l'époque moderne. Il implique qu'il n'y a pas de différence entre les objets célestes et les objets de l'expérience terrestre ordinaire et donc que la hiérarchie aristotélicienne a été abolie. Comme le remarque René Thom[2], la causalité chez Aristote explique l'enchaînement des événements, sauf les accidents, les hasards, fréquents dans le monde sublunaire (et c'est pour cela qu'il n'y en a pas de science véritable), alors que la causalité déterministe mathématique les explique tous, y compris les accidents, qui arrivent sans hasard. Car ce qui peut avoir été oublié dans une causalité exprimée en langue naturelle et être ainsi accidentel, n'échappe jamais à une équation différentielle qui, pour une valeur d'un paramètre quelconque calcule immédiatement la série de tous les autres.

a) Les clepsydres et les cadrans solaires

Les clepsydres sont avec les cadrans solaires, les formes les plus anciennes de l'horlogerie. Le Moyen-Orient musulman a manifesté dans les techniques hydrauliques une avance importante lors de la période qui est appelée en Europe le Moyen âge. L'exigence religieuse des nombreux appels à la prière a également poussé à ce qu'on se donne les moyens d' estimer l'heure sans trop de difficultés. Mais ces clepsydres sont intransportables et les comparaisons étant impossibles à

1. P. AUBENQUE, *Le problème de l'être chez Aristote*, PUF.1962, note de la p.427.

2. R.THOM, *Logos et Chaos*, in *Temps, Mémoire, Chaos,* ed. Descartes et Cie. 1993, p.192.

distance, on comprend quel énorme avantage présenteront sur elles les horloges mécaniques, même si elles sont souvent d'abord de fort mauvaise qualité. Elles apparaissent, semble-t-il, vers le XIVe siècle.

Les cadrans solaires pour leur part, ne peuvent donner une heure constante, puisque sur son ellipse keplerienne, la terre se déplace plus vite lorsqu'elle est proche du soleil que lorsqu'elle en est éloignée. De plus, ils ne donnent pas l'heure la nuit, ce qui est une source d'embarras pour les astronomes qui ont besoin de la nuit pour travailler, ni les jours de ciel couvert, ce qui ennuie tout le monde.

b) Le temps de la mécanique

Durant des siècles, les astres ont été le meilleur moyen de définir une heure fiable (par convention néanmoins), parce que la mesure du temps à partir de la rotation de la terre est d'une bonne précision. Aujourd'hui qu'il existe des instruments qui ne sont plus fondés sur l'hypothèse de la régularité des astres, mais sur celle de la régularité des pulsations quantiques du césium, (ou d'un quartz), nous savons que le mouvement de la terre n'est pas parfaitement constant. Jean Terrien[1] note que, le mouvement de la terre se ralentit de deux millisecondes par siècle et qu'ainsi, il y a 400 millions d'années, la terre tournait sur elle-même en 22 heures (unités constantes). Si l'on se rappelle que l'homme existe depuis 3 millions d'années, et l'homo sapiens depuis moins de 100 mille ans, et que la mesure du temps fondée sur l'observation du ciel apparaît il y a quelques siècles, on peut considérer que la terre a été, est, et reste une excellente horloge pour les hommes qui cherchent à savoir l'heure : elle ne les a pas beaucoup trompés et pas de beaucoup. Ils ont eu raison de se fier à son mouvement pour établir leurs calendriers, puis pour régler leurs horloges devenues mécaniques.

L'horloge mécanique n'est pas très fidèle, mais elle peut être remise à l'heure. Huygens la perfectionne en 1657 non parce qu'il est bon horloger, mais parce qu'il est bon mathématicien. « Son traité Horologiam oscillatorium (1673) décrit une horloge dont le pendule suit une cycloïde. »[2]

Une horloge construite autour d'un pendule demande en effet que le mouvement oscillant soit entretenu, ce qui complique les caractéristiques de son mouvement. L'horloge de Huygens, en résolvant la difficulté, devient un garde-temps avantageux, parce que mobile,

1. J.TERRIEN, *L'espace et le temps aujourd'hui*, Points-Seuil n°36, 1983, p. 105.

2. S.HILDEBRANDT et A.TROMBA, *Mathématiques et formes optimales,* Belin 1986, p 66.

utilisable la nuit et par ciel couvert, mais elle doit toujours être réajustée au temps astral, car aucune mécanique, même comtoise, n'a une constance supérieure à celle de la mécanique céleste. Aujourd'hui certes d'autres instruments, qui ne sont plus seulement des garde-temps, mais des *déterminateurs* de temps, contraignent, pour certains travaux scientifiques, à faire des correctifs et à instaurer une mesure indépendante des astres, mais quoiqu'il en soit, l'heure astrale demeure la seule socialement reconnue dans la vie courante. L'ajout de la 61ème seconde à la dernière minute de l'année est l'un des ajustements les plus récents, qui permet aux marins en pleine mer de faire le point sans avoir à utiliser des tables de correction.[1]

Pourtant, même si les mesures mécaniques du temps restent adossées aux mouvements célestes, il y a néanmoins bien des changements conceptuels qui s'opèrent lorsqu'on passe de l'astronomie, science d'un monde séparé et parfait, à la mécanique universelle.

Selon Galilée, en effet, aucun corps ne s'élève plus par sa nature : tous les corps tombent indistinctement, en ligne droite ; le haut et le bas sont abolis. A partir de là la vision mécaniste va aller s'accentuant. Descartes, en formulant clairement l'inertie, éradique des corps toutes les "tendances" à tourner, tomber, s'élever. La nature est passive et seule la création continue de Dieu la maintient dans son être. Chez Newton, enfin, tout corps se déplace en ligne droite de façon uniforme et si un corps suit une trajectoire autre que droite, c'est que celle-ci est contrariée par un autre corps. Ainsi la ligne droite du cours de la terre est elle tordue par la masse du soleil en une ellipse dont il occupe l'un des deux foyers. Le mouvement violent d'Aristote est-il ressuscité ? Pas vraiment, puisqu'ici, le mouvement rectiligne contrarié est naturel, et d'une complète "légalité scientifique" pourrait-on dire.

Le temps atomique

Quand le césium 133, dans son état fondamental, opère une transition entre deux états hyperfins, il connaît durant une seconde, 9 milliards 192 millions 631 mille 770 périodes. C'est la définition internationale de la seconde depuis 1967. Une nouvelle convention aurait pu arrondir ce nombre à 10 milliards, les secondes en eussent été plus longues, mais pour rester en phase avec le jour astral, il aurait fallu changer beaucoup d'habitudes sociales et il n'est pas au pouvoir des scientifiques de l'obtenir des peuples ni des gouvernements. Aussi, pour conserver la seconde traditionnelle a-t-on choisi d'adopter ce

1. François MIGNARD, *L'espace et le temps aujourd'hui,* Points-Seuil,1983, p. 122-128.

nombre vertigineusement compliqué. Une centaine d'horloges au césium disséminées sur la planète, participent périodiquement à une péréquation grâce au Bureau international de l'heure.

*

* *

Depuis le début du XXe siècle, parler du temps dans les diverses perspectives de la physique est devenu une tâche difficile et sans doute, pour un non-physicien, quasi inaccessible. Aussi ne pourra-t-on attendre de la suite du présent chapitre une "explication" du temps physique digne de ce nom. On trouvera plutôt ici quelques aperçus qui viseront à donner une idée de l'impossibilité qu'il y a désormais à séparer la notion de temps de la notion même de la réalité physique. S'il y a une difficulté sérieuse à penser le temps physique, c'est qu'il y a une difficulté extrême à penser la complexité physique du réel. Le temps n'est plus réductible à un axe de coordonnée simple et neutre, le long duquel viennent se ranger des réalités complexes, le temps est intimement mêlé à leur complexité. C'est dans les deux théories de la relativité restreinte, puis de la relativité générale que la chose est apparue tout d'abord, au début du siècle.

II - DU TEMPS DE LA DYNAMIQUE A L'ESPACE-TEMPS RELATIVISTE

Du problème de la simultanéité à la révolution dans la théorie

Nous savons par des lettres et des témoignages qu'Einstein s'est longtemps intéressé au problème de la mesure du temps dans deux lieux distants l'un de l'autre. La question n'était pas neuve ; elle avait même une certaine vogue à l'articulation des XIXe et XXe siècles. Ainsi, dans une conférence intitulée "*La crise actuelle de la physique mathématique*", Henri Poincaré, examinant les divers principes de la science et la façon dont ils pouvaient rencontrer des remises en question, avait logiquement appelé "principe de relativité" ce qui lie les mouvements à leurs référentiels. Il évoquait les thèmes de ce qu'on appellera la *relativité restreinte* en des termes proches de ceux qu'Einstein va rendre bientôt célèbres. Le texte en fut publié un peu plus tard, dans *La valeur de la science*, en 1905, l'année même de la publication de l'article d'Einstein "*Sur l'électrodynamique des corps en mouvement*".

Comment synchroniser deux pendules qui sont à distance l'une de l'autre ? La réponse du bon sens est : en déclenchant leurs mécanismes en même temps. Mais comment savoir qu'on les déclenche en même temps, si elles sont éloignées l'une de l'autre ? Quand on donne le top à l'une, il faut que ce signal parvienne à l'autre, qui va alors se déclencher avec un certain retard. La meilleure synchronisation (mais il n'en existe pas de parfaite) sera donc réalisée avec le signal le plus rapide. Comme depuis que la matière s'est constituée, on n'en trouve pas (ou peut-être plus) de plus rapide que la lumière, la "vitesse"[1] de celle-ci, désignée par le symbole C, va donc devenir une référence inévitable. Einstein écrit :

> "Il me vint à l'esprit que le temps était suspect...le temps n'est pas défini de façon absolue, mais en inséparable connexion avec la vitesse de propagation des signaux."

Cette petite phrase a de lourdes conséquences scientifiques, mais aussi philosophiques, puisque nous accordons de la réalité à des phénomènes quand d'une façon directe ou indirecte, *ils se signalent*. Le terme de "phénomène" signifie du reste : ce qui se signale. C'est en s'appuyant sur ceux qui se signalent que les chercheurs – moyennant des procédures spécifiques – imaginent ou calculent ceux qui ne se signalent pas. La réflexion épistémologique sur le signal, sa mesure, dans la théorie de la relativité d'abord, puis plus encore, dans la théorie des quanta, va déboucher sur des querelles à propos de la réalité, querelles métaphysiques sur l'être même, sur l'être et le temps, sur la signification, ontologique ou simplement opératoire, des concepts de la physique.(cf. infra) Pour ce qui nous occupe présentement, on voit qu'Einstein conteste, ose contester, le temps absolu de Newton, considéré maintenant comme un arbitraire ne correspondant à aucune observation possible. Dans une note célèbre de 1949, s'adressant directement au père de la théorie de la gravitation, il lui demande de

1. Pourquoi écrire ce mot entre guillemets ? Et pourquoi symboliser cette grandeur par C et non par V ? C'est que la notion de vitesse relève de la mécanique des objets qui ont une masse, alors que la lumière est censée être une onde sans masse. L'unification, par Einstein, des théories de la mécanique et de l'électromagnétisme (dont la lumière est l'un des objets privilégiés), conduit à des propositions inattendues, comme l'idée d'une vitesse constante.

l'excuser d'avoir cassé le bel univers de sa physique mathématique, en cassant ses concepts de l'espace et du temps.

Une nouvelle axiomatique de l'espace-temps

Pour Newton, le temps était absolu, ou plutôt, il était légitime de penser qu'au-delà du temps relatif aux choses, il fallait qu'il y en eût un auquel elles étaient relatives. Il s'était même fâché avec Leibniz sur cette question, comme le montre la correspondance entre Leibniz et Clarke. Il s'agissait pour lui d'un axiome, mais d'un axiome à l'ancienne, un axiome d'avant la révolution axiomatique du XIXe siècle, c'est-à-dire d'une proposition, généralement implicite, dont l'évidence rationnelle constitue la vérité. Il faut dire d'ailleurs que si Newton a besoin que le temps soit absolu et vide, c'est qu'il a besoin aussi et surtout que l'espace soit absolu et vide pour y placer sa mécanique céleste.

Soudain, avec Einstein, encore convaincu à ce moment par la critique de Mach vis-à-vis vis des absolus de la mécanique, cet axiome devient un axiome au sens moderne, c'est-à-dire une hypothèse de départ, de laquelle on déduit des conséquences sans se contredire, puis qu'on peut suspendre à volonté, par hypothèse encore, pour déduire quelles nouvelles propositions en découleraient. Nier l'axiome newtonien du temps absolu n'est plus un attentat contre la raison, pas plus désormais que la négation du postulat d'Euclide n'en demeure un. Pas moins non plus d'ailleurs, car dans les deux cas, ceux qui s'y sont risqués ont entraîné l'esprit dans des aventures où la raison semble souvent obligée de se redéfinir. Ici, il s'agit d'explorer un système de transformations, et rien de plus. Les axiomatiques des analystes autorisent toutes les audaces, ce sont des jeux de virtuoses de l'équation, presque d'artistes.

Si l'espace et le temps sont des cadres référentiels fixes, les vitesses leur sont relatives, mais si la vitesse de la lumière est une *constante*, (or désormais comment en douter, puisqu'on l'a mesurée ?), eh bien, il faut s'y faire, c'est que l'espace et le temps sont relatifs. D'un point de vue purement algébrique, il n'y a là qu'une permutation d'audace modeste. Et dans la théorie de la *relativité restreinte*, l'espace-temps nouveau apparaît comme une commodité mathématique. Poincaré avait lui-même souvent fait appel à cette notion de "commodité" pour en montrer la pertinence et les limites.[1] Commodité aux conséquences

1. Poincaré qui propose, contre Kant et contre les empiristes, de considérer les axiomes de la géométrie comme des "conventions", refuse de considérer les propositions de la physique de la même façon. On ne peut pas admettre que la proposition : "la terre tourne", ne soit qu'une simple conséquence logique,

certes spectaculaires (des contractions, des dilatations bizarres) mais qui peuvent passer pour une jonglerie algébrique, puisque tout cela se produit à des vitesses que nous n'atteignons jamais, et que donc ce monde peut rester une fantaisie d'amateurs de jeux mathématiques. Avec la *relativité générale*, il en ira tout autrement, puisque l'espace-temps courbé de la physique n'est plus un repère mathématique, mais la réalité même.

La relativité restreinte :
la dilatation de la dimension temps de l'espace-temps.

Voyons d'abord quels changements apparaissent avec la relativité restreinte, changements qui conduisent Minkowski à soutenir qu'il serait plus satisfaisant de penser *l'espace-temps* comme un seul système, un quadrivecteur, plutôt qu'un ensemble à deux éléments : un espace à trois vecteurs et un temps à un seul.

1- Imaginons un train qui roule à 100 kms / heure. Dans ce train, un voyageur remonte de l'arrière vers l'avant à 4 kms/heure. Pour un observateur situé dans le paysage, le voyageur se déplace à 104 kms / heure. Les vitesses s'additionnent. L'espace et le temps sont indépendants. Si l'on accélère le mouvement d'un objet, il accélère effectivement.

2- Imaginons maintenant le même train qui roule toujours à 100 kms/heure. Un voyageur émet, dans le même sens que tout à l'heure, un rayon lumineux qui se propage à 300.000 kms/seconde. Pour l'observateur situé dans le paysage, le phénomène est étrange. La "vitesse" du rayon lumineux, bien qu'additionnée à celle du train, reste identique. Les vitesses, dans ce cas, ne sont plus additives.

3- Pour que cela soit possible, il faut que l'espace et le temps ne demeurent pas indépendants. Nous avons ajouté de la vitesse à la lumière mais cette addition ne s'applique pas à la lumière, qui n'est pas un objet. L'espace se contracte, le temps se dilate d'une façon dont on ne peut guère donner une représentation hors du formalisme mathématique, mais qui est certaine.

C'est ce que Langevin a présenté de manière pédagogique dans l'allégorie des jumeaux. Des jumeaux ont bien sûr le même âge. Si l'un d'eux reste sur la terre et si l'autre monte dans un véhicule spatial, voyage à une vitesse proche de celle de la lumière, puis revient, ils ne peuvent demeurer jumeaux. Chacun d'eux va, dans son véhicule,

rapportée à un système de référence et qui pourrait changer si on la rapportait à un autre système de référence. Pour lui, c'est une *vérité*.

admettre des unités de temps plus larges que celles de l'autre, tourner les pages de son agenda plus lentement et dès lors vieillir moins vite. Plus ils resteront séparés longtemps et plus leur vieillissement respectif se sera écarté de la synchronicité lorsqu'ils se retrouveront. Si d'ailleurs ils ne se retrouvaient pas sur terre, il n'y aurait pas de moyen de constater cet écart, le temps intérieur à chaque véhicule resterait un temps local, que chacun pourrait continuer de considérer comme absolu, comme le fait tout newtonien en voyage, puisqu'on ne peut établir aucune simultanéité entre deux lieux distants. Mais en revenant sur terre, et donc en effectuant un virage de demi-tour, l'accélération décale les deux décomptes d'unités de temps. Ce que Pierre Auger formule ainsi :

> "Si le temps paraît s'écouler plus lentement dans un mobile qui se déplace rapidement par rapport à nous, c'est l'effet inverse qui se produit si des observateurs nous regardent ; et la comparaison réelle de ces temps ne peut se faire que si un des mobiles subit une accélération qui le ramène au contact de l'autre qui n'a pas accéléré. L'accélération est donc un absolu et la rotation, qui comporte une accélération, est un absolu observable par des mesures faites à l'intérieur du système en rotation."[1]

Nous prenons ainsi conscience que les hommes avaient jusqu'ici raisonné à partir d'un axiome implicite, selon lequel des jumeaux sont synchrones, ce qui est vrai seulement s'ils demeurent ensemble sur le même vaisseau.

Citons un court article publié dans *le Monde* du 23 Novembre 1977.

> "Grâce à un avion et à un laser, l'Espagne et la France coordonnent leurs horloges.
>
> Un avion a survolé Paris, mardi 22 novembre pour préparer une expérience scientifique de synchronisation d'horloges entre la France et l'Espagne. Il a survolé de nouveau la capitale ce mercredi matin, et l'expérience est en cours.
>
> C'est une conséquence de la théorie de la relativité d'Einstein qu'il n'existe pas de temps absolu, valable pour tous les observateurs quels que soient leur position et leur mouvement. Il n'est donc pas simple de synchroniser des horloges, sauf si elles sont au même endroit. Pour synchroniser une horloge atomique étrangère sur celle du Bureau international de l'heure, à l'Observatoire de Paris, il faut utiliser une horloge-relais qu'on synchronise à Paris, et

1. PIERRE AUGER, *Dialogues avec moi-même*, Albin Michel 1987, p. 204 :

qu'on transporte dans ce pays le plus vite possible pour mettre à l'heure l'horloge locale. Comme le mouvement de l'horloge-relais change avec sa vitesse, il faut faire de délicates corrections, et comme cette horloge est toujours moins précise que les horloges fixes, l'opération doit être faite le plus rapidement possible pour limiter l'erreur qu'elle introduit.

L'Office national d'études et de recherches aérospatiales essayait mardi une méthode nouvelle. L'horloge-relais était à bord d'un avion qui a survolé l'Observatoire, celui-ci a émis un très bref éclair laser que l'avion a renvoyé vers l'Observatoire. Pour que les deux horloges soient synchrones, il suffit que l'heure affichée dans l'avion quand il réfléchit le laser, soit la moyenne des heures affichées à l'Observatoire au départ et au retour de l'éclair laser.

Ce mercredi, l'expérience sera menée à son terme. Après avoir survolé Paris et synchronisé son horloge, l'avion se dirige vers l'observatoire de San-Bernardo, près de Cadix, dans le sud de l'Espagne ; par le même procédé, on synchronisera l'horloge de cet observatoire et celle de l'avion. Finalement, l'horloge de San-Bernardo et celle de Paris devraient être synchrones à la précision du cent milliardième de seconde."

On voit par cet exemple que la modification de l'axiomatique peut déboucher dans une réalité accessible à l'honnête homme, qu'elle ne reste pas confinée dans le monde ésotérique des équations...Cette fois, cela s'est passé comme ça.

Il s'agit bien, en effet, de la question de la réalité. Avant même que n'éclate la querelle entre Niels Bohr et lui, Einstein ne peut se satisfaire d'apporter découvertes et théories à la science, il ne peut s'empêcher d'en tirer des conséquences ontologiques et métaphysiques. Nayla Farouki le montre en conflit avec Mach[1] peu après qu'il en a adopté les critiques épistémologiques vis-à-vis de la mécanique. Il utilise le positivisme comme une sorte de doute méthodique adapté aux circonstances, par exemple contre des notions jugées "métaphysiques" (en vérité des propositions axiomatiques non thématisées comme telles)

1."Einstein lui-même finit par admettre qu'il n'avait pas complètement intégré les vues de Mach concernant la valeur de la théorie scientifique et son rapport avec la réalité extérieure. A mesure que sa réflexion progressait, Einstein voyait augmenter sa croyance en la capacité qu'a l'être humain d'atteindre et de comprendre les principes fondamentaux qui régissent le monde. Le développement d'une théorie mathématique, simple et efficace, qui pourrait rendre compte de l'ensemble des événements de l'univers lui semblait envisageable dans les années à venir (nous voici revenus au démon de Laplace !)" N.FAROUKI,. *La relativité*, Flammarion, 1993, p.83.

à propos de l'existence d'un éther, d'un espace et d'un temps absolus, de la force d'attraction, tous concepts dont Mach rappelle qu'ils ne renvoient à aucune expérience. Mais une fois le moment du doute méthodique dépassé, il revient à une métaphysique.

L'horizon et la sphère de causalité

Si pour que nous puissions voir un objet, il faut attendre que les rayons lumineux viennent toucher notre rétine, voir loin, c'est voir il y a longtemps, regarder le ciel, c'est regarder l'histoire de l'univers : telle étoile est pour nous comme elle était en l'an 300, telle autre, sa voisine immédiatement à gauche est telle qu'elle était en 1874. Pourtant, observer les galaxies les plus lointaines ne peut signifier observer le début de l'univers, puisque la formation des étoiles de ces galaxies, sans être vraiment tardive, ne peut néanmoins être considérée comme la phase initiale. L'observable commence aux environs du temps de Planck. Il faut que des photons, des trains d'ondes aient commencé à voyager dans un espace, pour que quelque chose soit observable. Comme le note Michel Cassé à propos de la théorie du Big-bang dite "inflationnaire" :

> "Son premier mérite est de faire glisser temporellement certains mystères pour les soustraire au temps zéro (...) et les déposer au delà du temps de Planck, vers 10^{-35} seconde, c'est-à-dire dans une zone accessible à la raison physique, en d'autres termes de transformer des secrets originels en problèmes de physique, livrés dès lors à la convoitise de la raison."[1]

Ajoutons d'ailleurs qu'il faut non seulement des phénomènes, mais aussi des observateurs et donc, il nous faut bien attendre notre propre apparition et même encore un peu davantage, le temps que, relevant le nez vers le ciel, l'un d'entre nous – nommé Römer, établisse en 1675, que la lumière n'est pas instantanée ; le temps que la connaissance de sa vitesse autorise à son tour bien des déductions théoriques complexes. Il y a donc un "horizon" d'observation, et même plusieurs, selon qu'on examine des longueurs d'ondes visibles par l'œil ou seulement repérables par des instruments auxquels nous avons des raisons théoriques de faire confiance.

Il y a une conséquence philosophique qu'on peut formuler assez vite. La philosophie considère comme sienne la réflexion sur la causalité. Aristote, Descartes, Kant, pour ne citer qu'eux, y ont consacré bien des pages. Or à ce propos, la théorie de la relativité joue

1. M. CASSE, *Du vide et de la création,* Odile Jacob 1993, p.203.

un rôle axiomatique nouveau. Si en effet on la tient pour juste, on peut considérer que la causalité philosophique antérieure était sans frontière. C'est ce qui permettait de la dire "universelle". Elle était un principe valant partout et toujours. Désormais, elle vaut dans une "sphère de causalité". Entre cause et effet, il y a un temps d'écoulement nécessaire si tous deux sont à distance l'un de l'autre. L'absence de causalité immédiate, mais l'obligation où l'on est d'admettre une propagation, dont la vitesse de la lumière dans le vide constitue la limite, conduit logiquement à penser par exemple que, s'il existe deux objets dans l'univers qui se déplacent soit dans le même sens, soit dans un sens divergent, à la vitesse de la lumière, il n'y a pas de causalité entre eux, car, il n'y aurait qu'une vitesse supérieure à la vitesse c de la lumière (ce qui est impossible) qui pourrait établir une relation causale entre eux. Il existe ainsi une "sphère" dans laquelle de la relation causale peut avoir lieu et hors de laquelle on pourrait envisager qu'il y eût d'autres sphères délimitant des mondes plus qu'indépendants : immiscibles. Une "pluralité des mondes" en un sens nouveau devient pensable. Mais bien sûr non certaine.

Restons pour le moment dans le nôtre, celui où nous avons des sensations, celui dont nous ressentons la beauté, celui dont les mystères nous procurent parfois les angoisses comme celles que Pascal nous a confiées dans ses *Pensées*. Donc, regarder le ciel étoilé, c'est regarder le passé. Le (mon) présent est ici et non là-bas. Qu'il y ait un présent là-bas, on peut seulement en faire l'hypothèse rationnelle, car le connaître est exclu : pour la perception d'ici, il est encore futur.

Le futur, qu'il soit d'ici ou de là-bas est ce qui est invisible. Le visible, c'est le passé, il n'est visible qu'un moment et nous l'appelons notre présent ; le futur reste invisible. Le présent, c'est le point de passage, le zéro entre +1 et -1, dans l'ordre du visible passé à l'invisible futur. La conscience percevante est comme une interface.

Pourtant, quand nous pensons à la causalité, nous considérons qu'elle passe d'un passé à un présent. La lumière et sa vitesse de propagation nous contraignent à admettre qu'une cause venant du passé peut être localement future encore : un événement qui s'est produit très loin de nous dans le passé, peut n'avoir pas encore influé sur nous parce que sa causalité est "en chemin" et ne nous a pas encore atteints. Elle peut avoir déjà causé beaucoup de choses dans son environnement immédiat sans avoir encore causé quoi que ce soit dans son lointain. Comme chante Brassens :

> "Est-il encor debout le chêne, ou le sapin de mon cercueil ?"

Ainsi, en regardant le ciel, notre œil voit-il présentement un passé, mais attend-il aussi un passé encore futur pour lui. L'astronome qui attend (tendu vers le futur) une supernova pour l'observer, sait que si elle se présente à lui, c'est qu'elle a déjà eu lieu il y a fort longtemps. En somme, ce qu'il attend pour demain, c'est le passé. Regarder le ciel étoilé, c'est donc aussi *regarder* vers le futur, même si ce n'est pas le *voir.* L'astrologie s'est imaginée qu'elle pouvait lire des signes du futur et on voit en quel sens cela pourrait n'être pas entièrement faux bien que ce ne soit pas au sens où elle prétend annoncer des destinées humaines individuelles. Si l'on dépouille l'astrologie de ce qui fait son seul intérêt pour ceux qui en lisent les rubriques avec avidité, on peut trouver une esquisse de schéma axiomatique qui instaure la conviction que des solidarités entre événements doivent être décelables et que de la répétitivité peut exister dans le monde. On doute que ce nouvel intérêt puisse toucher le même public.

En tout état de cause, il est possible d'énoncer spéculativement que l'événement futur qui ne nous est pas encore advenu est peut-être déjà advenu quelque part (l'étoile dont les débris détruiront la terre ou les conditions qui y permettent la vie a peut-être déjà explosé). Et pour ce qui concerne notre perception, ce qui vient à la rencontre de notre rétine, c'est du passé. Le mouvement vers le noir, c'est l'avancée vers le futur. Là où la terre sera, c'est bien notre futur, là où elle n'est plus, c'est notre passé. Ces truismes nous indiquent que de notre passé nous sommes séparés parce que nous ne pouvons plus rien y faire, il est un monde "séparé" parce que nous ne pouvons y déclencher de la causalité.

La relativité générale spatialisation du temps ou introduction du temps dans la géométrie ?

D'abord Einstein considère que la géométrie de Riemann est plus pratique pour exprimer les caractéristiques d'un univers où espace-temps et matière-énergie ne peuvent être séparés. L'espace mathématique d'Euclide et même l'espace-temps de Minkowsky, qui est "plat", ont une sorte de "rigidité physique" qui est due à une courbure nulle constante. La réalité de la nature, dans la représentation que s'en fait la physique relativiste, demande un espace plus caoutchouteux, qui change de courbure selon les lieux en fonction de la quantité de matière-énergie qui s'y trouve. Celui de Riemann est donc plus "commode", selon le mot de Poincaré. Pourtant, notons-le, il reste un espace *géométrique* et la décision d'Einstein de considérer le temps comme une quatrième dimension *géométrique* d'un espace géométrique (car même s'il est riemannien cela n'arrange rien !) est une sorte de coup de force, peut-être utile, puisqu'ainsi une mathématique en existe déjà, toute bâtie, mais quelle est sa signification ontologique ?

Depuis que Michelson et Morley ont convaincu la communauté scientifique que les mesures de vitesse de la lumière demeuraient imperturbablement de 299 793 kms/seconde, qu'on les prenne dans le sens du déplacement de la terre ou dans le sens contraire, la lumière est devenue un point de fixation de la pensée. Avant la théorie de la relativité générale, la lumière est supposée aller exclusivement en ligne droite dans le vide, car l'optique de Descartes et de Newton est géométrique (et euclidienne), or il apparaît que ce n'est pas tout à fait le cas en réalité, même si, à l'échelle des phénomènes terrestres, on ne rencontre guère de démentis. Elle va en ligne droite dans le vide, lorsque c'est le chemin qui prend le moins de temps.

> "Pierre de Fermat avait découvert que la loi de réfraction de la lumière découlait de l'hypothèse selon laquelle la lumière se déplace toujours de la façon la plus rapide pour aller d'un point à un autre. Cette hypothèse porte aujourd'hui le nom de Principe de Fermat."[1]

Comme le note aujourd'hui Feynman,[2] dans une physique plus élaborée, la lumière est pressée. Il n'y a d'ailleurs pas que les photons de la lumière à être dans ce cas, toute particule dont on peut supposer la masse nulle au repos dans le vide est traitée à la même enseigne, ainsi probablement les neutrinos, qui ne donnent pas de lumière. Si on imagine une surface courbe, le plus court chemin sur elle est une géodésique, laquelle n'est après tout qu'une ligne droite...courbe. Si la lumière peut aller en ligne courbe, – et Dyson et Eddington ont confirmé qu'elle le fait en observant lors de l'éclipse solaire de 1919, un déplacement de l'image d'étoiles qu'Einstein avait prévu l'année précédente – c'est qu'elle trace sa géodésique en suivant la courbure de l'espace-temps là où quelque chose le courbe.

L'intérêt qu'il y a à admettre un espace-temps à quatre dimensions, est d'abord qu'il permet de se représenter les phénomènes gravitationnels en éliminant la force d'attraction newtonienne. Cette force à laquelle s'étaient opposés les cartésiens avant d'être laminés par la

1. S. HILDEBRANDT et A. TROMBA, *Mathématiques et formes optimales*, Belin 1986, p.67

2."Nous pouvons nous contenter de cette vision grossière du monde, selon laquelle la lumière suit le trajet qui correspond à un temps minimal (trajet de "moindre temps")." *Lumière et matière*, Points- Seuil, 1989, p.68.

puissance prédictive de la loi de la gravitation, avait en effet quelque chose de bien mystérieux aux yeux de Newton lui-même.

> "Le fait que la gravité soit innée, inhérente et essentielle à la matière, qu'elle permette à un corps d'agir à distance sur un autre, à travers le vide, sans support intermédiaire, me paraît une telle absurdité, que je doute que quiconque sachant réfléchir en philosophe puisse jamais l'admettre."[1]

Comment des objets distants peuvent-ils s'attirer, sinon par magie, et comment le croire, sinon par superstition ? Cette universelle attraction n'avait du reste pas manqué d'inspirer les imaginatifs, comme l'utopiste Fourier qui y voyait un amour, amour d'ailleurs proportionnel à l'inverse du carré de la distance ! En substituant une géométrisation de l'espace-temps à la gravitation classique, le seul mouvement inertiel suffit pour se représenter la raison des orbites des objets célestes. Si nous imaginons l'orbite terrestre quasi circulaire à l'aide d'une image à trois dimensions, (faute de pouvoir l'imaginer en quatre), nous pouvons nous représenter la terre se déplaçant sur la paroi interne courbe d'une sorte d'entonnoir creusé dans l'espace-temps par la masse du soleil.

Mais la notion d'espace-temps n'aboutit-elle pas à réduire le temps à une quatrième dimension géométrique de l'espace ? Le temps dès lors reste-t-il du temps ou bien n'est-il qu'un quatrième axe de coordonnées dans l'espace des variables d'une géométrie analytique ? Il ne fait guère de doute qu'Einstein lui-même interpréta sa propre théorie comme le triomphe de la géométrie, (et dès lors peut-être aussi comme une avancée de l'espace sur le temps ?) D'où une certaine coquetterie de sa part à soutenir que le temps ne serait qu'une illusion , une erreur tenace.

Nous n'avons du reste pas besoin d'attendre Einstein pour voir l'espace l'emporter sur le temps (dans une rivalité d'ailleurs bizarre !), puisque Kant, dès l'énonciation des formes de l'intuition a donné cette prééminence à l'espace en remarquant que le temps est "irreprésentable", sauf si on le spatialise. L'espace est cosmologiquement plus fondamental. Comme l'écrit Michèle Crampe-Casnabet :

> "C'est l'espace qui entretient un rapport immédiat à l'extériorité qui est la véritable forme de l'intuition, le temps n'est qu'en nous, il est irreprésentable en soi, car comme succession pure, il refuse la

1. NEWTON à R.BENTLEY, in HILDEBRANDT et TROMBA, Opus cit, p. 171.

spatialité. Sa représentation passe par la médiation spatiale de la ligne."[1]

Olivier Costa de Beauregard note que dans le conflit philosophique qui a opposé Bergson et Einstein, la signification de la théorie de la relativité n'a pas été entièrement comprise par Bergson, qui avait du reste des excuses, car le bouleversement qu'elle apporte n'est sans doute encore entièrement compris de personne même quatre vingt dix ans plus tard.

Contre vents et marées, Bergson a voulu maintenir la simultanéité universelle contre tout ce qui la dissout dans la relativité restreinte et la disperse en autant de centres locaux qu'il y a d'observateurs potentiels. Sa métaphysique aurait pourtant peut-être pu supporter les paradoxes de la théorie, mais de son point de vue, celle-ci pousse à la limite la "spatialisation du temps" qu'il a dénoncée dans la science déterministe qui règne en Occident depuis Newton, spatialisation qui, selon lui, élimine la durée et plaide pour un matérialisme. Ilya Prigogine lui oppose aujourd'hui qu'il y avait tout autant, dans la théorie, la possibilité d'une "temporalisation de l'espace", que Bergson ni Einstein il est vrai, n'ont su apercevoir. Selon Marcel Conche, l' erreur de Bergson vient, en un sens, de son préjugé "idéologique" spiritualiste.

> "La notion bergsonienne d'une "durée immanente au tout de l'univers vise – nous résumons – à fonder une spiritualisation de la nature, et donc à exclure le matérialisme."[2]

Une longue tradition philosophique qui, de l'étendue, avait finalement fait la matière, avait culminé au XIXe siècle dans un matérialisme mécaniste volontiers scientiste. Face à l'extériorité matérielle "où les parties se juxtaposent", Bergson se sent la mission de restaurer une intériorité spirituelle "où les moments se compénètrent". Husserl allait à quelques années de là et pour faire face à ce même matérialisme scientiste, faire de la conscience une intentionnalité, c'est-à-dire le contraire d'une rentrée en soi, ce que Sartre, dans la présentation qu'il fait de la phénoménologie a appelé l'acte de "s'éclater vers"[3].

Le temps (sous la forme de la durée créatrice) représentait alors la spiritualité contre la matière, la liberté novatrice contre le

1. M.CRAMPE-CASNABET, *Kant, une révolution philosophique,* Bordas 1989, p.64.
2. M.CONCHE, Introduction à la Note sur Kant. *Temps et Destin,* PUF 1992, p.187.
3. J.P. SARTRE, *Situations* I , Gallimard 1947, p.32.

déterminisme répétitif. Pour Bergson en effet, “la matière est inertie, géométrie, nécessité...lois fatales...et rien d'impré-visible.”[1]

Il reste aristotélicien : l'hylémorphisme donne en effet à la hylé une passivité dans laquelle le physicien d'aujourd'hui a de la difficulté à reconnaître ce qu'il appelle pour sa part la matière et qui est un jeu inextricable d'interactions où rien n'est jamais en repos. La théorie de la relativité pouvait être lue comme une avancée matérialiste. Mais c'était un peu trop simple. Bergson, qui avait écrit que tout philosophe a deux philosophies, la sienne et celle de Spinoza, n'a pas bien remarqué qu'Einstein était spinoziste et pas seulement par la conception qu'il se faisait de Dieu, mais aussi parce que sa physique l'y poussait. Olivier Costa de Beauregard a d'ailleurs tenté de rattraper la ‘bévue’ de Bergson, en donnant, contre Bergson, une lecture “bergsonienne” de la relativité et en soulignant, dans les écrits du philosophe, des propos qui auraient pu le mettre en convergence avec un adversaire qui ne l'est que par un malentendu. Comme dans ce passage :

> “Vraiment, c'est bien souvent que nous nous étonnons de l'hostilité souvent déclarée aux vues relativistes par l'illustre philosophe de la *durée*. Car enfin, ce fleuve puissant de la matière, aux lignes de courant “du genre temps” étendues le long de la 4ème dimension, c'est plus d'une fois qu'il se trouve évoqué par la forme du discours bergsonien, et *précisément en des passages où ce discours est typiquement bergsonien.* Au Chapitre III de *l'Evolution créatrice*, [...] on peut notamment lire ceci : "*Les choses se constituent par la coupe instantanée que l'entendement pratique, à un moment donné, dans un flux de ce genre, et ce qui est mystérieux quand on compare entre elles les coupes devient clair quand on se reporte au flux." (Evolution créatrice* chap. III p.250-51.) L'entendement relativiste, quant à lui, pense *toujours* en termes de flux spatio-temporel ; quand il pratique des "coupes" instantanées (ou, plus généralement, du “genre espace”) c'est *toujours* en gardant présente la vision du flux, et *presque uniquement* pour raccorder son discours "covariant" à celui de la perception vécue.”[2]

Quoiqu'il en soit, si nous nous en tenons à la lecture einsteinienne, la géométrisation de l'espace-temps dans la relativité générale a des conséquences importantes pour notre interrogation sur le temps, car elle engage le cosmos dans son devenir, et donc, elle engage l'avenir, car, à nos yeux, l'avenir, c'est l'avenir du monde. Comme l'a remarqué

1. BERGSON, *L'énergie spirituelle,* PUF p. 12.

2. O.COSTA de BEAUREGARD, *Le second principe de la science du temps,* Seuil 1963, p. 126.

dès 1922, le mathématicien Alexandre Friedmann, la géométrie de l'univers implique son avenir. On peut en effet proposer quelques modèles de structures d'univers et ces modèles prédisent chacun un futur original pour le monde, tout en rendant d'ailleurs tous obligatoire l'hypothèse d'une singularité dans le passé (singularité qui, depuis, a été le plus souvent nommée "big bang" et pensée comme début d'une expansion de l'espace lui-même). Comme l'écrit André Maeder : "Les modèles de Friedmann occupent une position capitale en cosmologie : ce sont les modèles d'univers non statiques les plus simples, fondés sur la relativité générale."[1]

Nous empruntons à un exposé de Philippe Véron, une présentation succincte de ces modèles de Friedmann, simplement dépouillés de leurs éléments numériques, peu utiles pour nous :

> "1° L'univers est dit fermé ou elliptique, l'expansion ralentira, s'arrêtera et sera suivie d'une phase de contraction ; 2° l'univers est dit ouvert ou hyperbolique, et l'expansion se ralentira, mais ne s'arrêtera jamais ; 3° l'univers est dans un cas intermédiaire, dit parabolique ; il est toujours en expansion, mais la vitesse d'expansion tend asymptotiquement vers zéro."[2]

Donc, pour la physique relativiste, l'avenir est d'ores et déjà en route, inscrit dans la géométrie du réel et il n'y a que notre connaissance, incomplète, qui soit incapable de nous dire lequel des trois avenirs est en train d'advenir. Einstein a toujours opposé une farouche résistance déterministe à tous ceux qui défendaient devant lui l'idée que les lois n'étaient que probabilistes, c'est-à-dire que l'avenir n'était pas déjà engagé, et qu'il pouvait encore changer. Pour Einstein, "Dieu ne joue pas aux dés", parce que l'univers est éternel et que, ce qu'il est, il l'est déjà, il ne va pas changer dans une heure ni dans mille ans. Nous pouvons considérer que, pour lui, l'avenir n'a aucune nouveauté à offrir et l'idée bergsonienne d'une "durée créatrice", créatrice d'un avenir ouvert, ne peut être que saugrenue et poétique.

Nous pouvons aussi en conclure que selon la relativité, lorsque nous regardons le ciel, chaque étoile visible représente un point de lumière image d'un âge du monde. Si celle-ci est visible telle qu'elle était en 1740, cette autre telle qu'elle était en 812, (si même le noir du ciel a une température de 2,7°K, vestige du big-bang natal qui reste ainsi présent sous une forme qu'on a pu dire "fossile"), l'addition des étoiles finira bien par nous donner des échantillons de lumière de

1. ANDRE MAEDER, L'évolution de l'univers, in *Histoire de l'univers*, Hachette 1980, p. 371.

2. PHILIPPE VERON, La constante de Hubble, ibidem p. 355.

toutes les années de l'univers, si bien que la rétine d'un homme d'aujourd'hui peut être frappée d'une lumière qui représente le monde non pas seulement tel qu'il est dans l'espace, mais tel qu'il est dans l'épaisseur du temps jusqu'au moment que nous appelons, ici, le présent. Et ce que l'œil ne voit pas, c'est la lumière qui est cachée par aujourd'hui et qui n'arrivera que demain. Le présent d'aujourd'hui est ainsi fait de l'impact de tous ces présents qui constituent l'âge du monde, et notre futur se trouve lui aussi inscrit dans les événements qui vont surgir avec l'arrivée des impacts de lumière, demain. On comprend qu'Einstein ait refusé de croire que Dieu joue aux dés et que son dieu ressemble à celui de Spinoza, c'est-à-dire au Tout de l'être qui est totalement présent à lui-même, c'est-à-dire qui est l'éternité même. Demain n'est pas incertain en soi, il ne l'est que pour notre ignorance. Le temps n'est en effet qu'un point de vue de mode fini, un point de vue de créature. Le temps n'est que notre limite humaine. Comme l'écrit Roger Penrose :

> "Nous voyons se profiler ici l'idée que si un événement est défini, alors l'espace-temps tout entier l'est. Il n'y a pas de "futur incertain". L'espace-temps tout entier est fixé, sans qu'il y ait la moindre place pour une quelconque incertitude. Il semble bien que ce soit là la conclusion à laquelle avait abouti Einstein. De plus, il n'y a pas non plus d'écoulement du temps. Il n'y a que "l'espace-temps" et aucune place pour un futur dont le domaine serait progressivement et inexorablement grignoté par un passé déterminé."[1]

III - LE TEMPS QUANTIQUE

Un atomisme temporel?

D'après la théorie quantique, les choses et les êtres sont faits de fumée dont le contour fractal, en constante mobilité, enserre un jeu quasiment inextricable, mais néanmoins réglé, dans lequel, entre les molécules et les atomes qui vibrent à des rythmes multiples et combinés, s'échangent des particules qui sans cesse les bousculent, les associent ou les désintègrent.

1. R.PENROSE, *L'esprit, l'ordinateur et les lois de la physique,* Interéditions 1992, p. 329.

> "Un ballet de fantômes dans un brouillard crépusculaire, tel est l'aspect du monde sous-nucléaire que les physiciens des années soixante découvrirent."[1]

La façon dont l'énergie se conduit dans la matière et le rayonnement est un indice convaincant du caractère provisoire de tout arrangement, qu'il s'agisse des arrangements moléculaires (les choses matérielles), ou qu'il s'agisse de l'atome lui-même ou de son noyau, qui sont eux aussi des arrangements complexes. C'est donc la science de ces particules fantômatiques et de leurs "durées de vie" qui nous assure du caractère foncièrement temporel de tout ce qui est. Cette théorie suscite inévitablement la spéculation philosophique, mais ce qui surprend, c'est qu'elle ne le fait pas seulement chez les philosophes : chez les scientifiques aussi, des camps philosophiques se dessinent, qui ne donnent pas aux énoncés de cette science un sens univoque. Le moins étonnant n'est pas qu'ils sont conduits souvent, dans leurs querelles, à se traiter mutuellement de "métaphysiciens", épithète qui n'avait rien de déshonorant à l'époque de Descartes, mais qui l'est devenue quelque peu, entre-temps, sous leur plume.

Curieusement, spiritualistes et matérialistes peuvent trouver dans cette théorie aliment pour leur conviction. Les spiritualistes peuvent y voir une sorte de présence secrète de l'esprit au cœur de la matière. Les matérialistes y trouvent un épicurisme radicalisé, le matérialisme même, si, comme Marcel Conche le définit, il est cette "Conception d'après laquelle le temps concerne tout ce qui est, ou d'après laquelle il n'y a que des êtres finis et voués à la mort."[2]

Tous les soleils de l'univers émettent en tous sens et à tout instant des océans de photons dont ils "bombardent" les autres objets cosmiques ; partout et à tout instant des photons sont absorbés, réémis ; et simultanément des océans de neutrinos traversent la matière de part en part, d'un bout à l'autre de l'univers – qui n'a d'ailleurs pas de bout.

L'atomistique de l'Ecclésiaste (tout est poussière), ou celle d'Epicure et de Lucrèce, faisaient certes déjà de tous les existants des êtres provisoires dont la cohésion fragile tenait, pour le premier, à la Parole divine, pour les seconds à quelques crochets dont les atomes étaient pourvus, mais quelle stabilité avait le monde pour elles, si on le compare à la java quantique que nous décrit l'atomisme scientifique ! La danse des poussières dans un rayon de soleil nous montre des points aux mouvements incessants et lents, mais qui du moins restent des points dans la durée. L'atomisme scientifique dissout ses points dans

1. J.PHARABOD et B.PIRE, *Le rêve des physiciens,* Odile Jacob 1993, p.65
2. M.CONCHE, *L'orientation philosophique*, ed. de Mégare 1974,.p. 137.

des laps de temps si brefs que nous ne parvenons guère à nous représenter leur signification. Il nous faut nous répéter souvent le nombre de zéros du dénominateur pour en ressentir quelque peu le vertige. Quant à la vitesse des plus rapides (les photons), elle nous interdit de les voir, si bien que nous ne voyons que les choses lentes qu'ils éclairent pour nous en touchant notre rétine où ils se noient. Mais quand notre cerveau construit une image visuelle, tout est déjà fini depuis fort longtemps. Nous percevons et comprenons toujours tout avec retard. Si encore nous comprenons... Nous ne sommes jamais tout à fait contemporains du monde.

Cela nous fait apparaître que l'acte de connaître et celui de percevoir sont l'un et l'autre des interactions dans l'"espace-temps-matière-énergie", interactions qui ont une durée. Point de durée sans interaction de ce type : tout ce qui dure, est précisément cette interaction. La durée de ce qui dure est-elle indéfiniment prolongeable ? La physique est muette sur ce point. Est-elle indéfiniment divisible ? Là, la physique semble en mesure aujourd'hui de fournir une réponse. (Pour notre part, nous l'empruntons ici à Michel Crozon.) Dans la mesure de la "durée de vie" des particules élémentaires, le temps ne peut être découpé en tranches plus fines que 10^{-43} seconde, temps que met la lumière à parcourir la distance d'environ 10^{-33} centimètre.[1] En deçà de ce seuil il n'y a pas d'interaction, il n'y a pas de durée. Le caractère discontinu, de toute interaction, nous oblige à admettre une unité qui ne peut pas être elle-même subdivisée. C'est la physique issue de Planck qui se donne à elle-même toute une série de mesures limites, popularisées depuis lors sous le nom de "mur de Planck", mur en deçà duquel l'espace-temps échappe à toute détermination. Les nombres deviennent alors purement mathématiques, ils ne nombrent plus rien de *physique*. Ainsi, même si nous possédions des instruments capables de mesurer des temps de cet ordre (ce qui n'est pas le cas), ils ne serviraient guère. Il faut faire confiance au calcul.

Cela conduit donc bien à penser que le temps sans phénomène, le temps purement conceptuel, n'a pas de signification physique. Ce temps qui serait un temps de l'esprit, Augustin pense le rencontrer précisément à propos des apories auxquelles conduit la mesure quantitative du temps, d'un temps évanescent qui n'est plus ni passé ni

1. Pour ces données numériques, nous utilisons les tableaux récapitulatifs publiés dans : M. CROZON et F. VANUCCI, *Les particules élémentaires,* Que-sais-je n° 1293, p. 101, ou : TRINH XUAN THUAN, *La Mélodie secrète,* Fayard 1988, p. 227

avenir, lesquels n'ont pas d'être, ni présent, lequel n'a pas de dimension.

> "Je conclus de là que le temps n'est qu'une extension ; mais une extension de quoi, cela je ne le sais pas, si ce n'est une extension de l'esprit lui-même"[1]

Il reste alors que la pensée (vide ?) d'un temps indéfiniment divisible, pose à son tour problème, comme une pensée qui, bien que sans référent, n'est pas totalement sans signifié. Le temps de l'âme déborde du temps des choses, qui n'en occupe que certaines valeurs.

Une rationalité qui perd la raison ?

Le problème d'un temps quantique est particulièrement redoutable, car, comme c'est souvent le cas des énoncés de cette théorie, il choque certainement le bon sens, et peut-être bien aussi la raison. Le passage du temps à échelle de perception est ordinairement considéré comme continu. Sauter d'un instant à l'autre sans qu'entre deux instants il y en ait un autre, et sans que l'univers en attrape une sorte de hoquet existentiel, est difficile à imaginer. Kant, dans la deuxième analogie écrit :

> " On demande comment une chose passe d'un état = *a* à un autre = *b*. Entre ces deux moments, il y a toujours un temps, et entre ces deux états dans ces moments, il y a toujours une différence qui a une grandeur. [...] Or tout changement a une cause qui prouve sa causalité dans tout le temps où s'opère ce changement. Cette cause ne produit donc pas son changement tout d'un coup (en une fois ou en un moment), mais dans un temps, de sorte que, tout comme le temps croît d'un moment *a* jusqu'à son accomplissement en *b*, de même la grandeur de la réalité *(b – a)* est produite par tous les degrés inférieurs, contenus entre le premier et le dernier. Tout changement n'est donc possible que par une action continue de la causalité."[2]

On voit dans cette réflexion que la logique du temps est celle de son écoulement continu, comme une onde, et nullement comme une suite (même très serrée !) d'atomes de temps. Kant, dans le paragraphe qui suit immédiatement celui que nous venons de citer, proclame cette continuité *comme une loi.*

1. AUGUSTIN, *Confessions,* Livre XI, chap. XXVI, Folio Gallimard 1993, p. 437.
2. KANT, *Critique de la Raison pure*, PUF, p. 193.

> "Telle est donc la loi de la continuité de tout changement ; le principe en est que ni le temps, ni même le phénomène dans le temps, ne se composent de parties qui soient les plus petites possibles et que pourtant la chose, en changeant d'état, n'arrive à son deuxième état qu'en passant par toutes ces parties, comme par autant d'éléments."

Pour passer de 1 à 2, une grandeur physique croissante doit passer par 1,25 - 1,50 - 1,75 etc...dans un temps dont on pourrait marquer les étapes par la même numération. Mais Kant ici, n'écrit nullement cela pour nous réenfermer dans les paradoxes de Zénon. Il nous le dit plus simplement en newtonien qui tient par principe de raison que le temps est une constante continue.

La théorie quantique ne fait donc pas que nous mettre dans un embarras comme il y en a beaucoup dans l'histoire des sciences, ici, elle brise tout simplement la causalité, la pulvérise comme elle pulvérise la matière. A cette occasion, Bohr et Heisenberg choisissent, avec un évident sentiment de malaise, d'abandonner à son glorieux passé la notion de déterminisme causal, De Broglie et Schrödinger ne parviennent pas à s'y résoudre.

On pourra peut-être mieux juger du choc que la théorie quantique représente pour la raison par cet extrait de *La nature dans la physique contemporaine*, de Werner Heisenberg :

> "Pour l'instant, il faut se contenter de l'hypothèse que, dans des domaines infinitésimaux de l'ordre de grandeur des corpuscules, l'espace et le temps ont une imprécision particulière, ce qui veut dire que même les concepts d'avant et d'après deviennent indéfinissables pour des intervalles de temps aussi réduits. Naturellement rien ne changerait dans la structure espace-temps à grande échelle, mais il faudrait compter avec la possibilité que des expériences concernant des processus dans les domaines infinitésimaux de l'espace-temps montrent que certains d'entre eux se déroulent apparemment en sens inverse de l'ordre causal."[1]

1. W.HEISENBERG, *La nature dans la physique contemporaine,* Idées Gallimard 1962, p.57. Einstein, Podolsky et Rosen ont laissé leur nom à un célèbre et très compliqué "paradoxe E.P.R.", qui montre combien la physique quantique évolue aux limites de la raison scientifique et suscite la spéculation philosophique. Ce paradoxe énonce que deux particules, comme un électron et un positron, issues de la désintégration d'une même particule originaire, se corrèlent à distance (propriété nommée "non-séparabilité"), sans qu'il y ait possibilité que cette corrélation soit effectuée par une cause se propageant de l'une à l'autre. Cela suppose que la corrélation soit a-temporelle, dans un univers a-causal. L'univers semble alors devoir nécessairement être présent et entièrement synchrone à lui-même, c'est-à-dire à la fois en toutes ses parties et tous ses moments, rejoignant en

On comprend que malgré toutes les prudences de langage que comporte un tel texte, Niels Bohr ait pu dire :

> "Ceux qui ne sont pas choqués par la théorie des quanta ne l'ont pas comprise."

La causalité quantique ne sauve pas la causalité kantienne entendue comme *catégorie* universelle propre à tout entendement doué de raison, elle en fait, selon la terminologie de Thomas Kuhn, un simple *paradigme* possible, qui fut historiquement dominant durant un certain âge de la physique et de l'histoire de l'humanité, mais qui n'a plus de validité que régionale, si essentielle que continue d'être pour nous autres humains cette région de l'être.

Dans la tradition philosophique, malgré une rigueur inconstante sur la question, la notion de substance suggère plutôt la continuité. Par exemple dans l'atomisme démocritéen, la matière n'est composée que de matière, le vide lui est extérieur. (Chez Descartes également, la pensée n'est faite que de pensée et l'étendue d'étendue). Et pourtant la divisibilité de la matière jusqu'à l'insécable (l'*atome),* peut admettre la discontinuité du continu : notre être géométrique continu peut être arithmétisé, discrétisé. Avec la théorie scientifique actuelle, les constituants de la matière perdent certaines caractéristiques de la matière, *materia prima* des théories d'autrefois et par conséquent, les insécables (aujourd'hui les *particules*) ne sont plus faits de la même substance : un atome de fer est en fer, les électrons de cet atome de fer ne sont pas en fer. Il y a toute une zoologie des particules, certaines ont des charges électriques, d'autres pas, certaines obéissent à une interaction que les autres ignorent. Il y a donc une hétérogénéité qui impose le modèle discontinu. En revanche les grains sont liés entre eux par des forces, souvent fortes (même la force nucléaire dite "faible" n'est pas si faible que ça) aux échelles de taille très petites où elles opèrent, si bien que la continuité du discontinu est assez bonne : voilà quelques milliards d'années que la matière dure, en dépit des désintégrations nombreuses qui s'y produisent. La substance a peut-être perdu l'éternité, mais elle dure longtemps.

cela les caractéristiques que Spinoza avait réservées à la Substance et Hegel à l'Absolu. N'ayant pas de compétences qui nous permettraient d'avoir une opinion personnelle sur cette question, nous nous en tiendrons à ce qu'écrit Abner Shimony : "Eliminons d'emblée l'interprétation extravagante selon laquelle la physique quantique autoriserait une sorte d' "influence rétroactive" : la physique quantique ne peut engendrer rétroactivement un événement qui n'a pas eu lieu." *(Réalité du monde quantique. in* Pour la science *n° hors-série. Juin 1994, p. 48)*

Y a-t-il de l'être qui soit substantiel?

Les constituants de la matière ont une assez bonne stabilité, a-t-on pensé, jusqu'à la molécule et à l'atome. C'est ce qui permet de dresser un tableau des individualités comme l'a effectué Mendeleïev : le fer, l'oxygène...Ces êtres là, en effet, durent. Voilà en quoi il n'est pas insensé de considérer la matière comme substantielle.

En revanche, quand on descend parmi les constituants des atomes, bien des particules semblent si fragiles que l'expression "durée de vie", ordinairement réservée, pensait M. de Lapalice, aux êtres vivants, leur a été attribuée sans trop de réserves. Les neutrons, qui sont très solides quand ils sont dans les atomes ne peuvent durer à l'état libre sans se désintégrer dans les minutes qui suivent, en protons et quelques autres particules qui sont pour certaines, encore plus volatiles. Les neutrons ne semblent donc un peu substantiels qu'enfermés dans des interactions déterminées, si bien que ce sont plutôt les relations, les structures qui les substantialisent. L'analogie avec le vivant devient alors tentante, même pour la matière qui n'a aucune des caractéristiques du vivant. Sauf donc, jusqu'à présent, pour le proton, dont on n'est pas parvenu à repérer une désintégration, il n'y a guère dans l'univers que des *événements*.

Pour repérer un objet qui est bien caché, il faut le contraindre à un comportement, à une *saillance*, comme dit René Thom : "une forme est saillante, si elle se sépare de son fond. La discontinuité est en quelque sorte inhérente à la saillance. Seule la discontinuité se propage."[1]

Dans la broussaille, le lapin est irrepérable, mais quand les chasseurs agitent un peu la broussaille, il fait un bond et ce comportement le signale. En physique quantique, nous pouvons comprendre par analogie, le repérage des particules infimes qu'on suppose existantes, mais qui sont noyées dans l'atome. Il faut trouver le moyen de les contraindre à manifester un comportement soudain, autre que celui qu'elles ont quand on ne les repère pas : un bond, un saut est du reste ce qu'en général on leur fait faire. Par exemple, à coups de photons, on fait sauter un électron d'une orbite interne à un atome à une autre qui est écartée de la première d'une distance quantifiée (quantique) fixe. (C'est ce quantum, du reste, qui a donné son nom à la théorie). Ce bond est repéré par des appareils de mesure conçus à cet effet, et avec lesquels l'événement va interagir, interaction qui est un nouvel événement, repéré par l'oeil de l'expérimentateur qui surveille les cadrans. Alors, on peut parler de "méson pi°", par exemple, devant une séquence événementielle déterminée. La quantification est le seul

1. R.THOM, *Prédire n'est pas expliquer,* Eshel 1991, p. 104.

moyen de crédibiliser la référence, il n'y a de référent crédible que là où nous pouvons quantifier, discrétiser un événement. En 1949, on découvre ainsi le méson pi° grâce à des appareils envoyés dans les hautes couches de l'atmosphère qui quantifient les interactions des rayonnements cosmiques avec la matière, repérant ainsi un événement, un comportement qui dure le millionième de milliardième de seconde, durée de vie de la particule baptisée méson pi°.[1]

A peine est-elle apparue que déjà, elle est réabsorbée par la matière. Mais on peut dire qu'elle est. "Etre, c'est être la valeur d'une variable", énonce sentencieusement Quine, (qui ne pense pas nécessairement aux quanta).

Un peu comme l'archéologue qui, à mesure qu'il descend dans les strates du terrain, retrouve un passé plus archaïque, la physique des hautes énergies et des hautes températures, n'est pas seulement une physique qui pénètre plus intimement la complexité des structures de l'atome en allant vers les éléments simples, elle est en même temps une physique qui permet au théoricien de *remonter plus tôt* dans l'histoire de l'univers, puisque les 'objets' qu'elle libère des fractions de secondes infimes, sont censés, selon la théorie, être ceux qui étaient libres aux époques les plus précoces du pré-univers. Tout se passe donc comme si une certaine forme de passé, sous forme d' "éclats", de traces susceptibles d'être interprétées, restait inscrit dans le présent d'une expérimentation. Tout se passe comme si le présent matériel n'effaçait jamais d'une manière radicale le passé, et même le plus antédiluvien, si bien qu'il s'en conserve toujours, pour l'esprit des théoriciens, quelque chose qui peut stimuler leur sagacité. Il en résulte une certaine impression d'étrangeté qui apparaît dans l'opposition des ontologies épistémologiques.

La valeur ontologique des théories et des modèles

Depuis que l'univers est censé être quantique de part en part, une question est devenue inévitable et presque une platitude épistémologique au XXe siècle : elle consiste à se demander quelle est la "valeur ontologique" des modèles et des lois de la physique. Ainsi Michel Bitbol remarque-t-il à propos des divergences d'interprétations de la physique quantique :

> "Deux stratégies ont été employées face aux relations d'incertitude de Heisenberg. La première, celle qui consiste à assouplir les limites de définition des objets de l'ontologie traditionnelle, a conduit à certaines variétés de logique quantique (dites logiques

1. *Opus cit. Le rêve des physiciens*, p. 82.

complémentaires) dans lesquelles l''incertitude' heisenberguienne est transformée en une 'indétermination' des conjonctions de propriétés relevant d'observables incompatibles ; la seconde stratégie, la plus révolutionnaire, a abouti à remplacer une ontologie de corpuscules par une ontologie d'états du vide."[1]

L'ontologie dite ici 'traditionnelle' implique qu'il demeure des objets faits d'une floculation matérielle localisée dans l'espace-temps et qui, séparés les uns des autres et dans l'espace et dans le temps, agissent les uns sur les autres selon un rapport que la science dit alors causal.

L'ontologie 'des états du vide' quant à elle, dissout les objets (quantiques) en les enfermant dans le langage mathématique qui les dit. L'être de l'étant n'y est donc pas définitif, mais il est susceptible de toutes les adaptations ou refontes rendues nécessaires par le progrès de la science. Ontologie fondante, perpétuellement provisoire, dont on peut comprendre qu'elle conduise à la foi hindouiste, comme David Bohm et Erwin Schrödinger semblent chacun à sa façon y avoir abouti.

Si connaître le très petit, c'est connaître le passé du passé, la préhistoire du cosmos matériel, c'est que la structure fine de celui-ci est faite, est tissée de ce passé et que le passé y est intégralement présent, 'caché' dans la matière (nous écrivons 'caché' entre guillemets, puisque la matière est certes pleine de mystères, mais elle est aussi la seule chose que nous voyions, et qui ne se cache pas à nous). Si nous ajoutons cela à ce que nous clonclusions sur la relativité, à savoir que regarder les galaxies, c'est regarder, étalés sur des distances spaciales, la somme des moments passés et compacifiés en un présent éternel, alors, il n'y a plus de science que du temps et la question qui demeure, c'est de savoir si ce que nous sentons s'écouler, et que nous appelerons pour la commodité le temps empirique, est bien réel, ou n'est qu'apparence, l'éternité seule ayant quelque réalité.

1. M.BITBOL, *Quasi-réalisme et pensée physique,* (Critique n°564. Mai 1994) p. 345.

CHAPITRE VI

LA PHYSIQUE ET L'IRREVERSIBILITÉ DU TEMPS

Le temps est irréversible. Voilà une donnée d'expérience qui ne demande aucune preuve. Et pourtant, depuis qu'on a sur l'univers quelques connaissances scientifiques, cette proposition a pris l'allure d'un paradoxe. C'est qu'en effet, ce que les physiciens savent du monde ne semble pas leur donner un grand avantage sur les ignorants pour expliquer la chose. Il y a même plus : ce qu'ils savent du monde aurait plutôt tendance à leur suggérer que le temps eût dû être réversible, alors qu'ils continuent de constater comme tout un chacun qu'il n'en est rien. Il faut donc examiner cette question et chercher à préciser si tous les domaines de la physique sont, au même degré, impuissants à en parler valablement.

Une question préalable de terminologie se pose pourtant : devons nous dire plutôt que le temps est irréversible, ou non-réversible ? Certaines théories que nous évoquerons, considèrent en effet que le temps ne serait pas irréversible par nature. Nous garderons néanmoins pour le moment une préférence pour la notion d'irréversibilité parce que nous partons de la donnée immédiate de la conscience collective. Or, pour celle-ci, il y a peu de situations dans lesquelles elle puisse confondre le passé et le futur. Pour la physique, en revanche, il suffit d'observer le balancier d'une horloge en oubliant le cadran, pour rencontrer la figure paradigmatique de la réversibilité sous la forme du pendule simple. Qu'on le filme et qu'on passe le film à l'endroit ou à l'envers, il sera impossible d'établir quand il passe à l'endroit.

L'irréversibilité pose à l'intelligence une question irritante car elle est à la fois une évidence et une énigme. En témoignent les débats théologiques qui l'utilisèrent comme un test de la toute-puissance divine, quand ce n'est pas comme un test plus irrévérencieux encore, celui de la toute-rationalité de Dieu. Si l'on en croit en effet les études consacrées à la philosophie médiévale, les discussions réitérées autour de la toute-puissance de Dieu se heurtent à des apories logiques classiques qui vont des grands paradoxes classiques comme celui du menteur, jusqu'à la question de l'illogisme divin[1] : Dieu peut-il tout au point d'être éventuellement aussi contradictoire ?

Dans ce cadre, les auteurs se demandaient par exemple si Dieu peut déjouer l'irréversibilité du temps et par conséquent si celle-ci est bien de nature logiquement nécessaire ou simplement accidentelle et factuelle.

> "On se souviendra de ce que saint Jérôme écrit à ce propos : "Bien que Dieu puisse tout, il ne peut rendre la virginité à celle qui l'a perdue." On cherchera pourtant ce que signifie au juste cette remarque, qui peut paraître de simple bon sens. Devrait-on en conclure que la toute-puissance de Dieu bute sur des impossibilités qui la restreignent ?" "Comment imaginer, en effet, qu'il efface le passé, et annule ce qui a eu lieu ? [...] Dieu peut-il faire en sorte que le monde n'ait jamais existé ? Ou bien se trouve-t-il, bien qu'il soit éternel, contraint par l'ordre du temps et incapable de défaire le passé ? [...] Pour tenter de surmonter cette contradiction, une distinction va s'élaborer entre "la puissance absolue", qui permet à Dieu, virtuellement de tout changer à chaque instant, et la "puissance ordonnée", qui le porte à se plier aux régularités qu'il a lui-même instaurées."[2]

Derrière ce débat de théologie rationnelle pré-critique, on distingue une interrogation qui demeure valide sur le caractère apodictique de l'irréversibilité. La question peut fort bien être dissociée de la théologie et l'épistémologie peut la reprendre à son compte dans la mesure exacte (ni plus, ni moins) où une part de l'exercice conquérant de la rationalité revient à la science. La difficulté reste entière puisque dans un grand nombre de lois tenues pour rigoureuses, la réversibilité n'a rien de choquant.

1. Il s'agit généralement de questions incluant l'autoréférence négative, du genre : Dieu peut-il ne pas pouvoir ?

2. ROGER-POL DROIT, Le Monde des Livres. 11 Novembre 1994. p. V, sur *La puissance et son Ombre*, Aubier 1994.

I. LA SYMÉTRIE DES LOIS DE LA PHYSIQUE DES FORCES

A. Sur la notion de symétrie

La dissymétrie d'où peuvent sourdre les lois symétriques de la physique

Cette image du va et vient d'un pendule, mérite qu'on s'y arrête un peu. Elle est un double symbole : celui de la physique scientifique elle-même, puisque c'est avec l'isochronisme des petites oscillations que commence, grâce à Galilée, la physique moderne ; et ensuite celui, par excellence, de la réversibilité. Le principe d'inertie dit qu'un mouvement se perpétue de manière linéaire et uniforme si rien ne vient le contrarier. Cela signifie qu'il ne peut revenir sur ses pas ni en atteignant un extremum à partir duquel il reviendrait de façon symétrique, ni en étant dévié de la ligne droite peu à peu, au point de revenir à son point de départ. Si donc tout mouvement est dans son essence linéaire, il est irréversible. Toute réversibilité ne peut lui venir que de l'extérieur. Il faut pour cela qu'un deuxième mouvement le contrarie.

Dans le cas du pendule, la traction du point fixe autour duquel le pendule décrit un arc de cercle (ou peut-être un cercle entier, si on lui donne une quantité de mouvement initiale suffisante) est ce qui interdit le mouvement uniforme et linéaire. Dans un mouvement circulaire, un objet revient donc à son point de départ après avoir parcouru un cercle et dès lors, on peut le tenir pour périodique... comme un pendule.

Ainsi, si les astres ont des mouvements cycliques, c'est que leur mouvement est contrarié par celui des autres. Le mouvement perpétuel ne peut convenir à aucun objet de l'univers (hors l'univers lui-même, dont le mouvement, s'il en a un, ne peut être contrarié par rien, mais la notion de mouvement n'est pas claire si, comme on peut le penser, elle se définit relativement à autre chose et que l'univers pris comme un Tout est sans rapport, puisqu'il est seul. Comme le rappelle R.Poirier : "On peut dire qu'un phénomène est réversible quand il n'y intervient aucun effet d'inertie."[1]

1. RENE POIRIER, *Essai sur quelques caractères des notions d'espace et de temp,* Vrin 1931, p.238.

L'irréversibilité s'instaure dès qu'il y a de l'inertie, et il peut y en avoir des formes contrariées qui reproduisent une réversibilité *partielle*, parce qu'il n'y a qu'en apparence un retour au même et une symétrie. Il y a fausse identité : le mouvement qui se re-produit ne se reproduit jamais à l'identique. Il suffit d'un décalage d'un iota, d'un simple souffle de clinamen. Dans les cycles des choses cycliques, on peut trouver des périodicités brèves ou longues, des cadences toniques ou atones, denses ou lâches et dès lors, ce mélange peut être source d'une diversité si considérable que le monde reviendrait à l'identique par exemple tous les 25 milliards d'années. Comme notre univers est censé n'en avoir actuellement que 15 milliards, il pourrait nous donner un sentiment fondé d'irréversibilité. "Ce que jamais on ne verra deux fois" serait tout simplement l'univers lui-même pour tous les esprits limités, qu'ils se soient trouvés ici ou là dans cet océan d'années, ou cette "grande année", comme les Stoïciens nommaient chaque cycle du monde. Du reste, si l'on admet que l'univers est un, qu'il n'a pas d'extérieur ni d'envers, son cours est nécessairement unique. C'est ce que les Stoïciens ont pensé comme le Destin. La palingénésie étant le retour du même, la deuxième fois ou la deux millième fois sont indifféremment la première. Rien n'est changeable d'une fois sur l'autre. Si l'on considère en revanche un système partiel dans ce Tout, on peut penser sans contradiction que son cours +A peut être l'inverse du cours –A d'un autre. Il apparaît dès lors que si le cours est +A ou –A, il y avait un choix possible, ce qui entraîne qu'il y a une contingence de l'occurrence +A si c'est celle-ci qu'on observe.

L'éloignement donne du temps

L'image que nous venons d'évoquer d'une périodicité de nombre immense, mais pas nécessairement infini garde un sens fort aujourd'hui lorsqu'on considère les hypothèses de la théorie quantique, qui pourtant mettent à mal tant d'aspects de la physique classique : Ainsi le "vide quantique" peut être représenté comme le surgissement furtif de paires de particules antithétiques qui se réannulent à peine engendrées. Voilà donc des oscillations encore bien plus petites que celles que nous évoquions précédemment et elles ont aussi quelque chose de "pendulaire". La matière et l'anti-matière sont pensées comme des structures symétriques qui ne se maintiennent autonomes qu'en fonction d'une dissymétrie : leur rencontre les annule dans l'énergie. La durée de leur être autonome dépend de ce que de la distance les sépare, c'est à dire de l'espace. Il y a donc un lien subtil entre espace et dissymétrie. La rupture de symétrie dont témoigne l'existence de l'univers matériel débarrassé de l'anti-matière, passe par de l'engendrement d'espace, par l'expansion du volume qui laisse du temps de parcours aux particules, au rayonnement. Que faire en effet du temps pour une particule, sinon parcourir un espace jusqu'à en télescoper d'autres, les dévier, s'y associer ou en être repoussée, bref interagir selon l'un ou l'autre des modes d'interaction ?

Nous pouvons alors considérer qu'il n'y a pas de temps, (pas de temps de quelque chose en tout cas) dans l'"état" quantique du vide, (qui serait plutôt, vu l'instabilité qui le caractérise, un "non-état" préalable à tous les états), mais que dès qu'il existe quelque chose, cela se manifeste par de la durée de ce quelque chose. Chaque particule dure tant qu'elle ne se désintègre pas en plusieurs autres, ou qu'elle ne retrouve pas son antiparticule qui l'annule. Ainsi l'univers matériel tel que nous le connaissons, tient-il dans l'être *aussi longtemps* que matière et antimatière qui s'y trouvent ne se rencontrent pas.[1] Un électron est solidaire d'un proton et constitue un atome d'hydrogène *tant qu*'il ne rencontre pas son double énantiomorphe le positon et *"tant que"* signifie alors : *seulement si* cet électron se contente d'aller de proton en proton dans les échanges physico-chimiques qui *sont* la matière dans sa manifestation durable.

Si donc un balancier peut symboliser le décompte des unités du temps irréversible de notre conscience d'exister et tout autant la réversibilité même, il nous faut en tirer un profit philosophique et noter que dans un va et vient au cours duquel rien n'a le temps d'être, il n'y a effectivement pas de temps. Le temps, à l'échelle des rudiments où nous le considérons ici, est ce que l'espace accorde pour faire un parcours. Le temps ne peut être que le temps de quelque chose qui est, par rupture de symétrie.

De l'a-priori à l'axiomatique

Nous croyons, dans ces conditions pouvoir nous inscrire en faux contre la notion kantienne d'un temps formel, logiquement préalable

1. Petite remarque de sémantique: "*aussi longtemps que*" indique que du temps s'écoule; "*tant que*", également. Alors que "*seulement si*" indique un cas logique parmi plusieurs. Une incompatibilité n'implique pas nécessairement le temps. Le temps, donc, dépend d'une condition logique originaire. Si A, alors du temps, et si B, alors quoi ? de l'énergie, certes, mais la physique n'en dit pas plus: Le *mur de Planck* ne permet pas de savoir ce qui se passe dans le vide quantique éternel. La formule "ce qui se passe" est même une sorte de non-sens, au double titre que le "ce" serait de l'indéterminable et le "se passe" nous ferait revenir à ce que dit Kant et que nous prétendions contester. Peut-être bien après tout, s'y passe-t-il que le temps peut y apparaître comme une brisure de la symétrie des oscillations et que c'est là tout.

au changement, d'un temps qui pourrait être, bien qu'il n'y eût pas d'événements pour s'y produire. Nous reviendrons plus loin sur cette question difficile, qui a opposé Leibniz et Newton, et à l'occasion de laquelle Kant s'est rangé, (sur ce point précis seulement), du côté de Newton. On n'écrirait plus aujourd'hui, sans autre précaution, une formule comme celle-ci :

> "J'ajoute que le concept de changement – et aussi celui de mouvement (comme changement de lieu) n'est possible que par et dans la représentation du temps."[1]

Il faudrait dire que tant qu'il y a un monde, on ne peut, en effet, se représenter le changement d'un objet constitué de ce monde, que dans le temps qui le caractérise, mais on pourrait ajouter que la physique non newtonienne d'aujourd'hui donne aussi à penser un état préalable non temporel du monde, état où ça change tellement qu'il n'y a rien qui soit un monde *même un instant*. Qu'elle donne cela à penser à un sujet connaissant n'implique pas du tout que cela corresponde à ce que saisit ordinairement l'intuition. Kant n'a pas connu la pensée axiomatique, et par exemple, il n'imagine pas d'autre géométrie que celle d'Euclide, aussi celle-ci est-elle pour lui celle de notre intuition. Faisons ici, pour un éclaircissement nécessaire, un bref détour par l'espace, pour revenir au temps. Comme le remarque le mathématicien Martin Gardner :

> "Il est à présent banal (combien Kant aurait été étonné, et je pense séduit, par cette notion !) de considérer que tous les systèmes géométriques sont également "vrais" dans l'abstrait, mais que la structure de l'espace physique doit être déterminée empiriquement. [...] Bien qu'une expérience puisse montrer que l'espace physique est non euclidien, il est curieux de constater qu'il n'existe aucune façon de montrer qu'il est euclidien ! La courbure nulle est un cas limite, à mi-chemin entre les courbures elliptiques et hyperboliques."[2]

Ainsi l'espace physique, par son empiricité, doit-il être conceptuellement distingué de l'espace transcendantal. Mais le premier chez Newton et le second chez Kant sont l'un et l'autre euclidiens. L'espace euclidien, considéré par Kant, depuis la *Dissertation de 1770,* comme la détermination scientifique des formes a-priori de notre sensibilité externe, n'est plus aujourd'hui ni empirique ni transcendantal, il est *axiomatique*, c'est-à-dire engendrable à partir de l'axiome d'une

1. KANT, *Critique de la Raison pure*, PUF, p. 62.
2. M. GARDNER, *Le monde mathématique* ; Belin. Pour la Science 1984, p. 86.

courbure zéro. Il n'est pas l'espace physique, si l'on en croit les physiciens contemporains, qui lui préfèrent un espace riemannien. Il est peut-être bien, en gros, l'espace de notre perception visuelle naturelle[1], lorsqu'elle n'est pas assistée par des instruments, et seulement entre certaines distances limites. Peut-il rester l'espace-forme a-priori si, désormais, il n'est qu'un cas – d'ailleurs improbable – d'espace possible ? Les jongleries combinatoires de l'axiomatique impliquent la pensée d'un espace méta-transcendantal qui deviendrait le véritable espace transcendantal au sens que Kant donnait à ce terme (et voilà ce qui, selon M.Gardner aurait séduit le philosophe). Aussi, de même que nous parvenons aujourd'hui à admettre que les géométries contraires à notre intuition sont mathématiquement pensables, il va bien nous falloir, de façon analogue, admettre que le temps peut aussi être axiomatisé autrement qu'il ne l'est dans ce que notre intuition interne nous livre depuis toujours, et peut-être bien pour toujours. L'idée d'un "avant le temps" n'est plus une contradiction dans les termes.

Il nous faut ici préciser encore ce que nous entendons lorsqu'à la pensée de Kant nous opposons le fait (historique) qu'il a ignoré l'axiomatique et que c'est au nom de celle-ci que nous pouvons considérer sa position comme "naïve". L'a-priori peut aujourd'hui être pensé comme historique sans que nous tombions pour autant dans l'absurdité d'un "a-priori empirique".

L'a-priori kantien est anhistorique, mais il est une vérité. L'a-priori axiomatique formaliste est anhistorique, mais il est même devenu saugrenu de se demander s'il est une vérité, puisque selon la célèbre boutade de Russell, les mathématiques sont une science où l'on ignore si ce que l'on dit est vrai. On peut néanmoins, à la suite de Lautman, refuser le formalisme sceptique[2], sans revenir ni à un platonisme/cartésianisme qui affirme la transcendance ontologique, ou divine de l'axiome, ni à un transcendantalisme de type kantien. C'est le cas si l'on admet que "les théories mathématiques se développent par leurs forces propres[3]." ou encore que "les schémas logiques ne sont pas antérieurs à leur réalisation au sein d'une théorie."

1. R. POIRIER : " la géométrie n'a rien à voir avec l'espace intuitif, quoi qu'en pense Kant.". Même l'espace visuel n'est pas parfaitement géométrique et "l'espace tactile et musculaire est entièrement amorphe." *opus cit.* p. 78

2."Pour Wittgenstein et Carnap, les mathématiques ne sont plus qu'une langue indifférente au contenu qu'elle exprime [...] les mathématiques ne seraient qu'un système de transformations formelles permettant de relier les unes aux autres les données de la physique."A. LAUTMAN, *Essai sur l'unité des mathématiques,* Bourgois 1977, p. 23.

3. *Ibidem* p. 134.

On peut alors examiner l'axiomatique du temps en physique théorique et, puisque la physique générale s'occupe des objets matériels constitués de molécules, et que la physique quantique s'occupe des êtres plus subtils dont certains arrangements constituent la matière, il y a lieu de se demander si, dans les lois découvertes jusqu'ici en ces deux domaines, il y a une clé pour la non-réversibilité. Si celle-ci par exemple ne serait pas liée à l'échelle des phénomènes, la nature semblant donner des ordres différents selon qu'elle commande le grand ou le petit, ou plus précisément le composé ou l'élémentaire.

B. La symétrie des lois et le paradoxe de l'irréversibilité

A ce moment du développement de la science, il apparaît que presque toutes les lois connues de la physique sont insensibles au sens de l'écoulement du temps. Sachant que cette science – jusqu'à nouvel ordre – distingue dans l'univers quatre types de forces, un petit inventaire méthodique de celles-ci pourra nous éclairer.

Le cas de la gravitation

Nous nous attarderons un peu sur le cas de *la gravitation*, parce que c'est le domaine qui est le plus largement entré dans les connaissances communes ; nous serons nettement plus concis sur les trois autres cas, de *l'électromagnétisme* et des *interactions nucléaires fortes* et *faibles*, à propos desquels nous nous contenterons d'allusions, puisque les physiciens nous assurent qu'il y a réversibilité des lois dans ces domaines également (à une exception près il est vrai).

Si l'on considère la formulation de la célèbre loi de Newton, il saute aux yeux qu'elle est insensible à la direction du temps. Elle fait intervenir en effet : (1) Une constante G (mais est-elle constante dans le temps[1] ?), (2) des masses (sous forme d'un produit), (3) l'inverse du carré de la distance qui sépare les masses. Nous constatons sans peine que le temps n'intervient pas. De plus, comme le note Ivar Ekeland :

1. On a, semble-t-il, des possibilités théoriques de construire des modèles d'univers qui admettent que G varie dans le temps, même si cela conduit à de grosses difficultés par ailleurs (comme l'énonce Hubert Reeves dans *L'heure de s'enivrer* au chapitre 8). L'hypothèse du Big-bang admet elle aussi que dans une fraction de la nanoseconde initiale, l'état de concentration et de chaleur de l'univers est tel que les 4 forces, aujourd'hui différentes, s'équilibrent, ce qui implique que les rapports de ces grandeurs ne sont pas constants dans le temps, puisqu'ils ne s'équilibrent plus aujourd'hui. Ce qui signifie peut-être aussi qu'il n'y a du temps que depuis que ces forces ne s'équilibrent plus.

"Une équation différentielle est une relation instantanée, valable à chaque instant, entre la position d'un mobile, son accélération et sa vitesse. Intégrer – ou résoudre – l'équation, c'est en déduire la trajectoire du mobile et son déplacement sur celle-ci." (p.33). "Dorénavant, tous ceux qui utilisent les équations différentielles - et il n'y a pas d'autre outil mathématique qui modèle le temps - s'imagineront avoir enfermé l'éternité dans l'instant présent." (p.37). "Réduction du temps à l'espace, substitution au mouvement d'une géométrie. Ce sont des univers clos, régis par un déterminisme strict, où l'écoulement du temps n'apporte rien de nouveau, rien que l'on ne sache déjà, et que l'on n'aurait pu prédire de toute éternité. (p.131)"[1]

Ainsi, que l'on considère que le temps s'écoule dans une direction ou la direction opposée, la loi telle que Newton l'a algébriquement formulée, a bien toute raison de se conserver. Si l'on imagine les corps célestes régressant sur leur orbite plutôt que progressant, ils devraient se comporter identiquement (mêmes masses, mêmes distances) et comme en miroir - ce qui est l'une des formes de la symétrie mathématique. René Poirier rappelle d'ailleurs que dans la formule de la deuxième loi du mouvement de Newton,

$$Fx = \frac{d}{dt}\left(m\,\frac{dx}{dt}\right) = \frac{dPx}{dt} = m\,\frac{d^2x}{dt^2}$$

"les lois qui déterminent les accélérations ne sont pas altérées puisque *dt* y figure au carré."[2] +t ou –t ont le même carré t^2 et donc, que le temps soit positif ou négatif, est indifférent dans la loi.

Mais avons-nous raison de dire que le temps n'intervient pas[3] ? N'est-il pas un paramètre caché, et du reste, caché *partout*, comme l'indiquait ci-dessus Ivar Ekeland ?

A la vérité, nous avons bien précisé que nous considérions la *formule* de la loi, c'est-à-dire sa graphie algébrique. Elle écarte les choses et leur substitue des signes : une masse M, c'est ce qu'il reste d'une pomme quand, parlant d'une pomme, on élimine la pomme. M n'est pas une réalité du monde, mais un concept de la physique. Un fruit, un astre, ne surgissent pas tout constitués d'une formule algébrique, comme d'un "abracadabra". Si la masse de Jupiter n'est pas

1. I. EKELAND, *Le calcul, l'imprévu,* Le Seuil. Points-sciences, 1984.
2. R. POIRIER, *Opus cit.* p.241.
3. HUBERT REEVES préfère dire, ce qui est une nuance à prendre en considération : "Les équations des mouvements sont invariantes par rapport à un renversement du sens du temps." *La flèche du temps en cosmologie.* in *Aux confins de l'univers,* Fayard Diderot 1987, p.319.

celle de la terre, c'est que ces planètes ont une histoire. C'est Kant, qui, s'appuyant sur la notion de gravité newtonienne, proposa en 1755 l'hypothèse d'une histoire de la formation du système solaire à partir d'un nuage de matière interstellaire. Aussi, dire que deux masses s'attirent en raison inverse du carré de la distance qui les sépare, c'est simplement *taire* le moment où nous considérons deux astres dont la masse arithmétique relève d'une suite d'événements. Et, du reste, qu'est-ce que cette attraction, sinon la vitesse accélérée de leur chute l'une vers l'autre, vitesse qui implique un temps de parcours ? Bref, quand on considère une formule sans événement, on n'y trouve pas de temps, mais c'est parce qu'on l'a caché.

Introduisons seulement un événement, et nous verrons alors ce que peut signifier la symétrie d'une loi réversible. Si une petite météorite tombe sur la terre, ce sera bien sûr selon la loi de Newton. Reprenons l'hypothèse imaginaire de l'inversion du sens du temps. Doit on dire que la loi de Newton *se conserve* uniquement si la pierre est renvoyée au ciel ? A-t-on entendu parler d'une force newtonienne de répulsion ? Nous voyons immédiatement que la signification de la symétrie ne peut pas être celle-là. Cette loi peut être dite symétrique, mais seulement parce que, sans mettre les événements cul par-dessus tête, on peut, grâce à elle, et en utilisant les mêmes algorithmes, calculer des conjonctions et oppositions de corps célestes, que celles-ci soient déjà advenues ou encore à venir. Grâce aux lois de Kepler et Newton, les astronomes calculent par exemple les dates des retours de la comète de Halley, d'hier et de demain.[1]

La loi est symétrique pour les *usages* scientifiques réversibles que nous en faisons, mais dans un monde qui, lui, ne se décide toujours pas à devenir réversible pour notre conscience. Remonter le temps ou le descendre *par le calcul* n'a pas d'effets sur le monde qui aient jusqu'ici été perçus. Comme le dit Feynman :

> " Les lois peuvent être réversibles, bien que les phénomènes ne le soient pas ."[2]

1. Le mathématicien Halley, ami de Newton, fait en 1695 l'hypothèse que les comètes observées en 1531, 1607 et 1682 sont un seul et même objet. Il calcule son passage suivant pour la fin de l'année 1758. L'astronome français Clairaut précise le calcul et prévoit son périhélie pour avril 1759. En fait, elle l'atteindra le 12 mars 1759. *Comètes, astéroïdes et météorites,* Time-Life 1991, p. 15.

2. R. FEYNMAN, *La nature de la physique,* Le Seuil. Points-sciences 1980, p. 145.

Un mot des autres forces

Si, comme promis, nous évoquons brièvement les autres forces de l'univers, pouvons nous dire que ce que la physique sait d'elles est susceptible de faire comprendre l'irréversibilité ? *La force électromagnétique* fait intervenir des charges et également le carré de la distance. Nous avons affaire là encore à une loi réversible ou symétrique. Celle-ci n'interdit du reste en rien à un phénomène comme *l'hystéresis*[1] de présenter un excellent exemple de non retour au point de départ. S'il n'y avait dans l'univers que des phénomènes gravitationnels et électromagnétiques, il faudrait souscrire à l'étonnante formule d'Einstein : "Pour nous autres, physiciens convaincus, la distinction entre passé, présent et futur, n'est qu'une illusion, même si elle est tenace[2]".

Quant aux interactions nucléaires fortes et faibles, nous ne nous y attarderons pas ici, faisant confiance aux assertions des physiciens. Si nous en croyons Feynman, un seul cas fait problème : celui de la radioactivité bêta :

> "Le fait que je puisse vous parler dépend des interactions chimiques, des forces électriques, assez peu des forces nucléaires. Il dépend de la gravitation, mais pas de la radioactivité bêta. Malgré tout, quand je parle, ma voix s'envole dans l'air, elle ne revient pas s'engouffrer dans ma bouche ouverte ; et cette irréversibilité ne peut être attribuée à la radioactivité bêta."[3]

Bien sûr, l'histoire des sciences nous incite à être prudents, une petite exception peut cacher tout un monde inédit. Nous retiendrons ici que l'écrasante majorité des phénomènes physiques connus n'est en rien contraire à une réversibilité du temps, et si celui-ci est néanmoins irréversible, on ne sait tout compte fait pas pourquoi. C'est un bel exemple philosophique de fatalité, si, comme le montre André Comte-Sponville, est fatal ce qui est tout simplement constaté : Ce qui est, est, ce qui advient, advient. Il y a dans la simple non-réversibilité logique la source élémentaire de tout tragique :

> "Tout présent, par définition est fatal : non parce qu'il était inévitable qu'il se produise[...] mais parce qu'il se produit

1. Dans un morceau de fer quelconque, les atomes sont dans un ordre aléatoire, quand ce morceau de fer a été soumis à un champ magnétique, ses atomes se sont rangés identiquement selon une polarité magnétique et cela se traduit par le fait que, même retiré du champ, l'objet reste magnétique. Il n'est plus après comme il était avant.

2. Citation donnée par I.PRIGOGINE et I.STENGERS dans *La nouvelle alliance,* Folio, p. 366.

3. R.FEYNMAN, *La nature de la physique,* Points-Seuil 1980, p. 132.

inévitablement, dès lors qu'il se produit [...] Le destin, en ce sens, n'est pas autre chose que la simple soumission du présent au principe d'identité :A = A ; ce qui est est."[1]

Du déterminisme qui abolit le temps au chaos déterministe qui rend au futur un caractère non prédictible

Si le déterminisme de Laplace semble indiquer que le monde est intégralement déterminé tant au passé qu'au futur, il paraît logique d'en tirer la conséquence que les lois sont intemporelles et que le futur n'a pas de particularité, il n'est ni plus ni moins aisément connaissable que le passé ou le présent. Tout dépend du degré d'information dont on dispose sur le système étudié. C'est néanmoins du coeur même du déterminisme que la conviction philosophique de Laplace selon laquelle tout moment futur est potentiellement connaissable par les équations, va connaître sa plus sérieuse contestation. On sait que Poincaré, avec le problème dit "des trois corps", montre que la calculabilité, dans le système newtonien, n'est pas aussi puissante que prévu. Mais cette première mise en cause est aujourd'hui renforcée par ce qu'on nomme le "chaos déterministe". Cette notion peut étonner en raison de l'étrange association de mots qui la désigne et qui ne paraît guère logique. Pourtant, si l'on étudie des phénomènes sensibles aux conditions initiales, on n'a pas trop de peine à montrer que le passage de l'un à l'autre des deux mots se constate sans qu'il soit besoin de faire appel à des systèmes où interfèrent un nombre immense de facteurs.

David Ruelle le montre sur l'exemple simple de deux trajets d'une boule sur le plateau d'un billard à plots, trajets qui initialement sont si proches qu'ils sont indiscernables. Chaque rebond de la boule sur un plot accroît la divergence entre les deux parcours jusqu'à un point qui annule la valeur de toute prévision qui aurait été faite au départ. Le minuscule écart initial peut être dû à l'approximation de la mesure, puisque toute mesure physique se fait avec un certain degré de précision, il peut aussi être imputé au nombre de décimales dont dispose l'ordinateur, puisque tout calcul se fait avec une machine d'une puissance déterminée. On voit ainsi qu'une erreur de mesure, indétectable au départ, mais inévitable, peut devenir, après itération, si grande que toute prévision perd son sens. Quand une marge d'erreur est devenue de 50%, à quoi bon continuer de faire un calcul de prévision ?

1. A.COMTE-SPONVILLE, *Le temps et sa flèche*, Frontières 1994, p.268.

La connaissance du degré de précision des moyens de calcul permet d'ailleurs d'estimer la limite à partir de laquelle il est raisonnable d'abandonner tout calcul, de toute façon voué à la nullité. Si la chose se constate dans des systèmes simples, à plus forte raison est-elle imparable dans des systèmes à très nombreux éléments dans lesquels l'itération d'un petite erreur invalide toute prévision. Si l'on considère – ce qui était classique à l'époque de Boltzmann, qu'un gaz est un système dans lequel les molécules jouent comme des boules élastiques qui s'entrechoquent, on comprend que ce soit un météorologue, Lorenz, qui soit l'un des pères de la définition, par des équations, du chaos déterministe.

Le système d'un billard passe d'un état prédictible à un état où les prédictions initiales voient leur justesse s'effondrer. On ne niera pas que le système soit et demeure déterministe, mais, avec les données numériques de départ, le calcul ne détermine plus rien. Le système est déterminé, mais plus personne ne sait comment (sauf si on y introduit de nouvelles mesures actualisées), ce qui lui mérite le terme justifié de chaos.

II - SEIN UND ZEIT SELON LA THERMODYNAMIQUE

Dans l'ensemble des phénomènes physiques, où la symétrie des lois suggère la réversibilité du temps, c'est le domaine de la chaleur, appelé par Thomson "thermodynamique"[1] en 1849, qui est le plus exceptionnel par les indices macroscopiquement clairs d'irréversibilité qu'il présente.

Au XVIIIe siècle, étudiant les machines à feu, Carnot a en effet pu établir ce qui fut appelé après lui *le second principe de la thermodynamique* et en 1865, Clausius a nommé *entropie* la grandeur qui, dans un système thermique isolé (et l'univers, à ses yeux, peut être considéré comme tel), a la curieuse caractéristique de croître sans retour, donnant l'exemple d'un phénomène qui, comme le temps, est marqué par une "flèche", selon la métaphore célèbre d'Eddington (1928). Dans les termes de Carnot, qui examine les phénomènes thermiques à l'échelle macroscopique des machines thermiques, il suffit pour s'en convaincre, de constater le fait que la chaleur d'un

1. En 1849 Thomson publie un *Exposé sur la théorie de Carnot* et en 1851 une *Théorie dynamique de la chaleur* où il fait le lien entre l'irréversibilité et les phénomènes de dissipation. (J.ROSMORDUC, *Histoire de la Physique,* Lavoisier 1987, T.1 p. 178).

corps plus chaud peut réchauffer un corps moins chaud, alors qu'un corps moins chaud ne peut céder de sa chaleur à un corps plus chaud (c'est la loi de Fourier). La chaleur semble se comporter comme un fluide qui coule selon une pente et qui donc ne saurait la remonter.[1] Un travail peut produire de la chaleur, mais dans la réciproque, il y a un très mauvais rendement : en aucune machine thermique la quantité de chaleur ne se convertit intégralement en travail. Toute machine, en fonctionnant, "chauffe"[2] et produit un résidu de chaleur qui ne peut donc être converti en travail.

L'omniprésence de la chaleur et le fait que les disparités de température provoquent dans le monde des écoulements incessants de *calorique* (le fluide thermique), ont fait l'objet alors de théories ambitieuses, et notamment dans l'explication des climats. Philosophiquement, à cette époque où le monisme de Spinoza est volontiers opposé à l'Eglise et au Christianisme, on cherche à englober dans un système énergétique unique, la mécanique de Newton, qui a pour elle sa formalisation mathématique et ses excellentes capacités prédictives, et la théorie encore totalement balbutiante et empirique de la chaleur. Cette recherche est assez visible chez Buffon, qui tente de penser l'énergie calorifique et l'énergie mécanique comme l'avers et le revers d'une même énergie cosmique qui ne serait pas très éloignée de la Substance divine de Spinoza. A propos de Buffon, François Dagognet écrit :

> "Jamais philosophe n'est allé aussi loin sur la voie d'une métaphorisation unitaire illimitée : pour ce savant, il ne faut d'ailleurs, en fin de compte, qu'un ressort, une seule force, qui engendre tout le reste, la multiplicité phénoménale, son mouvement, l'agitation des particules. Et ce sera la chaleur, plus originelle que le feu et que la lumière : elle va jusqu'à rendre compte autant de la perpendicularité des tiges de plantes que de l'électricité, du magnétisme – de fil en aiguille, de la texture des minéraux multiples, non moins que de l'agrégation des sels et pierres. Parce que le calorique, fluide impondérable, pénètre tout, il élargit la mécanique, stricto sensu, attachée aux seuls mouvements, à leur transmission, il réinterprète à sa façon le newtonisme, parce que cette chaleur ne serait que l'envers exact de l'attraction : *"La lumière, et à plus forte raison la chaleur et le feu, ne sont que des manières d'être de la matière commune ; il n'existe en un mot*

1. Ce fluide avait été d'abord conçu comme une réalité matérielle et nommé "le calorique". Carnot émit des doutes sur son existence, considérant que la chaleur était probablement une agitation dans les particules constitutives des corps.

2. Même les réfrigérateurs chauffent, comme chacun peut le constater.

qu'une force et une seule matière, toujours prête à s'attirer ou à se repousser, suivant les circonstances ; recherchons comment, avec ce seul ressort et ce seul sujet, la nature peut varier ses oeuvres à l'infini.""[1]

Les formes de l'énergie

Essayons de comprendre sur quelques exemples simples ce qui se passe dans les mouvements de la matière. Imaginons un profil de montagne. Deux balles vont représenter deux modes de l'énergie. Une balle A roule sur la pente, elle a une énergie *cinétique*. Une balle B est retenue immobile par un relief, elle a une énergie *potentielle*, égale à l'énergie cinétique qu'elle aurait si, au lieu d'être retenue, elle était libérée.

Examinons l'énergie cinétique. Dans notre exemple, elle se manifeste (1) par un mouvement cohérent (la balle dévale la pente dans une seule direction de l'espace) et (2) par un petit mouvement incohérent, (les frottements de la balle sur la pente et contre l'air freinent légèrement son mouvement par rapport à celui qu'elle aurait si elle était en chute libre dans le vide). Les frottements produisent de la chaleur ; à l'échelle microscopique, on va le voir, il s'agit de mouvements des molécules dans des directions multiples. On peut ainsi considérer la chaleur comme de l'agitation moléculaire incohérente, c'est à dire orientée en même temps dans plusieurs directions de l'espace. Un mouvement cohérent produit un travail local (on récupère par exemple ce travail dans les chutes d'eau des barrages), alors que le mouvement incohérent disperse de l'énergie dans toutes les directions et produit donc très peu de travail local.

En 1878, Maxwell définit deux modes de manifestation de l'énergie : l'énergie *disponible*, que nous pouvons diriger et l'énergie *dissipée*, que nous ne parvenons pas à diriger, la chaleur par exemple, qui diffuse dans toutes les directions de l'espace. Mais pour lui, le caractère confus de la chaleur ne peut être considéré comme objectif. Au plan épistémologique, il tient seulement à l'état de notre connaissance, car nous appelons incohérent ou désordonné ce dont nous ne devinons pas l'ordre ; et même au plan métaphysique, il tient à notre finitude : certaines formes d'énergie nous échappent parce que nous ne sommes que des êtres "de niveau intermédiaire"[2].

1. F. DAGOGNET, *Pour une théorie générale des formes*, Vrin 1975, p. 43. La citation de Buffon vient de *Minéraux*. Introduction t. I p. 515.

2. *Cahiers de Sciences et Vie* n°20 sur Carnot, p. 94.

Des exemples de mouvements

Observons la chute et les rebonds d'une balle. Lâchée d'une certaine hauteur, elle tombe selon un mouvement simple, vertical, (si nous négligeons les frottements de l'air). Ce mouvement correspond à celui que nous avons appelé cohérent, ce qui signifie seulement ici que toutes les molécules de l'objet vont dans le même sens en direction du centre de la terre. Si maintenant la balle heurte le sol, son mouvement devient incohérent ; l'écrasement élastique de sa sphéricité est dû au fait que des molécules continuent de se diriger vers le sol tandis que d'autres sont immobilisées et que d'autres encore vont vers la gauche, la droite, ou déjà de nouveau vers le haut. Il y a dispersion d'énergie dans toutes les directions de l'espace, production de chaleur. A chaque rebond la balle revient moins haut, parce qu'elle dissipe son énergie cinétique.

Peut-on imaginer rendre à la balle l'énergie perdue, pour la voir de nouveau rebondir jusqu'à la hauteur initiale ? Seul un effort mécanique, c'est-à-dire un travail, une énergie dirigée, comme un jet d'eau ou d'air, peut y parvenir. On pourrait se dire : mais puisque la chaleur s'est dispersée dans l'univers, rendons à la balle l'énergie qu'elle a perdue, chauffons la par le sol. L'effet est décevant, comme on sait. Pourtant, il est vraisemblable que quelques molécules de la balle ont esquissé un mouvement dans le sens voulu, puisque la chaleur se disperse dans tous les sens. D'ailleurs, chauffons vraiment très fort et la balle prend feu, sa matière se vaporise et il devient visible cette fois que de nombreuses molécules montent à la hauteur initiale, et même au delà. Mais l'objet est détruit, sa cohérence locale est perdue.

Chaleur, interactions et structuration

N'en tirons pourtant pas trop vite la conclusion que la chaleur, en diffusant dans toutes les directions de l'espace, n'a que des pouvoirs dispersifs et destructeurs. Rappelons d'abord en quoi consiste le phénomène physique de la chaleur. Chauffer un objet, c'est emmagasiner dans ce morceau de matière une énergie qui se traduit par un état d'excitation de certains atomes lesquels, en vibrant, chahutent leurs voisins restés dans leur état fondamental. “La température caractérise la proportion des atomes dans les états excité et fondamental : plus la proportion d'atomes excités est importante, plus la température est élevée.”[1]

1. P. ATKINS, *Chaleur et désordre,* Belin 1987, p. 59.

Il existe pour les atomes un état fondamental et une pluralité d'états excités. Recevoir un photon met un atome dans un état excité, lequel ne dure pas. Il va revenir à son état fondamental en émettant un photon. S'il existe une température minimale (0°K), c'est simplement parce que le nombre d'atomes excités ne peut, dans l'univers, être inférieur à zéro.

Les atomes des molécules, en étant jetés les uns contre les autres en tous sens, vont constituer de nouveaux assemblages par "affinités chimiques". Leurs structures géométriques, leurs charges électriques périphériques surtout (celles-ci étaient inconnues à l'époque où Clausius fit la théorie de l'entropie), soumis à une agitation incohérente trouvent occasion de mettre en action celles des "interactions" qui agissent à cette échelle dans l'univers. En chauffant du fer, on favorise son oxydation, par exemple.

Sans agitation, sans désordre durable, point de chimie. La thermodynamique, d'abord conçue comme une simple théorie de la chaleur, devient une théorie de l'évolution de tous les êtres chimiques, qui se composent et se décomposent sous l'effet de l'agitation.

Pour ce qui concerne le temps, nous pouvons dire que Clausius donne de la rigueur scientifique à ce qui peut se constater depuis fort longtemps au point que c'en est un truisme : la chaleur provoque dans les systèmes fermés une absence de symétrie entre avant et après et souvent de l'irréversibilité. Si par exemple nous avons avant du cuivre et de l'étain, nous avons après le passage de la chaleur selon certaines modalités à préciser, du bronze.

Clausius va appeler "entropie" la grandeur qui mesure le fait que les grains moléculaires de cuivre et d'étain qui étaient rangés de façon ordonnée et séparée, sont ensuite rangés de façon désordonnée et mélangée. Dans le bronze règne une pagaille de molécules et comme le dit Feynman :

> "C'est simplement la pagaille générale de la vie qui provoque l'irréversibilité."[1]

Bien sûr dans notre exemple, une réversibilité est possible qui passe des constituants à l'alliage et réciproquement, mais on ne peut échapper au fait que la fonte des métaux les mélange, il faut des ruses pour les séparer.

1. R.FEYNMAN, *La nature de la physique*, Seuil. Points sciences 1980, p. 134.

Réversibilité et irréversibilité

Comment penser scientifiquement cette “pagaille” dont parle Feynman ? Boltzmann a imaginé en termes de probabilités une loi d'entropie fondée sur le nombre vertigineux d'arrangements moléculaires qu'un même système peut connaître. Il cherche si, dans le cadre d'un modèle déterministe et réversible, on peut trouver de la place pour des phénomènes paraissant non réversibles (puisque le monde nous paraît temporellement irréversible). Or cela doit être possible si l'univers est composé d'un très grand nombre d'éléments et que certains arrangements de ces éléments sont improbables (c'est-à-dire de probabilité très faible). Or le nombre d'Avogadro montre que l'univers est composé d'un nombre vertigineux d'éléments. La première condition est donc déjà remplie. Reste la seconde. Beaucoup des arrangements atomiques et moléculaires correspondant aux choses et aux êtres constitués que nous connaissons sont certainement improbables dans l'ensemble des arrangements possibles. Ainsi, selon Boltzmann, le monde physique macroscopique ne serait pas irréversible par nature, mais sa réversibilité serait simplement *improbable* dans la mesure où, selon la thermodynamique linéaire, quand une certaine combinaison d'un très grand nombre d'éléments s'est produite, les chances statistiques pour qu'elle se reproduise à l'identique par combinatoire sont extrêmement faibles. Par exemple l'arrangement moléculaire qui constituait l'homme Henri Poincaré à la minute de sa naissance n'a guère de chances de se reproduire à l'identique malgré le théorème du retour de ce grand mathématicien. La résurrection de la chair ne peut être une espérance très crédible. L'improbabilité peut valoir pour une impossibilité et l'irréversibilité peut surgir d'un monde non irréversible en lui-même.

La physique de Boltzmann suggère que, sous l'effet de l'entropie croissante,

> “le système tend à s'arrêter sur la distribution la plus probable, c'est-à-dire celle qui peut être donnée par le plus grand nombre de complexions. L'entropie maximum du système correspond à cette distribution d'équilibre.”[1]

L'univers tend globalement vers une indifférenciation où les écarts de température entre deux lieux ne sont plus capables de provoquer des mouvements à l'échelle macroscopique. L'univers meurt dans l'unifor-

1. I.PRIGOGINE, L'actualité de la conception du temps chez Valéry. in *Fonctions de l'esprit*, Hermann 1983, p. 267.

mité d'états très peu différents les uns des autres, ne laissant la place qu'à des fluctuations insignifiantes.

> "en dynamique, les objets sont formés de particules et se structurent sous l'influence de forces d'interaction. Les objets de la thermodynamique sont des entités différentes, dont l'influence mutuelle diminue à l'approche de l'équilibre. Pour ces nouvelles entités, le monde est un monde de somnambules, un monde d'unités qui s'ignorent entre elles."[1]

Sans différentiel, pas d'action[2]. Selon l'exemple assez drôle donné par Feynman, lorsqu'on s'essuie en sortant du bain, on ne fait que partager (égaliser) avec la serviette l'humidité qu'on avait sur le corps. Une fois que l'humidité est égale partout, la serviette n'a plus aucune capacité d'essuyer : elle mouille tout autant qu'elle sèche. A moins que ce système fermé à deux éléments ne soit ouvert sur un troisième avec lequel il pourra de nouveau partager un peu d'humidité.

On voit ainsi, comme l'a expliqué H.Reeves, qu'il n'y a de flèche du temps que s'il y a un différentiel thermique à équilibrer. Dès qu'il y a équilibre, il n'y a plus que des fluctuations amorphes où la différence entre l'avant et l'après n'est pas significative.

> "La flèche du temps n'est jamais inscrite dans les phénomènes réversibles de la nature [...] elle s'inscrit quand une situation spéciale de déséquilibre est préparée [...] elle demeure visible jusqu'à ce qu'un nouvel équilibre ait été atteint, puis elle disparaît. Les déséquilibres de l'univers sont *préparés* par la nature des forces de la physique qui engendrent à la fois l'expansion et les réactions entre particules."[3]

Dans ces conditions, qu'il reviendra au physicien de retrouver par la théorie, le "Chaos" ou pré-univers isotherme de particules du début, qui avait une température qu'il faut nommer maximale ou totale, c'est-

1. *Ibidem* p. 269.
2. La physique de la fin du XIXe siècle a fait jouer un rôle essentiel à la notion de différentiel. La différence suscite une force qui tend à égaliser, à rééquilibrer. Les balles dévalent les pentes, voilà du mouvement, puis sur un plan, elles s'immobilisent en leur point d'équilibre, c'est-à-dire là où les forces s'équilibrent. Dans un liquide, la différence de chaleur entre plusieurs points crée des convections, des turbulences, du mouvement, et puis tout se calme dans une tiédeur moyenne. La notion *d'équilibre* peu à peu s'identifie à la mort par absence d'événement, alors que les ruptures d'équilibre raniment la vie. Nietzsche a tiré de cette physique sa métaphysique cosmique des *forces aristocratiques* qui creusent la différence et stimulent la vie et des *forces égalitaires* qui noient la vie dans l'ennui du gris sur gris.
3. H.REEVES, La flèche du temps en cosmologie. in *Aux confins de l'univers*, Fayard Diderot 1987, p. 325.

à-dire telle qu'aucun degré ne pouvait lui être ajouté (une température, en ce sens : finale, comme zéro K est l'autre température finale), ce pré-univers donc, a engendré en lui-même des gradients de température, des différentiels qui ont initié la nucléosynthèse, puis les aventures de la matière qui en ont découlé. Il n'a pu le faire qu'en s'agrandissant et en vieillissant. L'espace qui s'accroît donne par exemple aux photons la liberté de se déplacer et de réchauffer tout ce qu'ils viennent frapper. H.Reeves rappelle en effet : "Sans l'expansion, le ciel serait nuit et jour plein de lumière, mais personne ne serait là pour s'en rendre compte..."[1]

Dans les processus naturels qu'on peut lire sur le modèle thermodynamique d'un système fermé, il y a donc une *direction privilégiée* qui doit s'imposer et qui va vers l'égalisation, c'est-à-dire vers l'état le moins ordonné. Rien n'est plus stable que le mélange homogène, non qu'on ne puisse y engendrer du différentiel et de la séparation, mais il n'en offre que des possibilités statistiquement faibles. D'où la tautologie : quand l'état le plus probable est atteint, les états très peu probables sont conformes à leur concept.

Selon la thermodynamique classique, le monde a dû, dans le passé, être mieux ordonné[2] qu'aujourd'hui, c'est-à-dire être habité par des différentiels de matière et de chaleur. C'est en quelque sorte le monde d'Hésiode dont le devenir est un déclin. Commençant par l'or, il passe à l'argent, puis au bronze, et comment finira-t-il après notre âge de fer ? Un monde dont l'ordre se dégrade, mais dont la théorie ne dit pas par quel miracle il a bien pu originairement être plus ordonné, est un monde incompréhensible sans une métaphysique religieuse du Démiurge, voire de la Création.

1. *Ibidem*. p. 323.

2. A propos des notions d'ordre et de désordre, on a beaucoup glosé depuis Bergson. Il y a lieu de faire remarquer, avec Jacques Bouveresse (in *L'homme probable*. L'éclat 1993 p. 179 et sq) à quel point la transposition métaphorique du deuxième principe dans des domaines extérieurs à l'univers physique des mesures conduit à des confusions. Ainsi par exemple, la monotonie, l'identité, la répétitivité, est-ce l'ordre ou le désordre ? La tentation est grande d'identifier l'ordre, puisqu'il manifeste une régularité, une absence et d'innovation, à quelque chose de mort. Or l'ordre, sur le plan thermodynamique, c'est la faible entropie, c'est l'état le moins probable, c'est-à-dire le plus exceptionnel, c'est donc ce qui ne peut guère que se détruire. Nous voyons bien où s'introduit l'erreur : ce qui est le plus organisé, le mieux réglé et qui risque, pour cette raison, le moins de nous surprendre est ce qui est pourtant intrinsèquement le plus exceptionnel. On peut aussi présenter le sophisme sur son envers et s'imaginer que le désordre est le plus créatif, puisqu'on vient de poser que l'ordre c'est l'ennui. Or, thermodynamiquement, le désordre ne permet plus rien, c'est l'entropie majeure et donc l'équilibre. Bref pour qu'il y ait de l'action, il faut qu'il y ait un différentiel, c'est-à-dire de l'ordre et de la séparation.

Mais cette hypothèse ne peut être qu'une extrapolation, car ce qui est établi avec rigueur pour des systèmes isolés, ne peut sans perdre sa rigueur, être étendu à l'univers tout entier, non que celui-ci ne puisse, en tant que tout, être tenu pour un système isolé, mais parce que l'univers tel qu'il est contient des milliards de milliards de systèmes qui, l'un vis à vis de l'autre ne sont pas isolés. De plus, s'agissant de l'univers entier, aucune science n'est en mesure de faire une liste exhaustive des paramètres susceptibles d'intervenir. Les apories de la première antinomie kantienne de la raison pure réapparaissent donc ici dans une forme à peine changée. Enfin, l'hypothèse d'une dégradation d'un ordre en désordre fait de l'origine de toute forme d'ordre une énigme métaphysique et logique insoluble. La plus évidente pour nous, des formes d'ordre , c'est-à-dire l'ensemble des êtres vivants et l'idée de leur évolution de formes simples vers des formes plus complexes à travers une histoire biologique, semble alors contraire aux lois thermodynamiques de la nature. C'est Darwin contre Carnot et Darwin est alors très clairement contradictoire avec les lois de la physique. Le mystère du vivant est à son comble.

La différence entre les comportements décrits par la mécanique et par la thermodynamique tient aux paramètres de la matière retenus par chacune des visées. Toute théorie physique décrit l'univers en le “dématérialisant” partiellement. La matière est examinée sous l'angle d'une propriété déterminée et les autres sont par hypothèse écartées. La mécanique de Newton par exemple, suppose des masses de matière amorphe, des masses quasi algébriques, qui se déplacent dans le vide sans frottements. Sur ce plan Boltzmann ne le cède en rien à Newton, puisque sa théorie statistique des gaz néglige les interactions gravitationnelles. La thermodynamique décrit le comportement d'objets de matière allant de la fumée au cristal, qui s'affectent mutuellement, interfèrent les uns sur les autres en fonction de lois diverses, alors que chez Newton, l'interférence gravifique se fait entre deux objets irréels, puisque libres, dans un vide qui n'a aucun effet sur eux.

La réversibilité n'est pas incompatible avec le principe de conservation de l'énergie lorsqu'on se trouve dans le modèle newtonien, parce que dans ce cas abstrait on suppose qu'il y a cohérence du mouvement (aucun frottement n'y introduit l'incohérence). En cosmologie, l'hypothèse du vide, où ne s'effectue aucune interaction autre que gravitationnelle, n'est sans doute pas vraie (le vide n'est nulle part parfait), mais elle n'est pas absurde en raison de la vastitude de l'espace-temps : un objet peut voyager longtemps sans que son comportement soit contraint à un changement, il peut donc légitimement être supposé soumis à la seule inertie[1].

Dès que nous entrons dans les systèmes matériels, nous voyons que les rangements selon un ordre sont en grand nombre possible et dès lors que tout rangement déterminé a une probabilité, on peut considérer comme équivalents deux arrangements voisins, si on n'exige pas qu'ils répondent à des conditions contraignantes. En revanche, si on impose les conditions qui permettent par exemple la vie, celles-ci sont fort nombreuses et contraignantes et dès lors peu d'arrangements y satisferont. L'existence d'êtres matériels qui satisfont aux conditions qui les rendent vivants sera donc moins probable que l'existence d'êtres qui, n'ayant pas à satisfaire ces conditions, sont équivalents même s'ils diffèrent les uns des autres par quelques détails. Prenons un exemple : nous admettons que pour qu'un être soit vivant, il faut que sa matière constitutive soit rassemblée en un ensemble continu. Ainsi tout "être" dont la matière sera dispersée, n'aura pas de chance d'être vivant et un être vivant dont la matière se dispersera connaîtra un point à partir duquel il ne sera plus vivant. Nous pourrons dire alors qu'un être vivant peut mourir. Mais comme le fait remarquer I. Prigogine, nous pourrons dire aussi qu'à partir d'une certaine concentration, une condition essentielle pour être vivant est remplie ; il reste alors à remplir les autres.

Nous savons aujourd'hui que le monde vivant n'est pas en contradiction avec les lois de la physique et en particulier avec le deuxième principe de la thermodynamique, mais il faut pour le comprendre, faire appel à des formes nouvelles de cette discipline qui s'occupent de systèmes entretenus loin de l'équilibre.

La thermodynamique non linéaire et l'hypothèse de l'auto-organisation par fluctuation

L'agitation thermique ne favorise pas seulement les réactions chimiques en donnant des occasions aux couches périphériques des atomes de se capter mutuellement des électrons et d'établir des liaisons. Dans certaines conditions, qui vont définir un secteur particulier de la thermodynamique, l'agitation microscopique produit ainsi des effets macroscopiques étonnants : à un certain niveau d'anarchie s'élaborent des phénomènes ordonnés.

La non linéarité implique qu'il y a une rupture dans un phénomène jusque là continu. Dans la multiplicité des interactions effectives que

1. Mais dans un espace-temps plus petit, comme à l'époque du big bang, il devait en aller différemment.

permet la combinaison des quatre forces cosmiques qui additionnent ici, annulent là leurs effets, des phénomènes du type de la résonance peuvent apparaître dans l'imbroglio chaotique, des particules élémentaires. Non seulement ils peuvent apparaître, mais ils le doivent. Le chaos va donc engendrer des formes pour certaines valeurs des paramètres, formes qu'il va dissoudre pour d'autres valeurs. Une construction locale fait donc surgir une néguentropie. C'est l'auto-organisation dans les systèmes loin de l'équilibre.

L'exemple le plus célèbre, et le plus souvent évoqué pour illustrer l'auto-organisation est celui du phénomène de Raleigh-Bénard, qui provoque l'apparition des "cellules de Bénard". Dans un liquide chauffé du dessous par une plaque se développe une agitation moléculaire désordonnée, avec des mouvements de convection. Si on refroidit la surface par une plaque à température maintenue, on note qu'à certains seuils thermiques, des convections en rouleaux réguliers s'établissent. Des molécules en mouvement de rotation incessants constituent une sorte de paroi de liquide autour d'une cellule de liquide. Un ordre macroscopique se construit sans contredire pour autant le deuxième principe, car pour le système dans son entier, l'entropie continue d'être croissante. Le seuil thermique constitue une température critique déclenchant une transition de phase, ici manifestée dans l'émergence d'une forme.

> "Ainsi, loin de l'équilibre, la notion de probabilité qui est au centre du principe d'ordre de Boltzmann, perd sa validité. [...] En particulier, au sein d'un système qui évolue globalement vers l'équilibre – et nous pouvons dire que c'est le cas du système planétaire dans son ensemble – les flux irréversibles peuvent créer, de manière prévisible et reproductibles, la possibilité de processus locaux d'auto-organisation. Dans ce contexte, un phénomène tel que l'apparition de formes vivantes pourrait être considéré comme prévisible du point de vue de la théorie physique."[1]

Dans ce domaine, la biologie moléculaire est ainsi aujourd'hui en mesure de décrire la structure des protéines et les phases de leur synthèse programmée. Par exemple, l'énonciation des phases de la construction de la molécule d'hémoglobine sous l'effet du désordre entropique couvre gentiment plusieurs pages à elle seule. Constituée de 4 chaînes peptidiques qui rangent 145 acides aminés, cette molécule ressemble à un fatras d'atomes, fatras en vérité seulement apparent, puisque cette forme de "paille froissée" se répète exactement à l'identique dans toutes les molécules d'hémoglobine. La géométrie

1. I.PRIGOGINE et I.STENGERS, *La nouvelle alliance*, Folio, p.215.

entortillée des macromolécules de ce genre implique des sites différents géométriquement et électriquement et dès lors seuls certains types assez exclusifs d'atomes ou de molécules simples peuvent s'y trouver enfermés ou être susceptibles d'avoir des réactions de hasard avec les brins déjà formés. D'où la construction d'un ordre. En physique, rappelle J.M.Levy-Leblond, "la probabilité n'est pas une probabilité vague et subjective ; elle est rigoureusement gouvernée par un formalisme, par des équations, et elle peut être évaluée. Donc probabilité, oui, mais probabilité gouvernée par des lois."[1]

Mais les phénomènes d'auto-organisation existent partout et à toutes les échelles. On en cite souvent un ayant valeur pédagogique : Une série d'automobiles se déplaçant dans les goulets de contrainte que sont les grands boulevards d'une ville. A un instant t_1, la nuit, on trouve là un nombre faible de véhicules, aussi, chacun des automobilistes roule-t-il comme il l'entend ; certains vont lentement, d'autres plus vite et les plus lents n'entravent pas le mouvement des plus rapides. Ces mouvements peuvent être considérés comme grosso-modo aléatoires. Mais à un instant t_2, à l'heure de la sortie du travail, un nombre considérable de voitures vont se trouver en même temps confinées et leur nombre même introduit une contrainte dans le système. Alors la vitesse des véhicules ne dépend plus des chauffeurs et de leurs caprices individuels, elle est régulée dans son ensemble par le trafic. Le système s'est auto-organisé et le trafic s'est institué en entité "stationnaire" (au sens thermodynamique du mot), ayant une autorité sur les éléments qui le constituent. L'indépendance des véhicules s'est presque totalement évanouie.

On peut peut-être comprendre la création du monde sur ce modèle. Dans un vide quantique où bouillonnent des particules, il est nécessaire que certaines combinaisons provoquent des processus qui localement s'éloignent de l'équilibre. L'aléatoire engendre la loi.

Dans notre modèle de circulation automobile, nous avons affaire à un système loin de l'équilibre et, pour certaines valeurs de paramètres donnés, un ordre macroscopique s'est instauré. Il existe alors un flux contraint qui a ses lois d'écoulement en fonction des feux de circulation, des rétrécissements de chaussée etc...Ce flux représente un ordre spatio-temporel. Les systèmes ordonnés, et par exemple, la vie, semblent ainsi résulter d'un désordre qui se contraint lui-même pour certaines valeurs des paramètres. Au dessus ou au dessous de ces valeurs, l'ordre se disloque. La relation de l'espace et du temps connaît donc des *phases* qui vont du bouillonnement aléatoire à une organi-

1. J.M.LEVY-LEBLOND, *Le hasard aujourd'hui*, Points-Seuil, p. 189.

sation contraignante. L'espace-temps se déploie du chaos à la forme et de la forme à son explosion.

Ce que nous enseigne en ce sens la thermodynamique non linéaire, c'est que dans un système en pleine anarchie, mais pour certaines valeurs des variables, peut surgir localement un sous-système qui s'individue. Cela signifie simultanément deux choses : la première est que, par des processus novateurs, il s'autonomise, il se conduit d'une façon stationnaire qui lui est propre. La seconde est qu'il lui faut être entretenu dans cet état stationnaire par le système dans lequel il est apparu. Autonome, mais pas indépendant. C'est I.Prigogine qui propose de parler dans ce cas de l'autonomisation d'un temps par rapport à un autre.

Si donc l'ordre peut surgir inopinément – et provisoirement – de l'aléatoire (et c'est cela même qui est temps : le fait que tout soit provisoire), alors il est peut-être possible de proposer une réponse moderne, c'est-à-dire appuyée sur la science, à une question augustinienne : Que faisait Dieu avant qu'il n'eût créé le monde ? La question peut - qui sait ?- être réactualisée avec la thermodynamique pour laquelle, par exemple selon Boltzmann, le passage de l'anorganique à l'organique n'est généralement pas très probable (mais est néanmoins effectif !) et selon I.Prigogine, ce passage est localement inévitable. Le Second principe n'interdit rien de façon absolue, mais vaut de façon probabiliste. Ainsi, il rend les tentatives infructueuses d'organisation d'un monde très probables et donc extrêmement nombreuses, avant que ne se rencontre le cas, très peu probable mais inévitable, qui s'est éloigné de l'équilibre pour engendrer l'univers d'aujourd'hui.

Ainsi peut-il y avoir une réponse à la question d'Augustin, qui serait de cet ordre : Avant que Dieu ne joue le coup de dés qui aboutit à la synthèse de la matière, laquelle conduit à la synthèse de la vie...qui conduit elle-même à l'homme... qui s'interroge sur ce que Dieu pouvait bien faire avant qu'il n'eût créé le monde... Dieu jouait les autres coups de dés, il créait le monde en jouant tous les cas possibles, qui ne marchaient pas. Il n'y a que depuis environ 15 milliards d'années terrestres que cela marche, un peu. Il suffit d'une fois. Cela devait bien finir par arriver. Bref, cela devait bien finir par commencer. Et depuis que cela s'est décidé à commencer, cela ne manque pas d'aller vers sa fin, parce que cela ne peut guère aller vers autre chose jusqu'à ce que cela recommence.

Pour ne pas être en tout point du même modèle que celui des Stoïciens, ni celui de Nietzsche, un éternel retour est envisageable par effet de combinatoire de tout ce qui interfère dans le chaos, dans le vide quantique. Il y aurait création de temps à chaque fois qu'une organisation locale naîtrait, temps qui accompagnerait cette organisation dans l'être, et tout ce qui arriverait dans le cadre de cette organisation, par exemple le surgissement d'une autre organisation de rang n+1, engendrerait son temps. "Dieu" serait le nom, si l'on y tient, du processus d'itération d'ordre. Ce n'est pas Dieu qui joue aux dés, c'est le hasard, qui, créateur[1], joue à être Dieu.

1. Selon la formule de REMY LESTIENNE.

CHAPITRE VII

LE TEMPS ET LA VIE SPIRITUELLE

I - TEMPS, PHÉNOMÈNE ET APPARENCE

L'existence temporelle peut-elle être une apparence ?

Selon la philosophie transcendantale, nous devons maintenir comme une exigence d'ignorer si les choses sont en soi temporelles, car pour elle, seuls les phénomènes sont temporels, et eux le sont avec certitude. L'ordre des phénomènes présenté à un moment de l'histoire des connaissances sous une version A pourra être corrigé en une version B si entre temps on a complété la connaissance phénoménale. L'historicité de la connaissance ne nous jette pas pour autant dans un scepticisme et nous ne prenons pas les savants d'autrefois pour des fous ou des idiots. Nous sommes même capables d'admirer les belles constructions intellectuelles qu'ils nous ont données et que nous croyons désormais fausses lorsque ces savants ont tenu compte des phénomènes qu'ils avaient identifiés et les ont reliés en fonction des catégories de l'entendement et selon les principes de la raison. C'est qu'ils nous parlaient d'un monde phénoménal et non du monde en soi.

L'Almageste de Ptolémée est un traité faux, mais il n'est pas absurde. En revanche, une négation performative du genre : "je n'existe pas", est absurde. Tout énoncé sur le monde qui conduit à conclure que je n'existe pas est absurde. "L'excellent Berkeley"[1], comme l'appelle Kant, soutient des thèses curieuses, puisqu'il ne croit pas à la matière, mais il ne dit nullement que les choses que nous tenons pour matérielles n'ont pas d'être et, de ce fait, ne sont que des

1. KANT, *Critique de la Raison pure,* PUF p. 74.

apparences ou des fantômes, car alors cela vaudrait aussi pour nous-mêmes. Ainsi ne pouvons nous admettre une thèse qui tiendrait le temps non pas pour une *condition de toute phénoménalité*, mais pour une caractéristique des choses en soi.

Puisque la temporalisation des catégories, dans l'élaboration des phénomènes pour nous (à travers le schématisme), est l'oeuvre de l'imagination transcendantale, le temps est, dans ce sens précis et restrictif, *imaginaire*. Comme l'écrit Henri Birault, pour Kant :

> " Le temps, parce qu'il n'est rien de tout ce qui est, doit être conçu comme un néant ou comme un être imaginaire dont l'origine réside exclusivement dans la subjectivité sensible et finie de l'homme."[1]

Le temps, forme pure, s'actualise pour une subjectivité à laquelle se donne le spectacle du monde, à laquelle le monde se donne comme un spectacle à comprendre. Le monde est ainsi pour l'homme, *l'image* que l'esprit (= l'imagination transcendantale) se fait des choses, choses qu'il ne peut d'ailleurs pas atteindre autrement que par ce processus. Lorsque ce dont on parle est repérable dans l'espace et le temps et qu'on peut en parler selon les catégories de substance, de causalité, etc, il s'agit d'un phénomène et il y a une sûreté du phénomène. Pourtant, cette sûreté n'élimine pas la possibilité des incertitudes et des illusions. Même rigoureuse, la science reste faillible. Ce qui est faute rationnelle de sa part, c'est de ne pas tenir compte de phénomènes qui sont connus (quand, par exemple, on ne parvient pas à faire le lien entre eux, ou entre eux et les lois établies antérieurement), ce n'est certainement pas de ne tenir aucun compte de phénomènes... qui n'en sont pas, tant qu'on ne les a pas repérés dans l'espace et le temps et que dès lors on les ignore. La science consiste et consistera toujours à établir des relations de causalité dans les successions, permanences, alternances, simultanéités sensibles.

Nous pouvons dire sans scandale que l'image que la connaissance nous donne du monde à tout moment, est le produit de l'imagination de cette époque, ainsi l'image qu'avait Descartes des "météores" correspondait-elle à l'imagination de la sienne. Nous ne pouvons néanmoins pas dire pour autant que le monde est "en soi imaginaire", même si donc, à tout moment de l'histoire, il l'est phénoménalement. Le caractère temporel du monde phénoménal (dont la représentation, dans le cas présent, peut être provisoire et donc *temporaire*), n'entraîne pas le caractère temporel du monde tel qu'il existe en soi, car alors, c'est celui-ci qui, tout entier et définitivement, tomberait

1. H. BIRAULT, *Heidegger et l'expérience de la pensée*, Gallimard 1978, p. 486.

dans l'apparence. Car l'imagination ne construit que les phénomènes pour nous, elle ne construit pas le monde tel qu'il est en soi.

> "Notre existence propre qui, de cette manière, deviendrait dépendante de la réalité subsistante en soi d'un non-être comme le temps, serait comme lui, changée en simple apparence : or c'est là une absurdité que personne, jusqu'ici, n'a osé se charger soutenir."[1]

L'extrême orient : tout est illusion

"Personne", dit Kant. Voire. Kant en effet se trompe : cette thèse qui voue l'être en soi des choses à l'apparence et à l'existence fantomatique, n'est pas seulement soutenue de temps en temps par un esprit perturbé (l'obsessionel dit volontiers qu'il est mort, le mélancolique qu'il ne ressent plus l'existence, y compris la sienne), elle l'est depuis des siècles par le Brahmanisme (et sa déviation, le Bouddhisme) dans la doctrine du *Samsara.* Cette pensée "absurde" est, il est vrai, mal connue en Europe à l'époque de Kant, on comprend donc qu'il n'y pense pas et puis, c'est une pensée religieuse et non philosophique.

D'une façon générale, on peut remarquer que les religions monothéistes relativisent la vie "temporelle", lui accordent moins de réalité qu'à la vie éternelle, qui participe de Dieu, ens realissimum, mais aucune n'en fait néanmoins une illusion. Pour toutes le temps est une réalité, c'est même par excellence la nôtre. La mystique extrême-orientale, nous propose elle, ici, un défi à la raison. On peut bien lui objecter que la métaphore du reflet de reflet, sans aucun objet réel qui s'y trouve jamais reflété, est une contradiction, nous savons que cette pensée n'en est guère ébranlée, c'est une foi. Le temps n'existe pas pour elle, pas plus que les ombres qui s'effacent en lui. L'être n'est qu'apparence, voile de Maya.

Avant d'examiner le statut du temps dans les religions qui en reconnaissent la réalité, nous allons tenter de nous confronter à celles qui ne peuvent sur ce plan que représenter des énigmes.

Nos habitudes socratiques, qui font de la philosophie une ascèse intellectuelle vers un concept des choses, risquent de nous faire traiter avec quelque dédain une telle attitude : les multitudes, prisonnières de la Caverne n'accèdent guère à une conscience philosophique exigeante et donc, nous dirons-nous, les hindouistes sont du nombre. Alors que pour Platon, l'image est l'image, (certes trompeuse) d'une chose qui existe : une Idée, un archétype, dans l'hindouisme toute image est

1. KANT, *Critique de la Raison pure,* PUF p. 74.

l'image d'une apparence, car rien ne peut se produire dans le temps *en vérité*. Alors que pour Descartes, la découverte de la pensée par elle-même dans son activité cogitante est vérité indubitable, il n'y a là, selon l'hindouisme, qu'un avatar de Vishnu, que la puissance de Shiva, seigneur du sommeil, disperse et libère : rêve sans rêveur qu'aucun malin génie ne parvient à tromper ni à détromper.

Ce que retiennent de l'expérience mystique ceux qui ne l'ont pas rencontrée, c'est précisément qu'elle est une expérience personnelle et non universelle (répétable pour tout esprit, qui, de bonne foi, tient à vérifier) et qu'en conséquence, celui qui ne l'a pas vécue, en est à jamais exclu. Celui qui a reçu l'illumination (et qui en est revenu !) soutient qu'on ne peut rien en dire et que tout ce qu'on en dit, de toute façon ne vaut rien. Ainsi faut-il comprendre qu'il n'y a rien à comprendre, qu'essayer de comprendre est presque par excellence l'effort inadéquat. La voie romanesque, parce qu'elle relève de procédés plus analogiques que conceptuels, peut peut-être nous aider davantage à entrer en empathie avec l'essence de cette religion que les explications proprement discursives de sa théologie. Nous aurons ici recours au roman de Hermann Hesse *Siddharta*. Dans l'extrait choisi, le personnage de Siddharta, qui a traversé le fleuve dans sa jeunesse pour aller découvrir le monde, retrouve, lorsqu'il revient chez lui au soir de sa vie, le passeur Vasudeva, qui durant ce temps est resté là.

> "Vasudeva n'aimait pas les longs discours et Siddharta arrivait rarement à le faire parler. Un jour il lui posa cette question : "Est-ce que le fleuve t'a aussi initié à ce mystère : que le temps n'existe pas ?
>
> – Oui, Siddharta, lui répondit-il. Tu veux dire sans doute que le fleuve est partout simultanément : à sa source et à son embouchure, à la cataracte, au bac, au rapide, dans la mer, à la montagne : partout en même temps et qu'il n'y a pas pour lui la moindre parcelle de passé ou la plus petite idée d'avenir, mais seulement le présent ?
>
> – C'est cela, dit Siddharta. Et quand j'eus appris cela, je jetai un coup d'oeil sur ma vie, et elle m'apparut aussi comme un fleuve, et je vis que Siddharta petit garçon n'était séparé de Siddharta homme et de Siddharta vieillard par rien de réel, mais seulement par des ombres. Les naissances antérieures de Siddharta n'étaient pas plus le passé que sa mort et son retour à Brahma ne seront l'avenir. Rien ne fut, rien ne sera ; tout est, tout a sa vie et appartient au présent."

Siddharta parlait avec enthousiasme, car la lumière qui s'était faite en lui le comblait de joie. Oh ! toute souffrance n'était-elle donc pas dans le temps, toute torture de soi-même, toute crainte, n'étaient-elles pas aussi dans le temps ? Est-ce que tout ce qui dans le monde pesait sur nous ou nous était hostile ne disparaissait pas et ne se surmontait pas dès qu'on avait vaincu le temps, dès que par la pensée on pouvait faire abstraction du temps ?

Le fleuve tendait à son but de toute sa puissance ; Siddharta voyait comme il y courait, ce fleuve qui se composait de lui et des siens et de tous ceux qu'il avait connus. Tous ses flots, toutes ses ondes roulaient, chargés de souffrances, vers des buts innombrables : les cataractes, le lac, les rapides, la mer, et il les atteignait tous, et de l'eau s'exhalaient des vapeurs qui montaient vers le ciel ; elles devenaient pluie et cette pluie retombait du ciel, devenait source, devenait ruisseau, devenait fleuve, remontait encore, puis recommençait à couler.[...]

Et toutes les voix, toutes les aspirations, toutes les convoitises, toutes les souffrances, tous les plaisirs, tout le bien, tout le mal, tout cela ensemble, c'était le monde. Tout ce mélange, c'était le fleuve des destinées accomplies, c'était la musique de la vie. Et lorsque Siddharta, prêtant l'oreille au son de ces mille et mille voix qui s'élevaient en même temps du fleuve, ne s'attacha plus seulement à celles qui clamaient la souffrance ou l'ironie, ou n'ouvrit plus son âme à l'une d'elles de préférence aux autres, en y faisant intervenir son Moi, mais les écouta toutes également, dans leur ensemble, dans leur Unité, alors il s'aperçut que tout l'immense concert de ces milliers de voix ne se composait que d'une seule parole : Om : la perfection."[1]

Les noms propres choisis par Hermann Hesse pourraient laisser penser qu'il s'agit d'une sorte de biographie romancée du Bouddha historique (dont le nom était Siddharta Gautama), mais il n'en est rien. Le personnage principal du roman rencontre même (au chapitre 3) Gautama, le Bouddha, avec lequel il échange quelques sentences. Le nom du deuxième personnage, Vasudeva, est celui du père de Krishna et parfois de Krishna lui-même, dieu du ciel et aussi de l'érudition. Ici, il symbolise le vrai savoir, non celui des universitaires, mais celui des humbles qui connaissent la paix intérieure.

Hermann Hesse semble tirer le Bouddhisme vers une sorte de monisme quiétiste, ce qui n'est certainement pas contraire à son esprit, mais représente une simplification. Cela représente assez fidèlement ce

1. H. HESSE, Cahiers rouges, Grasset 1925, p. 142 et 180.

qu'une certaine pensée extrême orientale considère comme la voie du salut, le chemin vers l'éternité.

Dans le Bouddhisme lui-même, le *Karma*, c'est-à-dire l'ensemble des actions d'une vie, se déploie sur trois registres :

Le corps, la parole et l'esprit.

Les réincarnations (i.e. le *Samsara*) ont lieu tant que chacun des trois registres n'a pas atteint la pureté, c'est-à-dire n'a pas vaincu :

Le désir, la haine et l'ignorance.

(Notons avec insistance au passage, que la parole est associée par le Bouddhisme à la haine).

Pour parvenir à triompher des trois sources de maux, il y a des exercices du corps, appelés *Mudra*. Les gestes des mains que l'on voit aux statues du Bouddha en font partie. Les exercices de la parole sont les *Mantra*. Le *mantra* dont il est question dans notre extrait : "OM", est inscrit sur le front et il dit la paix du corps. Il y a aussi "AH", la paix de la parole, et "HUM", la paix de l'esprit, qu'Hermann Hesse a écartés de son roman, probablement afin d'en rendre la lecture plus simple pour les lecteurs occidentaux qui attendent un roman et non un traité de sapience ésotérique. Il faut aussi reconnaître que, lorsqu'on a envie d'écrire un roman, le renoncement au corps peut constituer un thème accessible pour des lecteurs de culture chrétienne, mais le renoncement à la parole ne manquerait pas de constituer un joli paradoxe. Les exercices de l'esprit, les *Samâdi* enfin, conduisent au *Nirvâna*, qui est absence de naissance, de devenir et de changement.

Nous voyons ici qu'il y a une sorte de malédiction de la parole dans le Bouddhisme, qui recouvre la malédiction du temps. La parole dit mal, elle médit, elle déforme et donc, en ce sens, elle nuit. D'où, chez le Bouddha, un refus délibéré de répondre à certaines questions par un discours. Le *Dictionnaire de la sagesse orientale* juge important de consacrer un article au "silence du Bouddha". En voici un extrait :

> "Ses disciples lui demandaient sans cesse s'il existait ou non un Soi, si les illuminés continuaient d'exister d'une manière ou d'une autre après leur mort, si le monde était ou non éternel et infini. Pour justifier son silence sur ces questions, le Bouddha expliquait que ses réponses ne pouvaient en aucune manière aider le fidèle à progresser sur la Voie, car elles ne contribueraient pas plus à vaincre les passions qu'à accéder à la sagesse."[1]

Il y a ainsi un questionnement cognitif qui éloigne de la vraie connaissance. (Dira-t-on que la pensée des étants conduit à l'oubli de l'être ?)

1. Bouquins, Robert Laffont 1989, p. 531.

On sait que le Bouddha est, selon la *Bhagavata-Purana*, le pénultième avatar important de Vishnu (le 9ème de 10, ou le 21ème de 22, selon les versions) et que le Bouddhisme est l'une des rares religions formellement condamnées par l'hindouisme...pour irréligion. Le Bouddha, précède Kalki (l'accomplissement), avatar encore futur, et donc, le futur si l'on peut dire "en personne". Puisque pour le Bouddha, il y a encore un futur, il représente sans doute aux yeux des hindouistes une puissance d'erreur pire que toute autre.

Savoir l'essentiel ne saurait donc consister à comprendre la multitude des choses temporelles, comme nous l'allons voir.

II - L'ÉTERNITÉ ET LA PLURALITÉ DES VIES TEMPORELLES DANS L'HINDOUISME ET LE BOUDDHISME

L'idiosyncrasie extrême-orientale

Sur la question qui nous occupe, l'hindouisme ou brahmanisme présente pour la pensée occidentale quelques problèmes difficiles, car si la notion d'éternité y est centrale : Le *Brahman*, c'est l'éternité, celle-ci revêt des figures variées dans lesquelles on n'est pas toujours sûr de trouver une logique.[1] Résultante perpétuellement mouvante d'apports hétéroclites, cette pensée proliférante, souvent plus imagée que conceptuelle, n'est pas au sens étroit du terme, une "doctrine" et elle s'inscrit mal dans une opposition de l'Autre et du Même, car le Même n'y est jamais tout à fait le même, et l'Autre n'est souvent qu'un mode ou une figure de ce Même qui n'est pas tout à fait le même.

Dans *Mythes et dieux de l'Inde*, Alain Danielou explique :

1. Dans *la Pensée sauvage* (p. 20 à 26), Levi-Strauss a rendu compte, pour l'ensemble des sociétés traditionnelles, de cette impression très forte que donnent leurs croyances, de défier la rationalité, au point que l'ethnologie elle-même, au XIXème siècle, avait pu forger pour les caractériser, le concept de "pensée prélogique". Pour Levi-Strauss, il y a simplement une première erreur ethnocentrique à opposer comme antithétiques *notre* démarche scientifique et *leur* démarche magico-religieuse, le "bricolage d'idées" étant la chose du monde la mieux partagée ; et une deuxième erreur ethnocentrique à croire que les hommes qui adhèrent à des mythes non logiques, ne sont pas aptes à en percevoir l'illogisme (comme si un bon catholique était incapable de percevoir que la virginité de la mère du Christ n'est pas une idée rationnelle dans le catholicisme !). Les religions, montre Levi-Straus, sont des systèmes taxinomiques efficaces et c'est là leur seule logique. Spinoza nous en avait d'ailleurs informés : une religion n'est pas un système de vérité, mais d'obéissance. D'où il découle qu'on n'en a jamais fini avec la religion et que, puisqu'il y a des insensés, on aurait tort de s'en plaindre.

"Le divin est ce qui reste quand on nie la réalité de tout ce qui peut être conçu. Il est "ni ceci, ni cela", rien que l'esprit puisse saisir ou les mots exprimer."[1]

L'incompatibilité entre l'intuition de l'éternité et les concepts du langage est un invariant classique des religions[2]. En dépit de la dérive, sur certains points importante, du Bouddhisme vis-à-vis du Brahmanisme dont il est issu, et de la seconde dérive que le Zen japonais peut présenter vis-à-vis de l'enseignement du Bouddha historique, nous constatons pourtant qu'en ce dernier encore, à travers la notion du *Jakumetsu* (mot japonais qui traduit le terme sanskrit de *Nirvâna*), c'est le silence de paix intérieure qui permet d'approcher l'absolu ou l'éternel. Dans son commentaire des *Poèmes du Zen des Cinq-montagnes,* Alain Colas écrit :

"Dans les traités bouddhiques, cette "suspension du langage" accompagne souvent l' "effacement des catégorisations mentales". Ce n'est pas le refus de penser, mais celui de cloisonner inutilement ou faussement le réel au moyen des notions trop rigides et des idées toutes faites. Ces deux expressions, inséparables, servent à définir (définition, mais souple, ouverte, conciliant discours et silence), à évoquer du moins l'"objectivité universelle", essence ou nature des choses, qui n'est autre que la "vacuité" de l'être universel, son inconsistance et sa plénitude.[3]"

Le langage, dans ces conditions, est considéré comme fondamentalement lié au temps. Il énonce et il explique, ce qui signifie qu'il déroule, selon une chaîne syntagmatique, un sens toujours partiel et ambigu lorsqu'il est déroulé. Le sens ne saurait être plein que complètement enroulé, sans début ni fin. Pur bloc non chu d'aucun désastre, et lumière.

"*Jakumetsu* correspond à un état de paix totale qui transcende les notions de naissance et de mort, de devenir et d'extinction, d'espace et de temps, qui dépasse les règles de l'interdépendance universelle et des qualités liées aux choses. C'est l'état de

1. A.DANIELOU, *Mythes et dieux de l'Inde,* ed du Rocher 1992, p.25.

2. Dans *L'homme et le sacré*, idées, Gallimard 1950, ROGER CAILLOIS écrit p.17 : "Le sacré apparaît comme une catégorie de la sensibilité. Au vrai c'est la catégorie sur laquelle repose l'attitude religieuse, celle qui lui donne son caractère spécifique, celle qui impose au fidèle un sentiment de respect particulier, qui prémunit la foi contre l'esprit d'examen, la soustrait à la discussion, la place au dehors et au-delà de la raison." La parole semble toujours être une insolence et une souillure, signe d'arrogance et d'indignité.

3. ALAIN COLAS, *Poèmes du Zen des Cinq-montagnes,* Maisonneuve et Larose 1991, p.385.

conscience dans lequel vit un Eveillé parfait (c'est-à-dire le Bouddha). Cet état échappe à toute définition car il ne peut être ni pensé, ni exprimé par des mots. Toute tentative d'explication positive se heurte à l'impossibilité logique de délimiter l'"illimité". Les seules définitions possibles sont des définitions par la négative, indiquant que Jakumetsu n'est ni ceci, ni cela (en sanskrit Neti, neti)."[1]

On comprend que l'Occident bavard, formé à la pensée par une tradition issue du Logos grec, qui aime se symboliser dans la parole socratique, critique, argumentative, ergoteuse parfois, soit resté et continue de rester étranger à cette attitude d'esprit dont il ne respecte le caractère confus qu'à la condition d'y voir une "mystique". Il est en effet tentant d'établir une analogie entre ces pensées de l'indéterminé et, par exemple, la mystique des théologies négatives occidentales, lesquelles, issues de Pseudo-Denys l'Aréopagite (qui écrit aux environ de l'an 500), tendent toutes à soutenir que, de Dieu, de l'Eternel, on ne peut rien dire avec des mots, dans un discours temporel. La discursion n'est pas seulement d'une fatale insuffisante, elle est plutôt d'une grossière incongruité catégoriale. Cette analogie n'est pas complètement satisfaisante, ni du reste jamais complètement fausse, car, dans le silence, comme l'a noté avec ironie Hegel, toutes les pensées ineffables s'abîment, s'annulent dans le grand Un. "Toutes les vaches sont grises." Jamais complètement satisfaisantes néanmoins, car la mystique d'une Thérèse d'Avila ou d'un Jean de la Croix, débouche sur l'indifférence complète vis-à-vis des rituels, la stupeur de la rencontre avec Dieu face à face constitue à elle seule une expérience littéralement physique de l'éternité qui rend dérisoires toutes les procédures. On n'imagine guère en revanche dans l'hindouisme l'absence de rituels, en particulier funéraires.[2] Il y a certes chez lui une grande tolérance religieuse (de principe !) vis à vis des rituels, mais celle-ci a une raison qui n'est nullement le caractère dérisoire des procédures. Simplement, les divinités étant sans nombre, chacune peut légitimement faire l'objet de rituels qui lui soient propres.

1. *Dictionnaire de la Sagesse orientale*, Bouquins Laffont 1989, p.255.

2. "A la mort, le corps subtil se dégage du corps grossier. Toutefois le trépas, à lui seul n'y suffit pas. Les rites funéraires sont nécessaires. Le corps subtil, véhicule de l'atman, a besoin à son tour d'un véhicule sur lequel puissent agir les vents (...) qui le transporte vers les mondes où s'opère la rétribution. [...] la crémation est comprise comme un sacrifice." MICHEL HULIN. *La face cachée du temps,* Fayard 1985, p.362 note 2.

> "L'Hindou [...] est toujours prêt à admettre l'équivalence des diverses divinités conçues comme la manifestation de forces distinctes émergeant de l'Immensité inconnaissable et indéterminée."[1]

Néanmoins, l'omniprésence de rituels tatillons n'empêche pas un détachement à l'égard du monde temporel ni des plongées méditatives qui sont les constantes universelles de la mystique. Toute mystique est une expérience vécue de l'éternité.

L'idiosyncrasie de la pensée d'extrême orient ne doit néanmoins pas nous empêcher de lui consacrer quelques remarques. Car, qu'on le considère d'un regard ethnographique aussi neutre que possible, ou qu'on inscrive certaines de ses affirmations dans la philosophie universelle pour en dégager la vérité, et dès lors aussi pour en dénoncer les incohérences, l'hindouisme donne un exemple d'effort de l'esprit pour penser la relation entre l'éternité et le temps. La thèse de la transmigration des âmes, que l'on rencontre dans les *Upanishad* y joue un rôle analogue à celui qu'on trouve chez Pythagore ou chez Platon (qu'il y ait ou non sur ce thème entre l'Inde et la Grèce une filiation historiquement démontrable). Le temps est caractérisé avec force comme un moindre être, une illusion, et dès lors, connaître vraiment, connaître d'un savoir libérateur, c'est connaître l'éternité et se détourner du temps, lieu des apparences.

La transmigration et les incarnations multiples : le Samsara

Dans le Brahmanisme, il n'est pas aisé de définir la nature de ce qui transmigre dans le *Samsara*. Ce que les Occidentaux traduisent ordinairement sous l'expression de "transmigration des âmes" est la manifestation de l'éternité des métamorphoses ou encore celle des métamorphoses de l'Eternel.

Il y a bien sûr d'abord un problème lexical, parce que, dans l'hindouisme, comme nous allons le voir, plusieurs mots sont susceptibles d'être traduits, selon les contextes, par le terme d'âme. Il y a aussi un problème ontologique, sauf à penser, avec Carnap, que tout problème ontologique n'est qu'un problème lexical déguisé, (puisqu'aucune des notions que nous allons évoquer ne saurait faire l'objet d'une approche expérimentale, au sens que la science donne à ce terme). Un problème ontologique se pose donc, parce que, comme l'a noté la pensée grecque de l'être depuis Parménide et Héraclite, si un étant ne se maintient pas dans le changement, il n'y a pas lieu de parler

1. A.DANIELOU, *Ibidem* p.29.

de *ré*-incarnation. Aussi, bien qu'il soit une forme de devenir sans fin, le *Samsara* n'est-il pas ce qu'Héraclite donne à penser sous le nom de devenir. Nietzsche qui est séduit par cet éternel évanouissement que conçoit Héraclite, ne l'est guère par celui que propose l'hindouisme que Schopenhauer avait pour sa part fait sien, (et cela, même s'il lui emprunte l'idée d'un Soi (= atman) qui commande au Moi conscient[1]. Le devenir héraclitéen est à ses yeux, éminemment positif, il est ce à quoi on peut dire oui, le oui de la vie, alors que le Samsara est ce dont on espère, toujours vainement, être libéré par une mort définitive. Comme le souligne G. Deleuze, dans la pensée héraclitéenne :

> "Il n'y a pas d'être au-delà du devenir, pas d'un au-delà du multiple ; ni le multiple ni le devenir ne sont des apparences ou des illusions.[...] Le multiple est la manifestation inséparable, la métamorphose essentielle, le symptôme constant de l'unique."[2]

Si l'on examine quelques uns des concepts les plus fréquents qu'utilise l'hindouisme pour parler du *Samsara*, il faut d'abord écarter le *Brahman*, qui peut sans doute parfois recevoir le nom d'âme universelle, mais ne saurait se réduire à l'âme d'un étant individué. Le *jiva* étant, lui, la forme déterminée des étants, doit naturellement être écarté aussi, puisque la mort le détruit. Il pourrait peut-être convenir sous une forme générique, pourtant il faut y renoncer là également, car la transmigration n'est pas identifiée à la renaissance pérenne d'une espèce à travers ses individus ; il y a en effet au contraire souvent transgression des barrières d'espèces lors de chacune des morts, et une valeur spéciale - d'ordre éthique - est accordée au franchissement de ces barrières. Il reste alors à s'interroger sur l'hypothèse d'un *atman* migrant, puisque, bien que celle-ci soit la plus cohérente, elle ne va pas absolument de soi, l'*atman* n'étant personnel que pris dans le voile de Maya, (c'est en effet une illusion que de croire que l'on est *vraiment* quelqu'un d'individuel). A la mort, l'*atman* retourne au *Brahman* duquel il n'avait jamais été séparé *en vérité*.

Au-delà du problème de la nature de ce qui transmigre, et qui ne peut donc pas être assimilé à une âme substantielle, principe de pensée, au sens cartésien du terme, on peut donner à la théorie de la transmigration des âmes deux fonctions, d'ailleurs non exclusives, et noter, selon les contextes, une prévalence de l'une sur l'autre. Lorsqu'elle est orientée vers le futur, l'anticipation des vies prochaines y représente pour les humains une mise en garde morale ; lorsqu'elle

1. NIETZSCHE, *Ainsi parlait Zarathoustra*. Chap. *Les contempteurs du corps*. Ed. Aubier-Flammarion, p. 101.
2. G.DELEUZE, *Nietzsche et la philosophie,* PUF 1962, p. 27.

est orientée vers le passé, la rétrospection lui donne figure d'une théorie mythique des quiddités et d'une sociodicée (ou théodicée sociale).

Considérons d'abord la signification des réincarnations d'un point de vue anticipatif. Dans la longue histoire de l'hindouisme, on voit apparaître une interprétation (qui connaît elle-même des renaissances périodiques), faisant des *karma* (existences actives) successifs des signes de récompense ou de punition en fonction d'une hiérarchie de noblesse des espèces vivantes et des castes sociales. Cette lecture éthique ne va pas sans créer bien des difficultés métaphysiques puisqu'elle introduit un anthropocentrisme dans une pensée qui tend fondamentalement à le ruiner. Si l'homme est une simple forme naturelle noyée parmi toutes les autres immergées elles-mêmes dans les métamorphoses sans fin du manifesté (et du non-manifesté peut-être aussi ? Mais là, personne n'en sait rien, puisqu'il s'agit d'une sorte de vide quantique impénétrable) quelle indignité peut-il trouver à être réincarné dans une forme autre ? Sans compter qu'on voit mal qu'un étant végétal puisse mériter de se réincarner dans une espèce supérieure...pour s'être bien conduit dans son existence (*karma*) végétale, ou le contraire.

> "Ceux qui renaissent dans des êtres immobiles entièrement hébétés, n'ont pas alors la possibilité d'accomplir des actions méritoires susceptibles de mener à une amélioration de leur condition." (Commentaire à la Chandogya-Upanishad V.)[1]

D'autre part, un hindouisme éthique, qui admet l'idée de rétribution post-mortem est amené à se relativiser lui-même s'il insiste sur cet aspect doctrinal n'ayant de validité que pour des hommes. Bien sûr, toute doctrine ne s'adresse qu'à des hommes, (exceptée peut-être la métaphysique des moeurs de Kant). Mais, même si l'hindouisme s'adresse aux hommes, il se présente comme une vérité qui n'a rien d'"humain", comme une vérité qui leur dit même qu'ils sont dans l'illusion lorsqu'ils s'accordent de l'importance en tant qu'hommes. Il leur dit que la vraie connaissance implique l'oubli de cet ego qui les fait se connaître comme êtres individués. Enfermé ainsi dans une sorte de paradoxe d'Epiménide, quel crédit peut-il garder si, au lieu d'être une théorie générale des formes d'être, en ascension ou en déclin d'être, il se prend lui-même dans les rets de Maya, pour le salut des hommes ?

Si nous considérons maintenant les réincarnations d'un point de vue rétrospectif, la transmigration des âmes nous apparaît comme un procédé - assez classique dans les gnoséologies et épistémologies

1. Cité par M. HULIN, *La face cachée du temps* p. 372.

mythiques, permettant de faire face au caractère mystérieux et apparemment contingent des quiddités. Pourquoi cela et pas autre chose ? Pourquoi comme cela et pas autrement ? Tout être vient non seulement d'une lignée de parents dont il hérite des caractères, mais il lui reste des vestiges d'innombrables *karma*, qui constituent ses autres caractères, ou les mêmes. Il y a là une sorte de théorie génétique mythique.

> "On observe souvent que certains se montrent habiles dès leur plus jeune âge en certains arts comme la peinture, tandis que d'autres s'avèrent maladroits, même en présence de tâches aisées [...]. Tout cela est dû à l'expérience antérieure qui – présente – revit et – absente – ne le peut pas." (Commentaire à la Chandogya)

Dans cette lecture, les caractères de chaque être lui viennent de ses vies antérieures et de ses parents et aïeux qui ont eux-mêmes eu des vies antérieures - et cela à toutes les générations.

Michel Hulin cite une image forte donnée en un texte d'*Upanishad* par l'arbre qu'on a coupé au ras du sol et dont la souche encore vigoureuse donne naissance à une cépée. Nous voyons bien l'ambiguïté de l'image : chacun des rejets est-il une branche nouvelle de l'arbre ancien ? Est-il le tronc encore fluet d'arbres nouveaux et indépendants ? S'agit-il d'un arbre qui *re*-pousse ou d'autres arbres se nourrissant des réserves de sève de son cadavre ? Où est l'identité d'un être ? Dans son être propre, ou dans les racines de son être ?

Ainsi, si nous essayons de traduire conceptuellement l'image, nous pouvons dire que, par son *atman*, l'homme est éternel (sans d'ailleurs cesser d'être mortel), car le principe de sa vie, dans sa pulsation, ne meurt pas lorsque l'individu meurt. C'est pour cela qu'on dit que l'*atman* est, à la vérité, *sans naissance* dans ce qui naît, et bien sûr sans mort. Puisque l'arbre qui meurt n'est pas entièrement mort, mais que ce qu'on débite en planches l'est bien, puisque les rejets sont bien vivants et naissent de l'effacement de l'arbre, puisqu'ils ont une existence séparée, distincte, avec des événements et une histoire singulière dans laquelle ils trouveront eux-mêmes la mort, il faut en tirer la conséquence suivante : ce qui, de tout être individuel temporel, retourne à la Nature éternelle en mourant, y stimulant un regain de fécondité, ne saurait y demeurer sous peine de devenir d'emblée un signe de fatigue de la Nature qu'on sait pourtant inépuisable.

La thèse du retour dans le temps des décédés ne dit pas autre chose que ceci : nous sommes faits de tous les êtres, comme nous sommes faits de l'être. C'est ainsi, c'est bien ainsi. La doctrine du *karma* justifie le monde et la société tels qu'ils sont, elle satisfait la demande de sociodicée (ce qui est doit être) qui est l'un des principaux "intérêts religieux" que, selon Max Weber, satisfont les religions. Elle satisfait donc les demandes de légitimation des castes privilégiées en même temps que les demandes de salut des castes défavorisées. L'indifférence (stupéfiante aux yeux des chrétiens) de l'hindou moyen à la souffrance des castes inférieures et l'immense pitié – de principe – qu'il voue simultanément à toutes les créatures jusqu'aux plus repoussantes pour nos phobies anthropocentriques, ne sont plus contradictoires, si l'on considère que toute souffrance actuelle n'est, après tout, que pure justice réparatrice. Les vestiges de *karma* des vies antérieures doivent être brûlés dans la vie actuelle : toute personne dans la souffrance ne fait que payer les péchés de ses vies précédentes. L'immense pitié se justifie aussi de ce que, tous comptes faits, nous sommes tous (tous les êtres individués) de pauvres pécheurs, y compris les pierres qui expient, elles aussi. Le temps, finalement, n'est pas autre chose que l'expiation universelle, expiation qui élève ontologiquement ceux qu'elle touche[1]. Michel Hulin remarque à ce propos que, non seulement les dieux n'échappent pas au sort commun, mais même qu'ils ne sont des dieux que pour s'être justement enrichis d'être par mille et mille retours.

> "Rappelons que les dieux de l'hindouisme - mis à part le seigneur suprême, personnalisation de l'absolu ou du Brahman - ne sont pas tels par nature, mais seulement par l'effet de leurs mérites passés. Ils ne se distinguent des "mortels" que par la qualité et la durée fabuleuse de leur rétribution céleste. Mais ils sont destinés, eux aussi, à retourner dans le Samsara."[2]

Cette infinie répétition doloriste de naissances maudites qu'est le *Samsara* a pu fournir à Schopenhauer l'image la plus noire de la vie que souhaitait son masochisme. On comprend que Nietzsche lui ait préféré le tragique plus joyeux d'Héraclite. Comme écrit G. Deleuze :

> "Héraclite a regardé profondément : il n'a vu aucun châtiment du multiple, aucune expiation du devenir, aucune culpabilité de l'existence. Il n'a rien vu de négatif dans le devenir, il a vu tout le

1. On ne peut s'empêcher d'établir un rapprochement entre cette pensée et la métempsycose de la tradition pythagoricienne en Grèce. J.P. VERNANT écrit dans *Mythe et pensée chez les Grecs* ; Maspéro 1965, p. 93 : "Cette idée que l'âme, pour s'élever dans l'échelle des êtres et atteindre finalement à la condition de héros et de dieu, doit, au cours de sa vie, se purifier par l'expiation, en payant le prix de ses fautes, nous la retrouvons, sous une forme plus explicite dans des textes de Pindare et d'Empédocle : il s'agit de ' fautes anciennes ', du mal que l'âme a pu faire autrefois, dans ses existences antérieures."

2. M. HULIN, *opus cit.* p. 394 note 40.

contraire : la double affirmation du devenir et de l'être du devenir, bref, la justification de l'être."[1]

III - L'ÉTERNITÉ ET LE MONOTHÉISME

A - Le temps et l'éternité dans le Judaïsme

Pas de vie éternelle pour les créatures

Il semble que si l'on s'en tient aux textes les plus anciens de la Bible, la séparation entre l'éternité, apanage de Dieu, et la temporalité, caractère des créatures et donc des hommes, soit totale. Les seules références qu'on trouve dans la Bible sur une éternité de l'âme humaine et sur une résurrection de celle-ci après la mort sont peu nombreuses, souvent d'interprétation ambiguë, [2]et généralement tardives.[3]

Les Hébreux ont donc longtemps pensé que la mort était définitive pour les individus. Pour l'*Ecclésiaste,* la cause est entendue :

> en 9-5 - "Les vivants savent au moins qu'ils mourront, et les morts ne savent rien." ; et en 9-10 - "Tout ce que tu trouves à entreprendre, fais-le tant que tu le peux, car il n'y a ni œuvres, ni comptes, ni savoir, ni sagesse dans le Shéol où tu vas."

L'absence de vie éternelle pour l'homme n'est nullement une singularité de ce livre biblique à la tonalité certes spécialement tragique. Elle signifie plus simplement que le Judaïsme originaire ne peut imaginer d'autre "éternité" qu'une pérennité du peuple, souffrant, mais surmontant mille vicissitudes redoutables, et survivant à travers les siècles. On peut du reste penser - avec Spinoza - que cette pérennité est la seule signification sensée que puisse revêtir la notion de "peuple élu".

1. G.DELEUZE, *opus cit.* p.28.
2. Considérons par exemple *Osée* 6-2: " Après deux jours, il nous rendra la vie, le troisième, il nous relèvera.". Replacée dans son contexte, la formule "rendre la vie" semble signifier que Dieu ranime les mourants certes, mais encore vivants, et non pas les morts.
3. Le livre de *Daniel* qui, dans son chapitre 12 sur "la fin des temps", est le plus explicite, fut peut-être partiellement écrit vers -167/164 (selon la *Bible de Jérusalem* 1961 p.982) Les interpolations hétéroclites et d'époques diverses y sont probables. L'allusion fréquente, faite par les chrétiens à ce passage - que le Christ semble avoir lu - fait penser que certaines interpolations ne sont pas seulement dues aux erreurs des copistes.

> "Cela ressort avec la plus grande clarté de l'Ecriture elle-même ; en la parcourant même sans application, on voit clairement que si les Hébreux l'ont emporté en quelque chose sur les autres nations, c'est par la prospérité de leurs affaires, en ce qui touche la sécurité de la vie et par le bonheur qu'ils ont eu de surmonter de grands dangers ; tout cela surtout par le seul secours externe de Dieu ; pour tout le reste, ils furent égaux aux autres et Dieu est également propice à tous".[1]

Ainsi, si l'on admet que Dieu a choisi de se révéler à un peuple d'hommes, la raison garantit à ce peuple qu'il survivra pour assumer sa mission - laquelle n'est autre, précise d'ailleurs un peu plus loin Spinoza, que de transmettre ce qui unit un peuple en peuple : la Loi. Point d'autre éternité donc que celle de la Loi divine, la Loi de raison traversant le temps de part en part.[2]Point d'autre existence historique que celle qui reçoit la bénédiction de Dieu. Ayant créé les animaux, il les bénit, ayant créé l'homme "mâle et femelle, il les bénit et leur dit : Soyez féconds, multipliez[3]etc...". La religion hébraïque solennise bénédiction et malédiction par la durée. Seul ce qui dure a vraiment de l'être : grand âge pour ceux que Dieu bénit, malheurs sur la descendance de ceux qu'il maudit. En ce qui les concerne, les hommes se maudissent et se bénissent mutuellement avec entrain. Espèce inconstante et frivole, ils profèrent sans retenue, dans l'absolu (un absolu de pacotille) des souhaits dictés par la colère ou la séduction du moment. Mais Yahvé reste maître du passage à l'être effectif de leur parole performative, comme on le voit par exemple en *Deutéronome* 23,6, où il change une malédiction en bénédiction. Dieu reste maître du temps et de l'être, alors que tout ce qui est humain, à l'image de tout ce qui est créé, passe.

Au delà du texte biblique proprement dit, et sur la notion d'éternité rapportée aux créatures, des querelles incessantes vont opposer les théologiens de la tradition talmudique. L'Enfer, par exemple, est souvent tenu pour éternel, mais le séjour qu'y font les damnés est souvent aussi tenu pour provisoire. Des sectes à la durée de vie historique fort longue, comme celles des Saducéens et des Pharisiens s'affrontent sur rien de moins que la réalité du monde futur, ou la

1. SPINOZA, *Traité théologicopolitique*, p.72.

2. Spinoza tire du livre de *Job* la substantifique moelle suivante : "Il ressort que Dieu a prescrit à tous cette loi de révérer Dieu et de s'abstenir des oeuvres mauvaises, c'est à dire de bien agir, et c'est ainsi que Job, bien qu'il fût un Gentil, fut de tous le plus agréable à Dieu parce qu'il l'emporta sur tous en piété et en religion."

3. *Genèse* 1,28.

résurrection des morts. L'hellénisation de la pensée, les tiraillements opposés provoqués par le développement du Christianisme ont encore brouillé les positions.

En tout état de cause, pour l'Ancien Testament lui même, la vie temporelle des hommes pris individuellement, s'arrête avec la mort, depuis que leur désobéissance a valu à Adam et Eve d'être chassés du jardin d'Eden. L'au-delà de la vie des corps, le Shéol, est un monde d'ombre où il ne se passe rien. Ni acte, ni parole, puisque selon *Isaïe* :

> en 38-18 - "Car le Shéol ne te loue pas, la mort ne te célèbre pas ; ceux qui choient dans le trou n'espèrent plus en ta fidélité."

Ainsi n'y a-t-il dans l'Au-delà ni récompense ni punition, faute d'immortalité. La véritable punition, pour le pécheur, c'est de prendre conscience qu'il meurt. "Voir la fosse", comme il est dit au verset 10 du *Psaume* 16, voilà ce qui indique l'abandon de Dieu. Le Salut, au contraire, consiste à échapper au Shéol au moment où l'on allait y tomber. La Miséricorde de Dieu consiste à surseoir à la mort (et non pas à la supprimer). Le livre de *Job* nous montre de façon emblématique comment Dieu traite tout homme, et même le vertueux. Personne ne peut demander des comptes à Dieu. Jeté dans la misère, Job va être précipité au Shéol, lorsque Dieu le sauve, c'est-à-dire le restaure dans ses biens et le laisse vivre jusqu'à 140 ans[1]. C'est cela son Salut : alors, "rassasié de jours,"(42 - 17), Job meurt, réconcilié et satisfait. Mais il n'y a point de retour quand on a franchi les portes.[2]

Où Dieu se ravise

A ce moment de l'analyse, il apparaît donc avec clarté que, dans le Judaïsme originaire, la mort est une séparation radicale, ontologique, de l'acte divin créateur. Cette métaphysique est d'une simplicité...biblique : *seul Dieu est éternel.* La temporalité de l'homme le maintient à une distance infranchissable de Dieu. L'ambiguïté qui va nourrir toutes les traditions de la glose rabbinique apparaît avec *Jérémie*, qui explique que Dieu change d'avis à l'égard du péché d'Adam et qu'il propose à l'humanité un pacte nouveau. A la respon-

1. Rapportée à la longévité de quelques autres personnages bibliques, cette durée de vie reste modeste. La *Genèse* dit en 10,28 : "Toute la durée de la vie de Noé fut de neuf cent cinquante ans, puis il mourut.". Mathusalem passe pour avoir battu tous les records avec 969 ans. "Faut-il rappeler que la durée de vie allouée aux grands hommes dans les écrits de l'Orient ancien, relève d'un procédé littéraire qui permet d'exalter ceux qui sont tenus pour admirables pour leurs vertus, leur rang de prestige, ou leurs hauts faits." A-M. GERARD, *Dictionnaire de la Bible,* Robert Laffont, Article Mathusalem p. 890.

2. *Job :* 9-10.

sabilité générique qui prévalait jusqu'alors : Puisque Adam, – c'est-à-dire l'homme – a péché contre Dieu, toute sa descendance en est devenue mortelle, ou encore temporelle, se substitue la responsabilité individuelle de chacun. Alors prend sens l'idée d'un Jugement. A la fin des temps, chacun est jugé pour ses actes propres :

> Jérémie ; 31 ; 29-30 : "On ne dira plus : "Les pères ont mangé des raisins verts et les fils en ont eu les dents agacées," mais chacun mourra pour son propre crime. Tout homme qui aura mangé les raisins verts, ses propres dents en seront agacées."

Ezechiel, commentant à son tour ce proverbe, demande qu'on cesse de le retenir comme un proverbe en Israël et ajoute en 18 ; 4."L'être qui faute meurt." Une première interprétation serait que seuls meurent les damnés, qui paient ainsi leurs crimes. Le salut des justes devient alors l'accès à l'immortalité, ce qui confirme bien que celle-ci n'est pas, comme chez les grecs, une caractéristique d'essence (c'est-à-dire universelle) de l'âme humaine, mais qu'elle n'est qu'une forme mineure d'éternité accordée par Dieu en récompense à une créature finie déterminée. Seul Dieu est éternel, puisque seul il est incréé, et les âmes qu'il décide de garder en lui dans l'immortalité participent ainsi de *son* éternité par son seul décret et non par leur nature.

Une deuxième interprétation, rivale de la précédente, dirait que le salut, pour les justes, est certes un privilège accordé par Dieu, mais qu'il n'est pas celui de ne pas mourir, il est celui "d'accomplir son temps". Dans la nouvelle Jérusalem, la mort ne viendra que lorsque les élus auront atteint l'accomplissement de leur essence (qui reste finie dans le temps). Il ne s'agirait donc pas d'un sort différent de celui de Job : le juste béni de Dieu vit jusqu'à l'épuisement de son essence, alors qu'ordinairement la mort interrompt chaque vie dans l'inachèvement. On trouve cette prophétie dans les chapitres apocalyptiques d'*Isaïe* :

> en 65 ; 20-21 :"Là, plus de nouveau-né qui ne vive que quelques jours, ni de vieillard qui n'accomplisse son temps. Mourir à cent ans, ce sera mourir jeune, et ne pas atteindre cent ans sera signe de malédiction."

Dans ses hésitations, comme on le voit, le Judaïsme n'a guère eu de propension à accorder l'éternité à l'âme. Celle-ci est d'ailleurs identifiée au souffle ou au sang[1] et n'est nullement une substance autonome, elle est plutôt une impulsion vitale que Dieu donne à la créature qu'il

1. *Genèse* 9,5 : "Je demanderai compte du sang de chacun de vous. J'en demanderai compte à tous les animaux et à l'homme, aux hommes entre eux, je demanderai compte de l'âme de l'homme."

"anime". Le Judaïsme ne pense qu'en termes de salut accordé ou refusé. Aussi n'est-ce pas la vie d'avant qui se prolonge après l'épreuve de la mort du corps ; le salut est une résurrection, c'est-à-dire un triomphe sur la mort relevant d'une décision régalienne, ad hominem, de Dieu. Mais tous n'auront pas des raisons de s'en réjouir, car le livre de *Daniel* annonce :

> en 12 ; 2 - 3 :"Des multitudes de ceux qui dorment au pays de la poussière s'éveilleront, les uns pour la vie éternelle, les autres pour l'opprobre, pour l'horreur éternelle."

C'est à partir de cette époque (environ 165 avant J.C.) que le Judaïsme va instiller de plus en plus régulièrement dans sa métaphysique et son éthique, l'idée d'un salut du juste qui prend la forme de la vie éternelle. Les Pharisiens sont déjà acquis à cette idée quand Jésus s'en empare pour en faire un thème majeur de sa prophétie. Les évangélistes affirment que c'est cela même l'évangile, la bonne nouvelle :

> "Dieu n'est pas le Dieu des morts, mais celui des vivants."(Matthieu 22 ; 31-32.)

> "Ceux qui croient à la résurrection ne peuvent plus mourir."(Luc 20 ; 36.)[1]

Dans le Judaïsme des écoles rabbiniques, le salut va désormais être présenté comme la rétribution du juste, associée le plus souvent au martyre. Le Christianisme, puis l'Islam mettront un accent encore plus fort sur la conviction que le martyre pour la vraie foi mérite une récompense suprême. Dès lors, cela devient une constante des religions monothéistes : Dieu ne peut plus faire moins, pour confondre les méchants, que d'accorder aux martyrs de sa cause, une victoire posthume, une réparation proportionnée à sa puissance infinie. Il y a tout lieu de croire que la concurrence des autres religions monothéistes a poussé le Judaïsme dans le développement d'une doctrine sotériologique répondant au besoin de systématisation des couches sociales intellectuelles formées à la pensée grecque.

Cette demande est d'abord une demande d'éternité pour l'homme. Cela est assez visible à l'époque du Christ. L'encore récente orthodoxie

1. Matthieu, Marc et Luc racontent, presque dans les mêmes termes que le Christ a fait cette réponse à propos d'une discussion sur le lévirat. Ceux qui ne croient pas à la résurrection lui demandent, goguenards : si une femme épouse successivement sept frères, de qui donc sera-t-elle l'épouse dans l'Au-delà ? Et Jésus leur fait comprendre que leur question montre qu'ils n'ont rien compris à ce qu'est le salut.

pharisienne se voit contester vivement son magistère sur les croyants par la secte chrétienne sur ce thème. Dans les religions polythéistes, il y a toujours de la place pour un dieu nouveau. Bien sûr, il y a la guerre, les divinités peuvent entrer en conflit, mais ainsi elles se hiérarchisent dans l'esprit des mortels et prennent place dans des aventures mythologiques. L'historicité de leur apparition se trouve alors rapidement effacée. Le temps mythique fait son oeuvre et bientôt la mémoire collective se souvient seulement de certaines prérogatives divines dans le système de toutes les autres. Les divinités peuvent donner sans doute la victoire ou une guérison, mais il ne viendrait à l'idée d'aucune d'elles de donner l'éternité aux hommes, en rétribution de leur foi en elles et en leur message. En général, elles n'ont du reste pas de message à délivrer. Dans les religions antiques, l'idée d'un châtiment de l'âme pour ses fautes est généralement associée à la réincarnation. Comme dans l'hindouisme, c'est la métempsycose qui assure l'expiation. Du reste, l'idée que l'âme pourrait recevoir une récompense semble bien être apparue en général comme tout à fait saugrenue. Qui peut bien devoir quoi que ce soit à un être humain qui s'est bien conduit ? Certainement ni les dieux, ni Dieu ! Comme l'écrit Cournot :

> "On dirait que la même cause qui a retardé au sein du judaïsme, les développements du dogme de la vie future s'est encore fait sentir, lors du travail de la définition progressive du dogme chrétien."[1]

Mais tout change à partir du moment où les deux religions monothéistes s'affrontent, même si elles partagent un même corpus de prophéties. La malédiction que jettent désormais les chrétiens, au nom de Dieu, sur l'impie, sur le méchant, ne s'étend plus jusqu'à la soixante dix septième génération future de sa race, mais elle le vise désormais personnellement pour l'éternité. Pas moins. La tradition talmudique n'a pas pu rester en déficit de promesses de vie éternelle face aux métaphysiques helléniques et aux prophéties rivales.

Les Grecs ont cru à l'éternité de l'âme et à la métempsycose bien avant de croire en un Dieu créateur unique et éternel ; la métempsycose n'a jamais signifié pour eux une résurrection de chacun dans son corps, qui n'aurait lieu qu'une fois et serait définitive ; enfin, l'idée de fin des temps leur est étrangère. Le Christianisme s'est constitué, lui, sur la résurrection du Christ dans sa chair considérée comme un fait constaté par de nombreux témoins et ayant le sens d'une annonce, faite à l'humanité toute entière. A la fin des temps, Dieu régnera sur une

1. COURNOT, *Traité de l'enchaînement des idées fondamentales,* § 585, Vrin.

Création ressuscitée. Pris entre deux feux, le Judaïsme a lui aussi fini par admettre que les hommes sont, en droit, immortels à défaut d'être éternels, qu'ils seront "relevés" et vivront selon la Torah dans un monde à venir.

B - Le temps et l'éternité dans l'Islam

Comme les autres religions monothéistes, l'Islam oppose la vie temporelle à un Au-delà, siège exclusif de l'Eternel, avec, comme passage de l'un à l'autre : la mort.

> Sourate 29, v.64.- "La vie de ce monde n'est qu'un jeu et une frivolité ; mais la demeure de l'autre monde, c'est la véritable vie."[1]

Dans la pensée musulmane, il faut d'abord noter une divergence importante entre la théologie et la philosophie. Cette dernière est marquée en profondeur, chez les arabes, par la pensée d'Aristote et par une forme de néoplatonisme qui la classent dans la tradition philosophique occidentale. La théologie en revanche, présente des caractéristiques nettement moins grecques.

Le temps de la vie

Les rédacteurs du *Coran* sont assurément des lecteurs de la Bible, dont ils tirent beaucoup, peut-être des Evangiles, dont ils tirent nettement moins. Les emprunts au Mazdéisme persan sont également nombreux. L'aspect le plus typique du *Coran* en ce qui concerne la vie terrestre est à l'évidence la notion de *ajal musammâ*, qui signifie que le *terme est fixé*. Cette notion est applicable à tout être formé, qu'il soit individuel (être vivant, être humain) ou collectif (peuple ou société).

Il n'y a pas dans cette notion seulement l'idée de finitude, mais l'idée que tout être est défini par son terme, par le terme qu'y met Dieu dès l'acte créateur même. Dieu octroie l'existence, ou la vie, en y mettant un terme. S'il y a un homme pour qui la notion heideggerienne d'être-pour-la-mort (Sein-zum-Tode) risque d'être immédiatement limpide, c'est bien le musulman. Dieu créateur octroie une durée limite, sa toute-puissance se marque dans cet octroi impérieux. Ainsi se trouve fondé le fatalisme absolu, si célèbre, de cette religion.

On trouve même dans ce domaine, au tournant du VIIIème et IXème siècles, une thèse extrême chez les théologiens dits *ash'arites*. Ceux-ci pensent que les corps sont constitués par des accidents entre

1. Les citations du *Coran* sont tirées de la traduction Garnier-Flammarion.

des atomes, mais contrairement à Epicure, ils ne laissent aucune place au hasard. Comme l'explique Ahmad Hasnawi :

> "Chaque accident est, à chaque instant, recréé par Dieu, de même que les atomes ne durent qu'en vertu d'un accident qui est recréé en eux par Dieu à chaque instant."[1]

Dieu se préoccupe ainsi de chaque atome de notre corps dans chacun de ses instants, si bien que ce qui est prévu arrivera de toute façon, et nous n'avons aucun avis à émettre sur ce que Dieu définit comme destin à chaque atome, et par là même à notre vie. Leibniz, dont la *Théodicée* nous explique comment, par l'harmonie préétablie, Dieu voit et crée l'ordre complet de l'univers dans chacun de ses plus infimes (infinitésimaux) détails, a cru bon de se disculper du soupçon de "*fatum mahometanum*", qui pouvait peser sur lui (non sans quelque crédibilité), en assurant pour sa part : "la liaison des causes avec les effets, bien loin de causer une fatalité insupportable, fournit plutôt un moyen de la lever."

Leibniz entend ainsi soutenir un déterminisme rationnel qui relie des causes et des effets par des liens de raison (et le temps est cet ordre). Il entend se démarquer d'un fatalisme qui fait que tout accident relève de la décision (tyrannique) d'un Dieu qui décrète le résultat sans se préoccuper d'établir des lois régulières qui y conduisent et qu'il respecterait lui-même. Pour Leibniz, notre raison même nous interdit d'imaginer Dieu autrement que raisonnable. Le temps est un ordre rationnel (et donc un être de raison) de succession. Pour l'Islam, ni notre raison ni quoi que ce soit ne nous autorise à juger si la volonté de Dieu est raisonnable ou non.

En ce qui concerne le fatalisme donc, l'Islam en développe une forme extrême qui lui est vraiment propre et bien qu'on puisse penser qu'il y a eu une forte influence du stoïcisme sur son origine, la pensée grecque antique ayant joué un rôle considérable sur tous les philosophes arabes, on peut néanmoins soutenir qu'il y a dans l'Islam une sorte d'envers de l'attitude stoïcienne. La thèse de l'Islam occupe en effet la position intellectuelle que les grecs appelaient celle de "l'argument paresseux", selon lequel, puisque tout est écrit, il n'y a plus rien à faire. Tout est accepté avec passivité, qu'il s'agisse des catastrophes naturelles, ou du sort des guerres.

La différence tient d'abord très probablement au fait que le stoïcisme est une philosophie, alors que l'Islam est une religion. Le stoïcisme ne promet pour après la mort ni récompense ni punition, car,

1. Le Courrier de l'Unesco. Avril 1991, p. 28.

comme le note A. Goldschmidt: "Quant à la survie, plus ou moins longue, des âmes humaines (ou de certaines d'entre elles), l'Ecole n'est jamais parvenue à fixer un dogme accepté de tous"[1] Il promet en revanche un bonheur dès maintenant pour ceux qui savent agir avec la force de caractère que donne la sagesse. L'Islam promet des récompenses au croyant (et surtout des punitions), en lui demandant une obéissance passive et une foi aveugle dans un futur qui appartient à Dieu seul. Le stoïcien ne vit lui qu'au présent, il n'attend rien du futur, la patience légendaire que lui demande sa morale (*sustine et abstine*) n'a pas le sens d'une attente passive. Ainsi quand Epictète écrit :

> " Si tu me disais maintenant: je veux une figue, je te répondrais: il faut du temps. Laisse d'abord venir les fleurs, puis naître le fruit, et enfin laisse-le mûrir."[2]

...ne nous y trompons pas, cette maxime ne demande nullement une patience passive, elle demande en réalité au jardinier d'accompagner la nature par un effort continu. Pour le sage stoïcien, il n'y a pas de valeur morale dans l'attente, mais dans l'action présente, si bien que la récompense n'est pas dans la saveur *finale* du fruit, mais dans le bonheur de l'effort effectué pour l'obtenir. Le bonheur est ce qui accompagne toutes les actions faites conformément à la nécessité. Ainsi encore, commentant Marc-Aurèle, V. Goldschmidt note :

> "Cette irréalité est affirmée du temps passivement subi, le temps de nos désirs et passions, le temps du "souci", où l'agent moral abdique son autonomie et accepte d"*attendre que le sucre fonde.*"[3]"

Le temps après la mort

Dans *L'introduction à la lecture de Hegel*, Alexandre Kojeve, tentant une mise en tableau systématique des grandes doctrines philosophiques en fonction du temps, de l'éternité et du concept, considère que certaines cases restent vides parce qu'elles correspondent à un contenu doctrinal incohérent. Ainsi, il écrit :

> "il ne peut y avoir de temps dans l'éternité. Il y a cependant des philosophes chrétiens qui l'ont affirmé explicitement ou implicitement ; mais, ou bien ils ont fait des jeux de mots dénués de sens,

1. A. GOLDSCHMIDT, *Le système stoïcien et l'idée du temps*, Vrin 1969, p. 176.
2. EPICTETE, Diss. I XV. 7.8.
3. A. GOLDSCHMIDT, *Ibidem*, p. 197.

> ou bien ils ont – sans s'en rendre compte – réalisé le type hégélien (ou athée) de philosophie."[1]

Force est de constater que Kojeve a oublié, ou ignoré l'Islam. La présence du temps dans l'éternité ressemble à une idée de conte pour enfants, elle est incohérente sur le plan philosophique, mais l'Islam l'affirme néanmoins.

Si pour l'Islam, le temps est comme pour tout un chacun une caractéristique du monde terrestre et matériel, il est à noter qu'il conserve également, d'une manière plus inattendue, une présence forte dans l'Au-delà, qu'il s'agisse du Paradis ou de l'Enfer. Le temps est en réalité si intimement lié à l'âme humaine déterminée dans le terme de son existence terrestre, qu'il ne la quitte pas, même dans la mort, même dans l'éternité. Il est vrai que dans ce cas, ses propriétés se trouvent altérées, hypertrophiées ou inversées, mais pour une créature, il y a encore et toujours du temps dans la vie éternelle.

Le temps est en effet une tension de l'âme dans sa liaison vivante au corps : il est ce qui sépare le désir sensible de sa satisfaction ou de sa réalisation. Cette attente n'est pas seulement une des conséquences possibles de l'existence du temps, c'est sa nature. Durant la vie terrestre, il est clair que les hommes sont avides de voir s'écouler le temps qui les sépare de leurs objectifs et qu'ils se plaignent de la fugacité du plaisir. Cet écart leur rappelle à tout instant leur imperfection ontologique – ce qui ne les empêche pas de l'oublier bien souvent –. Durant la vie post-mortem, ce sont ces qualités du temps qui vont être remises en cause, abolies parfois, ou étirées à l'infini. La raison pour laquelle on peut appeler Dieu le Tout-puissant est précisément qu'il ne connaît pas l'effort et que son être est substance, ce qui signifie qu'il est hors le temps.

Si nous considérons d'abord le temps paradisiaque, nous le voyons s'annuler en tant que durée séparatrice, et nous serions dès lors tentés de penser qu'il n'existe plus, que c'est cela même qui est une récompense, mais il n'en est rien, car s'il est vrai que la félicité est d'abord dans l'immédiateté, la durée de chaque plaisir s'étire et s'enchaîne de façon continue à celle de tous les autres. Dans le temps infernal, c'est la même chose en miroir. Les tourments – d'ailleurs décrits dans certains passages du *Coran* avec un luxe de détails d'un réalisme sadique extrême – sont de nature *sensible* et leur cruauté tient précisément à leur durée potentiellement interminable. Chaque vendredi, les prières des vivants allègent les souffrances des damnés, ce qui conduit ceux-ci à reprendre espoir, si bien que leur torture s'en trouve ravivée les

1. A. KOJEVE, *Introduction à la lecture de Hegel,* Gallimard , p. 338 note 2.

jours suivants. L'infernal, dans l'Enfer, c'est somme toute le temps, qui continue de s'étirer indéfiniment. Les suppliques que les damnés lancent vers Dieu, comme chez Kafka, les messages adressés à l'empereur par les ouvriers de la muraille de Chine, mettent des siècles à lui parvenir, et elles reviennent avec une réponse négative.

Dans la mort, les bienheureux n'échappent d'ailleurs pas à de très dures épreuves purificatrices. L'"épreuve du tombeau", qui se produit dans la période qui suit immédiatement l'inhumation, est la plus universellement redoutée dans le monde musulman. Chaque croyant la ressent comme une menace toute proche. Elle n'apparaît pourtant pas dans le *Coran* et ne devient omniprésente dans la théologie qu'à partir du XIIe siècle. Le franchissement du pont Sirât, qui mène au Jardin d'Eden, dure d'une durée sensible, quantifiable ; des jours ou des millénaires, selon la quantité et la gravité des péchés que porte le *Livre de ses œuvres*, que chacun reçoit à sa mort et où figurent ses actions bonnes et mauvaises (sourate 84). Parmi l'ensemble des humains qui souffrent en expiation de leurs fautes, les musulmans reçoivent un soulagement refusé aux autres, grâce à la récitation de la *shahâda*, la profession de foi musulmane. Seuls les martyrs de l'Islam ont le privilège d'être exemptés de cette épreuve de la durée et parviennent immédiatement au Paradis.

> Sourate 3, v.163.- "Ne crois pas que ceux qui ont succombé en combattant dans le sentier de Dieu, meurent : ils vivent près de Dieu et reçoivent de lui leur nourriture." *ou encore* : Sourate 22,v.57,58.- "Dieu accordera une belle récompense à ceux qui ont émigré pour la cause de Dieu, ou succombé en combattant, ou qui moururent éloignés de leur patrie. Dieu sait le mieux accorder des récompenses. Il les introduira d'une manière qui leur plaira."

On voit ainsi que la guerre sainte (le *djihâd*), pour l'Islam, n'est pas le double exact de son équivalent chrétien. Pour le chrétien, il s'agit avant tout de convertir toute l'humanité à la vraie foi. Détruire par le glaive les suppôts de Satan est un moyen. Pour le guerrier musulman, cette préoccupation de croyant n'est certainement pas absente, mais il y a plus, car la guerre sainte comme telle, joue pour lui un rôle essentiel sur son *temps* d'accès au Paradis. La promesse de la vie éternelle semble suffire au chrétien. Le musulman est pressé, mais s'il l'est, c'est aussi que la puissance transcendante de Dieu se manifeste par l'attente dans laquelle il peut maintenir les créatures.

> Sourate 47, v.37.- "Ne montrez point de lâcheté et n'appelez point les infidèles à la paix quand vous leur êtes supérieurs, et que Dieu est avec vous ; il ne vous privera point du prix de vos œuvres."

L'imagerie édifiante des deux religions est d'ailleurs significativement différente. Le martyre chrétien n'est pas de nature militaire, son icône favorite est plutôt le croyant qu'on jette aux lions pour sa foi. L'icône légendaire musulmane du martyre, c'est la mort courageuse que rencontre le guerrier dans la conquête pour la foi. Le malheur suprême de mourir en terre étrangère et impie, lui mérite une réparation exceptionnelle : l'accès direct au Paradis.

Selon Alfred Morabia, la différence des deux religions tient au fait que le christianisme s'est répandu dans des sociétés qui disposaient déjà d'un Etat (l'Etat romain). L'Islam a été une religion qui a eu à constituer un Etat avec des tribus qui vivaient dans des rixes incessantes. Comme l'écrit Maxime Rodinson, commentant le livre de A. Morabia :

> "La guerre fut aussi une nécessité vitale pour la naissante communauté groupée autour du prophète Mohammed, une "école de vérité", qui devait, pour survivre, prendre les structures d'une tribu dans un pays sans Etat. Les circonstances la transformèrent en Etat et la lancèrent à la conquête du monde. "Après coup, la théorie et la doctrine vinrent sanctionner et ordonner selon un plan "religieux" l'ensemble de ces initiatives (militaires)." "Les guerres d'un Etat-Eglise (comme l'Islam), ne sont pas exactement celles des Etats entre eux, même dotés d'une Eglise d'Etat."[1]

La vie éternelle

Dans le Paradis, la résurrection de l'union de l'âme et du corps restaure l'existence du désir *sensible*, mais il n'y a plus d'attente entre le désir et la satisfaction et tout plaisir dure indéfiniment. D'un point de vue psychanalytique, on pourrait dire que le paradis représente le triomphe du Ça. Les plaisirs sensuels y abondent dans les domaines alimentaire et sexuel :

> Sourate 47, v.16,17. "des fleuves d'eau qui ne se gâte jamais, des fleuves de lait dont le goût ne s'altérera jamais, des fleuves de vin doux à boire. Des fleuves de miel pur, toute sorte de fruits, et le pardon des péchés."

On peut d'ailleurs noter que les privilèges masculins de la vie terrestre y sont maintenus. Ainsi, aux humains de sexe masculin, quand ils ont fait montre d'une foi exceptionnelle ou ont connu le martyre, sont réservées des voluptés sexuelles généreusement accordées par les

1. *Le Monde des livres* 17 Juin 1994, p.V. Article sur le livre d'Alfred Morabia: *Le Gihâd dans l'Islam médiéval.* Albin Michel 1994.

houris, créatures paradisiaques féminines qui n'ont pas eu (pas plus que les anges) d'existence temporelle et donc ne connaissent pas la fatigue. Pour les femmes, il n'est prévu aucune gratification correspondante, elles accompagnent leur mari. Ce sexe a été créé pour la modestie, même dans l'éternité.

Michel Hulin note que cette présence du sensible dans l'éternité est :

> "une donnée purement religieuse dont la philosophie a toujours eu le plus grand mal à rendre compte. Un penseur comme Avicenne semble l'avoir, au moins dans la partie "ésotérique" de son oeuvre, complètement rejetée.[...] Averroès est plus prudent et nuancé [...] il en vient à admettre la possibilité d'une conservation des facultés sensibles elles-mêmes en dépit de la destruction de leur organe. D'autre part, il montre, à la suite d'Aristote, que l'exercice des vertus contemplatives devra toujours être sous-tendu par la pratique des vertus éthiques, lesquelles supposent la présence d'un corps."[1]

Le temps des créatures temporelles dans l'Au-delà ne manque pas de singularités surprenantes, puisque même si les jours et les nuits disparaissent, les astres cessant de tourner, les vendredis du calendrier terrestre continuent d'exister. C'est en effet le vendredi que la face divine se montre aux élus, leur donnant la plus grande des béatitudes que propose la vie éternelle.

On voit dans ces conditions que pour l'Islam, le temps a pour les créatures une dimension que Kant appellerait "pathologique", elle concerne en effet presque exclusivement le plaisir et la peine attachés à la finitude. Même l'éternité de l'âme s'en trouve marquée. On voit qu'il n'y a pas, dans l'idée musulmane d'éternité (sauf peut-être chez les Soufis), la sérénité que peut donner par exemple, la méditation bouddhique, il n'y a pas la béatitude de l'entendement coïncidant avec l'Entendement absolu, que l'on trouve chez Spinoza. Dieu est trop loin pour que cela soit possible, et le temps nous enferme dans notre petitesse.

C- Le temps et l'éternité dans le christianisme

Le Christianisme accorde au temps une importance exceptionnelle. Sans doute est-il avant tout une éthique qui demande à l'homme ce qui, pour lui, est le plus difficile : le pardon, et l'amour du prochain dans

1. M.HULIN, *La face cachée du temps,* Fayard 1985, p.258 note 66.

cette vie terrestre. C'est la pratique de cette exigence qui pénètre les êtres temporels d'une vie éternelle. Vivre dans l'Amour de Dieu est en tant que tel salvateur, aimer temporellement donne l'éternité.

Mais le Christianisme, c'est aussi le double mystère de l'Incarnation et de la Résurrection. L'Incarnation, c'est la descente de l'Eternel dans le temps, la Résurrection, c'est l'éternisation de l'être temporel. Selon le Christianisme, l'éternité est donc toujours en communication avec le temps qu'elle transcende, d'où l'omniprésence, dans la vie du Christ, du *miracle*, qui marque le double caractère mortel et divin du fils de l'homme.

Le miracle comme point de liaison de l'éternité et du temps

Quand Spinoza, dans le *Traité théologico-politique*, écarte comme une superstition la foi dans le miracle, il ne vise pas au hasard l'un des points du Christianisme qui font sa singularité, car le miracle n'est pas un événement magique. Spinoza s'appuie sur l'idée que Dieu, l'Eternel, définit des lois constantes à la Nature dont il ne se distingue pas et qu'en conséquence, il est tout à fait illogique de penser que Dieu puisse bousculer ces lois par des événements ponctuels et spécialement pour arranger les petits ou grands problèmes de telle créature humaine particulière.

> "Si l'on admettait que Dieu agit contrairement aux lois de la Nature, on serait obligé d'admettre aussi qu'il agit contrairement à sa propre nature, et rien ne peut être plus absurde."[1]

Le Christianisme se défend généralement par l'argument augustinien selon lequel le miracle est le point de rencontre plein de mystère entre l'éternité et le temps. Augustin considère en effet que le miracle n'est nullement un événement irrationnel et contraire aux lois naturelles. La Création n'en redevient pas pour autant le monde enchanté du paganisme. La Volonté divine et la raison éternelle peuvent s'y affirmer exactement avec la même rigueur que dans les lois. Pour le chrétien en effet, le temps non révolu reste entièrement modifiable, plastique aux décrets de Dieu, parce qu'il est le lieu d'une relation du Créateur et de l'homme. Dieu, du reste, ne fait de miracles que dans le rapport qu'il a avec l'homme : les textes ne parlent pas de miracles rapportés aux choses seules, ni même aux animaux. Le miracle est fait pour édifier, il est un spectacle, une image qui doit frapper tous les esprits, du plus crédule au plus rationnel, voire au plus raisonneur.

1. SPINOZA, *Traité théologico-politique*. Chap. VI. GF.Flammarion, p. 119.

> " Les miracles ne sont pas autre chose que des événements ordinaires disposés pour l'enseignement de l'homme. Leur rareté force l'attention et elle nous contraint presque malgré nous à devenir métaphysiciens [...] Ce qui est l'extra-ordinaire pour nous aura enseigné l'ordinaire de Dieu."[1]

Le miracle ainsi, n'est guère que le rappel de la Création et celle-ci est la manifestation, miraculeuse par excellence, de la Volonté divine.

Ce que signifie la "transcendance" de l'éternité sur le temps

Cette question est abordée par Augustin à propos de l'"oisiveté" de Dieu "avant" la création du monde. Dieu peut-il avoir fait le monde à partir d'une matière éternelle ? Augustin répugne à l'idée d'une matière incréée qui serait, si l'on ose dire "aussi éternelle" que Dieu. Tout ce qui n'est pas Dieu même doit être borné en quelque façon. Il y a transcendance de l'éternité sur le temps. Les identifier si peu que ce soit est un contresens. Pour Augustin, il y a là un effet de l'imagination humaine. Celle-ci, en s'intéressant à l'ouvrage de Dieu et à son action, est tentée de l'imaginer dans un temps qu'elle oppose à Dieu. L'imagination est victime d'un effet de langage. En vérité, il n'y a pas de temps antérieur à la création, on ne peut dire ce qu'est cet "alors", dans l'énoncé : "c'est alors que Dieu créa le monde". Ne nous laissons donc pas duper par nos habitudes de récit. Dieu domine le temps de son éternité et cette domination n'est pas une quantité supérieure de temps. Comme le dit Augustin : les années de Dieu sont un seul jour. L'éternité de Dieu est une, elle ne s'énonce pas en un chiffre, fût-il vertigineux. Comparée à l'éternité, la plus longue durée n'est pas inférieure, elle n'est *rien.*

Dieu n'a donc pas soudain eu l'idée de créer le monde et les hommes, cette hypothèse repose seulement sur un anthropocentrisme grossier. C'est bien de toute éternité que Dieu a créé le monde. Ce qui commence et finit le fait par décret éternel et non pas aux moments où il commence et finit. Tant que nous voudrons comprendre le Fiat divin à partir de ce que nous expérimentons de notre propre agir, nous nous enfermerons nous-mêmes dans l'aporie, puisque "ça ne peut pas s'être passé ainsi". Nous temporalisons Dieu malgré nous en projetant sur lui l'image d'un Démiurge, artisan qui fabrique le monde. Sachons plutôt que nous ne penserons jamais la création comme Dieu la pense, car pour nous, penser la création c'est penser quelque chose qui est déjà, alors que pour Dieu, penser la création, c'est l'acte même de la créer.

1. J.GUITTON, *Le temps et l'éternité chez Plotin et Saint Augustin,* Boivin 1933, p.176.

La trinité

L'éternité, le temps et l'histoire incarnent les trois figures de la trinité divine. Si Hegel a raison sur l'interprétation qu'il donne de la signification de la trinité chrétienne (section C du chapitre VII de la *Phénoménologie* : la religion manifeste) il n'y a pas de religion qui fasse davantage de place au temps que le Christianisme. Si le Père symbolise l'Eternel et l'éternité ("moment de l'essence"), si le Fils incarne la descente de l'Eternel dans le temps, sous la forme du Christ, avec sa naissance, sa vie humaine, sa mort (moment de l'"être autre de l'essence"), si l'Esprit constitue le devenir historique de l'Humanité agissante et pensante dans sa conquête de l'Absolu, dans sa réalisation de l'Universel concret (moment de "l'être pour soi ou du savoir de soi-même dans l'autre"[1]), alors la relation synthétique de l'éternité et du temps trouve son lieu d'effectuation dans l'histoire humaine.

Sans doute est-il excessif de donner de ce schéma, comme le fait Alexandre Kojève, une lecture qui radicalise à l'extrême celle qu'avaient soutenue pour leur compte, au XIXe siècle, les partisans du mouvement dit "jeune-hegelien", en poussant le trait jusqu'à dire que le Christianisme est une religion qui se réalise dans l'athéisme, puisqu'elle est anthropothéiste. Pourtant cette thèse dit quelque chose de juste : l'importance, pour le chrétien, du temps individuel et collectif dans la quête du salut. Voici par exemple ce que dit Kojève :

> "D'après Hegel, on ne peut réaliser l'idéal *anthropologique* chrétien (qu'il accepte intégralement) qu'en "supprimant" la *théologie* chrétienne : l'Homme chrétien ne peut réellement devenir ce qu'il voudrait être qu'en devenant un homme sans Dieu, ou – si l'on veut – un Homme-Dieu. Il doit réaliser *en lui-même* ce qu'il croyait au début être réalisé en son Dieu. Pour être *réellement* chrétien, il doit lui-même devenir Christ." [...]"Et ceci signifie que l'Universel *transcendant* (Dieu), qui reconnaît le Particulier, doit être remplacé par un Universel immanent au monde. Et pour Hegel cet Universel immanent ne peut être que l'Etat."[2]

On peut certainement contester que le Christianisme d'abord et que Hegel ensuite, dans la lecture qu'il en fait, aillent jusque là, mais il ne fait pas de doute en revanche qu'il y a chez l'un et l'autre la prise d'importance du temps de l'immanence par rapport à l'éternité transcendante. Le Christ est très certainement une "anthropomorphisation de Dieu" (Kojève p. 235), mais on n'est probablement pas obligé d'interpréter ce processus comme un pas vers l'athéisme.

1. HEGEL, *Phénoménologie*, Aubier 1991, p.498.
2. A. KOJEVE, *Introduction à la lecture de Hegel,* Gallimard 1947, p.192.

Seul en un sens un intégriste de la transcendance divine (un musulman par exemple), peut percevoir ce processus comme conduisant à l'athéisme. Le Christianisme souligne plutôt la proximité de l'amour de Dieu pour la créature humaine : le Sauveur est parmi nous.

> "Quand on dit : Dieu est amour, c'est une parole très grande et vraie. Mais il serait absurde de penser cela trivialement [...]. L'amour différencie deux êtres qui ne se distinguent absolument pas l'un de l'autre. La conscience, le sentiment de cette identité tout en ayant son être hors de soi-même et dans l'autre, voilà l'amour.[1]" "Le Christ a été appelé dans l'Eglise l'homme-Dieu, composé extraordinaire qui défie absolument la représentation, l'entendement ; toutefois l'homme est devenu ainsi conscient, certain, de la nature divine et de la nature humaine en sorte que l'altérité, ou comme on dit, la finité, la faiblesse, l'infirmité de la nature humaine ne fait aucun tort à cette unité de même que dans l'Idée éternelle l'altérité n'en fait pas à l'unité qui est Dieu."[2]

Le Christianisme – et Pascal, Hegel ou Kierkegaard en ont bien vu le pathétique – privilégie le moment de la contradiction, du déchirement de la conscience dans le temps. L'image du Christ souffrant par les hommes, pour les hommes et parmi les hommes, est celle d'une fraternité de Dieu avec eux, qui habite intimement sa transcendance.

> "Cette incarnation de la divinité devenant homme, ou encore, le fait qu'elle ait essentiellement et immédiatement la figure de la conscience de soi, est le contenu simple de la religion absolue."[3]

Dieu s'est voulu, dans le Christ, notre prochain. Ce prochain nous a donné l'exemple de l'amour qu'il nous demande : "Aimez-vous les uns les autres comme je vous ai aimés". Dieu, dans cette religion, est Créateur, mais il subit aussi la Passion. Dieu est la résurrection et la vie. C'est ce que Kierkegaard – contre Hegel cette fois – pour qui le pathos de la religion, s'il contient de la vérité, ne saurait en être l'expression achevée, va illustrer à travers tout une série de personnages qui symbolisent des modes d'existence. Tandis que Hegel définit la dialectique de l'Esprit par un ordre des moments : art, religion, philosophie, Kierkegaard définit la dialectique de *l'existence* par l'ordre des stades : esthétique, éthique, religieux. Hegel fait culminer la connaissance du vrai et de l'absolu dans la philosophie, Kierkegaard fait culminer l'expérience existentielle du vrai et de l'absolu dans la religion. Nous donnerons ici la parole à Kierkegaard pour dire

1. HEGEL, *Leçons sur la philosophie de la religion*, Vrin 1975, p. 77.
2. *Ibidem* p. 138.
3. HEGEL, *Phénoménologie* p. 492.

successivement l'expérience existentielle de l'instant, du temps et de l'éternité, ainsi que leur signification du point de vue chrétien, puis nous ferons délibérément le choix de donner à la philosophie le dernier mot dans le chapitre ultime de notre étude.

Religion chrétienne ou philosophie chrétienne ?

En réécrivant un *Banquet*, Kierkegaard ne cache pas qu'il tente d'être le Socrate dont le Christianisme a bien besoin. Dialogue sur l'Amour, le *Banquet* représente le discours que le Christianisme ne peut que remettre sans cesse sur le métier, parce que l'amour est ce qui risque, s'il vient à manquer, de le ramener à une philosophie chrétienne et parce que l'amour, s'il est présent, est ce qui fait du Christianisme la Vérité.

Kierkegaard ne se présente dès lors jamais comme un philosophe, mais comme un écrivain "poétique-religieux". Nous devons prendre au sérieux cette caractérisation parce qu'à travers elle, il veut marquer qu'il n'est pas dans la même classe d'hommes que Hegel, qui incarne, à l'époque, l'image du philosophe-professeur au sérieux un peu désespérant. Il écrit certes contre la philosophie hegelienne pour ce qu'elle dit, mais aussi et surtout contre cette façon de faire de la philosophie.[1] En se disant écrivain poétique, il se rattache lui-même au stade esthétique, en se disant écrivain religieux, au stade religieux. Nous voyons que pour lui, ce grand écart au dessus du stade éthique symbolise son propre déchirement intérieur. Comme il le dit : "il me fallait ou bien me précipiter dans le désespoir et la sensualité ou bien choisir absolument le religieux comme l'unique chose nécessaire ; ou bien le monde, ou bien le cloître."

Pris entre la sensualité esthétique, source de péché, mais exaltation de la vie et l'aspiration au salut et le renoncement à la vie terrestre, les soucis humains et mondains de l'éthique sont non pas certes sacrifiés, mais placés au centre, or chez lui, le centre est moins essentiel que les pôles. Pensée dynamique des tensions, ce qu'il faut bien appeler, malgré qu'il en ait, sa philosophie, se plaît aux extrêmes : sensation et sentiment d'une part, illumination et enthousiasme d'autre part, bref se plaît dans la passion et non dans la raison qui cherche le "juste" milieu, le point d'équilibre dans une existence terrestre.

Bien que sa pensée tourne le dos à l'endoctrinement, jugé "philosophique" dans un sens négatif du terme, elle vise néanmoins par sa dialectique des sauts, à rendre chrétien. Le dernier saut de l'humour

1. KIERKEGAARD s'explique sur ce point dans la préface des *Miettes philosophiques*.

qui regardera d'un œil moqueur ce à quoi les hommes dépensent tout leur sérieux, est un saut dans la Foi et celle-ci est foi dans le Christ.

Kierkegaard développe une conception de l'être que l'on pourrait qualifier de “scalaire”, un peu comme celle de Spinoza (bien que les deux philosophies soient profondément différentes, voire incompatibles, ne serait-ce que par la place qu'elles accordent à la raison). Mais de même que chez Spinoza, il y a une perpétuelle dynamique qui fait croître dans la joie, décroître dans la tristesse les modes finis qui gagnent de la vérité et agissent, ou s'empêtrent dans les fantasmes et pâtissent, de même il y a chez Kierkegaard une *échelle d'intensité d'être* qui va de l'esthétique de l'instant, saute à travers l'ironie jusqu'à l'éthique du temps-durée, saute encore par l'humour dans la foi religieuse et celle-ci vaut à l'homme la plus haute intensité d'être, l'éternité.

L'éternité spéculative et l'éternité véritable

Pour Kierkegaard, la spéculation hegelienne, et plus généralement la philosophie du siècle, pense (c'est du moins ce qu'elle dit d'elle-même) *dans le concept*. Or, en vérité – comme l'ont ressenti également Stirner et le jeune Marx – elle pense sans le savoir dans l'indéterminé : *L'H*omme, *L'H*istoire, *L'E*sprit etc... Le concept est une pensée de l'au-delà du sensible qui entend être une pensée de l'éternel, mais, selon Kierkegaard, celui-ci a perdu en elle toute existence.

L'ironie peut nous permettre de comprendre comment la spéculation est une pensée simplement esthétique. Il y a une identité entre Don Juan ou Johannès le séducteur, qui sont des fictions philosophiques platoniciennes et Hegel, philosophe réel. Les premiers sont des personnages qui ne sont plus en prise sur l'existence : à la recherche l'un et l'autre de *LA* femme, ils sont bien incapables d'aimer *cette* femme temporelle qui existe là ; et Hegel, qui écrit sans rire : “le temps est le concept qui existe là empiriquement”, développe une pensée purement spéculative, qui se reflète dans le miroir qu'elle est pour elle-même. Pensée narcissique, spéculaire qui se fait plaisir à elle-même dans l'immédiat, mais qui n'est plus habitée par le référent.

Pour retrouver la véritable éternité, dont l'Evangile est la “Bonne nouvelle”, à savoir : l'Eternel est parmi nous, il faut bien le détour par le temps de notre existence. Une pensée de l'éternité qui ne connaît pas l'angoisse du fini devant l'infini, du temporel devant l'éternel, n'est pas ce qu'elle prétend être. Il n'y a plus d'éternité en elle. La véritable éternité est celle dont la pensée est capable de nous tétaniser d'angoisse, celle devant laquelle notre coeur s'arrête de battre.

L'échelle d'être que propose Kierkegaard est néanmoins particulière en ce que ses intensités maximales sont bipolaires. C'est à l'extrême de la folie démoniaque du péché et à l'extrême de la folie pour Dieu que se trouvent les intensités maximales de l'attraction.

L'existence et l'instant. Le stade esthétique

Le premier niveau d'être est appelé par Kierkegaard "esthétique" à plusieurs titres. D'abord, il y a dans ce mode d'existence une priorité accordée à la sensibilité et même à la sensualité, et ensuite, vivre selon l'esthétique est un *art de vivre*, ce qu'avait déjà noté Epicure.

Kierkegaard ne développe pas une métaphysique noétique de l'instant. On ne trouve chez lui rien qui ressemble à l'effort d'Aristote pour définir ontologiquement l'instant (et que nous aborderons au chapitre suivant). Il s'agit plutôt d'emblée pour lui d'une approche axiologique et pratique (et en cela déjà éthique) des attitudes humaines face à l'existence – et ici il s'agit de celle qui privilégie le présent et l'immédiateté. Cette esthétique est donc avant tout hédoniste. Si le Christianisme est, comme l'affirme Nietzsche, fondamentalement "contempteur du corps", et si donc le péché, surtout depuis saint Augustin, doit d'abord être entendu comme le péché de la chair, alors Kierkegaard semble donner raison à ces deux auteurs en s'intéressant à *la beauté du péché*.[1] Il faut bien que le péché offre de peu résistibles tentations pour que l'homme chute. Donc exister esthétiquement, c'est vivre l'instant qui passe avec intensité, mais ce qui sous-tend cette intensité, c'est *une érotique*. Plus que l'instant (cosmique), c'est donc en vérité le *hic et nunc* tel que l'évoquaient Horace ou Ronsard qui fait l'objet de sa réflexion, c'est-à-dire que c'est le présent du *sujet* dans tout ce qu'il a de sensoriel et de sensuel.

Deux personnages peuvent principalement représenter des modes de vie esthétiques. D'une part Don Juan, qui incarne le mythe du désir sensuel insatiable et brutal dans sa dimension démoniaque, puisque allant jusqu'au crime et à la damnation ; et d'autre part Johannès le séducteur (forme nordique de Juan), qui est un personnage ad hoc qui incarne une complexité du stade esthétique où le plaisir de l'intelligence est aussi grand que celui des sens.

1. Quand Kierkegaard parle du danger de l'instant pour le chrétien qui cherche son salut, il parle du désir que suscite la femme. Non du reste qu'il la diabolise comme tentatrice, – cette idée, fréquente chez maints dévots, est absente chez lui –, mais la femme est omniprésente dans l'ombre, parce que c'est la séduction qui est démoniaque.

a. Don Juan

C'est le personnage du *Don Giovanni* de Mozart, dans la lecture qu'en fait Kierkegaard plus à travers la musique qu'à travers les paroles. Il a une légèreté et une force qui rendent le grand pécheur qu'il est tout à fait irresponsable et sympathique. C'est un adulte-enfant, car il a de l'enfant la violence, l'avidité impatiente, l'absence de tout remords de conscience (qu'est-ce que c'est ?). Amoral plus qu'immoral, malgré ses crimes, il ne déploie pas les stratégies savantes d'un séducteur (comme le Valmont des *Liaisons dangereuses* par exemple). Il séduit certes, mais par la spontanéité de sa flamme, parce qu'il s'impose dans l'instant.

> "Il est expéditif et il faut toujours le penser absolument victorieux. Cette assurance pourrait sembler un avantage en sa faveur, mais elle témoigne à vrai dire d'une indigence.[...] il n'a pas le temps de discriminer ; tout n'est pour lui qu'affaire du moment. La voir et l'aimer : c'est une seule et même chose."[1]

Don Juan ne s'intéresse pas à l'avenir, il n'a pas d'autre projet que de conquérir le dernier jupon qu'il a aperçu. A chacune, il promet quoi ? Tout ! peu importe, puisqu'il oublie tout séance tenante : il ne s'intéresse pas au passé. Dans l'amour, il ne connaît que les commencements sans suite. La durée l'exaspère, déjà il s'ennuie lorsqu'il a conquis. Rien dès lors ne peut s'étendre pour lui en durée, pas même son existence qui ne peut qu'être brève. Personnage tragique malgré sa gaieté, il brûle sa vie sans prendre le temps de la vivre : il ne fait rien, et lorsqu'il saute dans la mort, il ne laisse rien qui soit une œuvre. La forme d'existence qu'il symbolise reste donc entièrement à la surface de la vie, existence apparemment "mondaine", et en vérité solitaire, puisqu'aucun lien avec un autre être ne prend pour lui de profondeur. Mais, comme l'écrit Baudelaire : "Mais qu'importe l'éternité de la damnation à qui a trouvé dans une seconde l'infini de la jouissance ?"[2]

b. Johannès, le séducteur

Ce personnage représente une figure certainement moins littéraire et plus réaliste que Don Juan. En tant que séducteur[3], il s'inscrit dans une temporalité certes brève, mais effective. Il prend le temps de jouir du mode de vie qu'il se construit autour de plaisirs qu'il cherche à organiser. Il ne représente plus le démoniaque, mais il laisse néan-

1. KIERKEGAARD, *Ou bien...ou bien,* Oeuvres complètes, L'Orante t. 3, p. 89, 1986.
2. BAUDELAIRE, *Le Spleen de Paris*. IX.
3. Dans *Ou bien...ou bien, Le journal du séducteur*; et dans *Le banquet.*

moins échapper la vie éternelle par la dispersion et le caractère terrestre, fini, de ses objectifs. Certes, il jouit de les atteindre, mais c'est là pour lui une fermeture sur l'idéal : sa réussite lui suffit. C'est sans doute dans ce manque d'aspiration et d'inspiration de son désir que réside ce qui, aux yeux de Kierkegaard va faire de son attitude une forme d'existence sans grandeur, bien que terriblement efficace pour détourner l'homme du salut. Bien avant lui, la tradition chrétienne a condamné sous le nom de "pourceau d'Epicure", celui qui n'a pas d'aspiration vers un absolu transcendant. On sent que Kierkegaard voit dans ce cas de figure une tentation personnelle d'une redoutable puissance.

L'existence et la durée. Le stade éthique

Le deuxième niveau d'être, que Kierkegaard dénote comme "éthique" va ouvrir l'existence sur l'idéal. En faisant le saut d'un stade à l'autre, une âme s'élève. Cette ascension permet d'atteindre à une intensité d'être supérieure sans pour autant mener à la "vraie vie" que le chrétien peut et doit espérer. Rappelons que le Christianisme reconnaît trois vertus dites "théologales", la foi, l'espérance et la charité, et que la vie éternelle se gagne au prix de la pratique sans faiblesse de ces vertus. "Avec l'éthique, l'existence commence à être chez elle."

écrit-il, ce qui signifie que le terme convient pleinement à toute sa philosophie en tant qu'elle est une philosophie de l'existence, voire même qu'il vaut pour le tout de la philosophie. Mais cela signifie encore que l'éthique, comme stade spécifique situé entre esthétique et religion, met en cause la chair de l'existence lorsque l'esthétique n'en abordait que la surface. Comme adjectif, ce terme désigne une attitude de vie caractérisée par l'intérêt pour les engagements durables et le sens de la responsabilité morale et civique.

On voit ici que le temps conçu comme durée prend toute son importance : une promesse doit être tenue, un engagement doit être mené à son terme à travers des vicissitudes. Autrui est impliqué en profondeur et c'est devant et avec les autres que la responsabilité prend signification. Assumer les conséquences déplaisantes de ses actes et ne pas se contenter de jouir de ses réussites, telle est la charge éthique d'une existence remplie par des actes qui pétrissent la pâte du réel dans sa lourdeur, et pas seulement remplie de gestes de surface effectués justement pour la grâce du geste, comme dans la vie esthétique.

Kierkegaard symbolise cette attitude dans un personnage de fonctionnaire scrupuleux : le conseiller Wilhelm. Cet honnête homme a un métier, une fonction qui l'ancre dans la réalité sociale, dans la vie publique et le fait échapper au subjectivisme, voire au narcissisme de l'esthétique. Il est marié, c'est-à-dire que dans son affectivité, il sait faire dominer la volonté et la continuité. La quotidienneté n'a pas le charme de l'incipit, mais c'est l'amour qui sait résister à la corrosion de la quotidienneté qui est amour, le reste risque de n'être que coup de foudre et amourette. La notion même du devoir implique une tension vers un objectif, un telos futur. "Le pathos de l'éthique consiste dans l'action."

Construire, réaliser impliquent un effort, une ténacité, des formes de sacrifice que l'homme de l'esthétique trouverait absurdes et dont il serait de toute façon incapable. C'est cette vertu de persévérance que demande à l'homme de l'éthique Dostoïevsky lorsqu'il condamne les révoltés, dont le péché principal est l'orgueilleuse impatience. Ils ne savent pas affronter le temps, donner à des actes répétitifs la longue haleine qui fait l'efficacité.

> "Par malheur, ces jeunes gens ne comprennent pas qu'il est souvent bien facile de sacrifier sa vie, tandis que consacrer, par exemple, cinq ou six années de sa belle jeunesse à l'étude et à la science – ne fût-ce que pour décupler ses forces afin de servir la vérité et d'atteindre le but qu'on s'était assigné – c'est là un sacrifice qui les dépasse."[1]

Le stade éthique est supérieur au stade esthétique, et pourtant, pour le chrétien, il peut parfois être plus éloigné de la plénitude religieuse que l'esthétique. Kierkegaard joue sans cesse de ce paradoxe que proposent les religions et que le Christianisme propose au plus haut degré. L'homme honnête commet peu de fautes morales, mais s'il ne connaît pas le sentiment du péché, son âme n'est pas travaillée par l'angoisse du salut. Celui qui respecte la morale mais vit dans l'athéisme est en état de péché mortel. L'homme de l'éthique peut rester dans un cadre terrestre et social sans se tourner vers le ciel. Ses liens civiques avec les autres lorsqu'il remplit son devoir demeurent dans l'extériorité et ce devoir est peut-être d'autant plus extérieur que la loi a été plus intériorisée. L'acte moral et civique est alors comme mécanique et sans mérite. Le pécheur auquel chaque effort de vertu coûte une livre de chair et qui se tourne vers Dieu, est plus près de la sainteté que l'honnête homme qui ne sait pas désobéir à la loi. Le Christ lui-même , au Jardin des Oliviers, connaît un vrai moment de faiblesse humaine et jamais il n'est plus proche de l'amour de Dieu. Dans le Christianisme, Dieu aime la crainte et les tremblements, rien n'attire

1. DOSTOIEVSKY, *Les frères Karamazov*, Pléiade p. 24.

autant sa miséricorde. La sagesse de l'épicurien qui ne craint pas la mort parce qu'elle n'est rien, parce qu'elle conduit au rien, n'inspire pas de sympathie à Dieu qui voit son offre de salut déclinée par celui qui n'en éprouve pas la soif.

Certes, le stade éthique n'interdit pas au chrétien de vivre en torturé, mais il n'en fait pas non plus une nécessité, son univers peut se limiter à l'immanence, comme Spinoza l'a expliqué dans toute son oeuvre. Là où le pathétique de la déchirure éthique peut se donner libre cours : tempêtes sous un crâne, nœuds gordiens à trancher, conflits cornéliens de devoirs, l'homme de l'éthique, tel Agamemnon devant décider le sacrifice d'Iphigénie, peut voir dans la cruauté des situations, des *problèmes* à hiérarchiser et à traiter selon la raison en fonction des forces dont il dispose, plutôt que de se jeter dans la prière avec l'espérance qu'un miracle vienne à propos montrer la toute puissance divine.

Rappelons les propos que saint Paul tient, dans sa première *épître aux Corinthiens*, grecs que leur long héritage philosophique rendait probablement plus sensibles à la sagesse qu'à la sainteté :

> "Oui, il est écrit : je détruirai la sagesse des sages,
> J'écarterai le discernement des sagaces.
> Où est le sage ? Le disputeur d'ici-bas ?
> Dieu n'a-t-il pas rendu folle la sagesse de l'univers ?
> Dieu n'a pas choisi de pénétrer l'univers par la sagesse,
> Il lui a paru bon de sauver ceux qui adhèrent à la folie de la Foi." (versets 19 à 21).

L'existence et l'éternité : le stade religieux

Le troisième niveau d'être, celui que Kierkegaard tient pour le seul qui *soit*, au sens plein du terme, c'est l'être divin. Vivre en Dieu, vivre de Dieu, retourner au Père éternel dont tout provient, voilà le magnétisme le plus puissant qui se puisse penser. L'homme est animé par la foi, non quand il est simplement "croyant" (car cette tiédeur n'est pas ce que Kierkegaard appelle la foi), mais quand pour lui, il y a engagement et orientation de toute son existence vers le salut. Celui-là vit dans et pour *l'essentiel*, pour l'essence de toute chose. Pour lui, seul le *salut* de l'âme est la finalité de l'existence, car il consiste à se joindre à Dieu, alors que le péché consiste à s'en détourner.

Nous l'avons vu avec clarté avec les deux stades précédents, l'existence n'est pas la vie, au sens biologique du terme : cette vie animale est enfermée dans l'immédiat et dans l'instinct, elle n'est du reste nullement méprisable, puisqu'elle est miraculeuse. Avec le temps, nous l'avons dit, l'existence commence à être chez elle, et par conséquent, c'est temporellement que l'homme manifeste son être. Mais il faut rappeler ce qu'est cet être. C'est dans le *Traité du désespoir* que Kierkegaard a le mieux thématisé cette définition, qui court d'un bout à l'autre de l'œuvre : l'homme est un mixte de fini et d'infini, de temporel et d'éternité, il n'est ni animal, enfermé dans l'instant, ni Dieu dont l'essence est pure éternité. L'existence consiste, pour l'homme, à manifester ce caractère mixte qui fait qu'il n'est ni...ni..., mais toujours ou bien...ou bien. Pourtant alors que Sartre pensera cette extra-territorialité, sous l'influence de Heidegger et de la *Geworfenheit*, comme exil, ex-sistence, ex-centricité ou même néant (le Pour-soi n'est pas ce qu'il est, est ce qu'il n'est pas), Kierkegaard n'absolutise pas du tout cette négativité : l'homme n'est rien...mais seulement s'il ne regarde pas vers l'infini et vers l'éternité d'où lui vient l'être.

La crainte et l'espérance caractérisent l'existence (et non le désespoir, comme on pourrait l'imaginer à partir du titre donné à la traduction française *Traité du désespoir*). Si l'instant et l'esthétique représentent un risque majeur, c'est que celui qui ne regarde pas avec espérance vers l'éternité, se perd. Il perd l'existence, mais bien sûr il n'en perd pas la vie pour autant. D'une certaine façon, ce serait plutôt le contraire, puisque se damne celui qui, s'étant enfermé dans la vie, disparaît avec elle, celui pour lequel l'existence comme espérance d'éternité n'a pas de sens.

C'est le personnage biblique d'Abraham qui incarne au plus haut degré l'homme de la foi et de l'espérance dans l'éternel. Cette figure, à la différence des autres, n'est pas psychologiquement expliquée. “Car, je le répète, il m'est inintelligible et je ne peux que l'admirer.”[1] Abraham sacrifie tout sans hésiter, même les valeurs humaines de l'engagement terrestre. S'il est reconnu comme le père par les trois religions monothéistes, c'est certes parce qu'il est le père d'Isaac, de Jacob et d'Ismaël, mais c'est avant tout parce qu'il devient le “père des croyants” en sacrifiant tout ce qui peut justifier la vie d'un homme : sa descendance, dès que, pour l'éprouver, Dieu le lui demande.

Cette scène biblique est riche en significations et chaque religion l'interprète différemment. Pour le Judaïsme, c'est la fin des sacrifices humains pratiqués pour sceller l'alliance entre les hommes et Dieu. Pour le Christianisme, c'est le symbole de la relation sacrificielle entre le Père et le Fils, ainsi que l'annonce du sacrifice du Christ. Quoi qu'il

1. KIERKEGAARD, *Crainte et tremblement*, p. 186.

en soit, pour Kierkegaard, le plaisir de l'instant et les joies du temps ne sont pas et ne peuvent être l'équivalent de la béatitude de l'éternité. Etre, être vraiment, c'est être hors du temps, c'est être éternellement, puisque c'est être un avec et en Dieu.

> "Je me propose de tirer de l'histoire d'Abraham, sous forme de problèmes, la dialectique qu'elle comporte, pour voir quel paradoxe inouï est la foi, paradoxe capable de faire d'un crime un acte saint et agréable à Dieu, paradoxe que ne peut réduire aucun raisonnement, parce que la foi commence précisément où finit la raison."*(Crainte et tremblement)*

Mais la renonciation à ce qui fait le sens terrestre des actes est un saut dans l'absolu (et dans le fanatisme), dans la confiance totale faite à Dieu. Le Chevalier de la foi déclare en effet : "Il est grand de saisir l'Eternel, mais plus grand de garder le temporel après y avoir renoncé."

Le Christianisme nous annonce en effet, que le monde fini auquel l'homme a renoncé, lui est rendu. La résurrection de la chair est le pari que fait le chrétien, c'est le mystère de l'éternel incarné dans le temps.

On voit ainsi au total, dans le Christianisme, qu'en dépit de la parole du Christ qui dit : "mon royaume n'est pas de ce monde", on ne peut guère trouver de religion qui donne à la vie temporelle une importance aussi décisive. Le temps est intérieurement habité par l'éternité qui le soutient dans l'être et l'empêche d'être le néant qu'il serait indiscutablement sans elle. Le temps est une chance, la chance qui est donnée à l'homme de se sauver. Il est la dimension de déploiement de la liberté et de la parole. Alors que les mystiques orientales s'appuient sur l'idée d'une insuffisance ontologique du discours. Comme le dit Kierkegaard du fils de l'homme : "Jésus est lui-même sa parole, il est ce qu'il dit, et en ce sens encore, il est la parole."[1] En ce sens, la philosophie occidentale est bien socratique *et* chrétienne, et c'est pourquoi le temps y est tellement présent.

1. Extrait de *L'école du christianisme*, cité par MICHEL CORNU, *Kierkegaard et la communication de l'existence,* L'âge d'homme 1972, p. 274.

CHAPITRE VIII

TEMPS ET CONCEPT DANS LA PHILOSOPHIE

La réflexion spécifiquement métaphysique sur le temps est certainement multiforme et il n'est pas simple d'en établir une classification. On peut pourtant opposer d'un côté les philosophies, peu nombreuses, qui écartent de leur analyse le pathos du temps et pour lesquelles le temps est une notion neutre, cosmique ou transcendantale : le temps, tout simplement, passe (Aristote), ou détermine tous les phénomènes dont un sujet connaissant puisse avoir une expérience (Kant) ; et d'autre part celles qui englobent dans leur approche les significations (affectives) que le temps peut revêtir pour l'être humain, seul être à prendre conscience du temps comme tel. Angoisse, souci, ennui, espoir, regret sont alors des modes de saisie du *phénomène* temps. Celui-ci est ce avec quoi l'homme passe son existence, vieillit, reçoit l'annonce de sa mort (Les Stoïciens, Augustin, Hegel. On pourrait ajouter Heidegger, mais ce dernier prétend dépasser la métaphysique sans en faire. Soit.)

I - L'INSTANT ET LE PRESENT

Aristote

Chez Aristote, le temps n'a qu'une réalité dérivée : il est dit être “quelque chose du mouvement, et ce quelque chose s'avère être “le nombre”, mais, comme le dit Victor Goldschmidt : “ le temps n'est pas un nombre abstrait. Le temps est précisément “l'aspect nombrable du mouvement.”[1]

1. ARISTOTE : *Physique*, Delta 11. 219b2. VICTOR GOLDSCHMIDT : *Le système stoïcien et l'idée de temps*, Vrin 1953 - 1969, p. 31.

Pour Aristote nous devons distinguer, s'agissant du temps et du mouvement, qui sont donc inséparables, ce qu'ils sont en acte de ce qu'ils sont en puissance. Le temps en acte est fini ou limité : il est durée, il est "nombre du mouvement" puisque nous désignons par un nombre la durée d'un mouvement ; mais le temps en puissance est infini ou illimité. Aristote montre, contre Diodore qui nie toute existence autre qu'en acte, qu'il faut que l'infini existe en puissance pour que le mouvement existe. Le temps infini ouvre ici un dégagement pour que quelque chose bouge et change.

Pour Aristote, l'essence du temps est dans l'instant. L'instant a en effet toutes les caractéristiques paradoxales du temps :(1) Chacun est *le même* que les précédents et il est *autre*, (2) par ailleurs, il sépare et il unit ce qui précède et ce qui suit, (3) enfin, il renvoie aux choses qui se produisent, il est donc de nature objective et cosmique et pourtant, il est ce en quoi peut être logé le *maintenant* d'un esprit. Examinons chacun de ces points.

1) D'abord il faut assumer la pensée difficile, contradictoire, selon laquelle l'instant est à la fois toujours le même et jamais le même. *Toujours*, parce que nous sommes toujours dans l'instant présent ; c'est donc la caractéristique de l'instant réel que d'être toujours présent puisque l'instant juste antérieur n'est plus. Et *jamais*, parce qu'aucun des instants que nous avons pu distinguer par une singularité n'est resté présent et donc, présentement, il y en a nécessairement un autre.

2) Ensuite, il faut encore assumer l'idée, non moins difficile, que puisque le *maintenant* continue, il est la continuité du temps, mais pourtant c'est lui qui divise le temps en passé et futur, et cette coupure qu'il opère rend discontinu, "discrétise" le temps. Il est à la fois ce qui sépare et ce qui relie le passé et le futur. Il fait l'unité du temps : il n'y a bien qu'*un seul* temps et ses divisions[1] n'impliquent aucune pluralité de temps. Mais au moment même où le maintenant fait cette unité, il casse le temps, car, dit Aristote, alors seuls le passé et le futur sont le temps, puisque le maintenant présent est tout simplement *l'être* en acte (=actuel).

Le temps, bien que lié au mouvement dans son objectivité, peut néanmoins en être séparé par la pensée, puisqu'un mouvement peut s'arrêter, alors que le temps ne le peut pas. Sur ce point, un physicien moderne accorderait-il à Aristote que le mouvement peut s'arrêter ? On en doute. Il ne s'arrêterait que relativement à un repère déterminé,

1. Les ekstases. Ekstatikon est traduit par H. Carteron par "est défaisant", rappelle PAUL RICŒUR dans une note de *Temps et Récit*, Points-Seuil 1985, p. 33.

or on ne peut guère trouver un repère absolu, lui-même tenu pour immobile, et qui seul permettrait de fonder la remarque d'Aristote.

3) L'instant cosmologique, objectif, a une antériorité logique sur le maintenant par lequel il se découvre à un sujet qui y vit (qui le vit). Comme on ne peut jamais réduire instant objectif et présent subjectif l'un à l'autre, il y a bien, dans cette irréductibilité, comme le dit Ricœur "une aporétique de la temporalité" dont Aristote assume le versant objectif et cosmologique tout en écartant par le silence l'approche subjective. Chez lui, comme dans presque toute la philosophie grecque, il y a un oubli systématique du lieu d'où parle celui qui parle. Ricœur écrit à ce propos :

> "La définition aristotélicienne du temps ("le nombre du mouvement selon l'avant et l'après" *Physique* 219b2) ne comporte pas de référence explicite à l'âme, en dépit du renvoi, à chaque phrase de la définition, à des opérations de perception, de discrimination et de comparaison qui ne peuvent être que celles d'une âme."[1]

Le présent selon le Stoïcisme et l'Epicurisme

Ces deux doctrines qui se combattent sur de nombreux points durant toute l'Antiquité et même bien au-delà, ont ici en commun qu'elles conçoivent l'instant comme un pathos de la vie, comme le vécu d'un individu et non comme une catégorie de l'être, à la façon d'Aristote. L'instant est donc ici un *maintenant* qui est précieux pour le sujet, puisqu'il est pour lui la seule réalité : il n'y a de réel que le maintenant que nous vivons.

a. L'éternité mouvante des Stoïciens

Pour Platon, le temps implique le mouvement, la pluralité, le morcellement, et l'Eternité se donne au contraire comme la stabilité, l'immobilité, la permanence substantielle. Nous ne sommes pas loin de l'Un parménidien. Le modèle platonicien a tenu en Occident une position intellectuelle si hégémonique qu'on tend parfois à négliger le fait que les Grecs ont également pu penser l'éternité comme mouvante, c'est le cas des Stoïciens.

Pour les Stoïciens en effet, il existe le monde, qui est corporel, et quatre sortes d'incorporels : le vide, le lieu, le temps et le sens. Le sens est le célèbre *lekton* grâce auquel, dans la morale, nous pouvons sinon changer les choses qui ne dépendent pas de nous, du moins leur sens.

1. RICŒUR, *Ibidem*,p. 29.

Avec les incorporels, nous nous trouvons devant le paradoxe d'essences sans substrat, et donc le temps, qui nous occupe présentement est un être sans substrat. Selon Chrysippe, il est "l'intervalle accompagnant le mouvement du monde ; et c'est dans le temps que toutes choses se meuvent et existent."[1]

Le temps se divise en passé et futur qui sont infinis et infiniment continus, et puisqu'incorporels, ils n'existent pas vraiment. Le présent existe, lui, pleinement, il est corporel, mais pour cette raison, il n'est pas du temps. Le temps, pas plus que les autres incorporels ne se confond avec le néant. Ainsi, le vide stoïcien, même s'il n'est pas aussi rempli de choses bizarres que le vide quantique, n'est pas davantage que lui le néant, puisqu'il est actif dans le mode d'être de l'être. Le temps est donc ainsi une manière d'être et l'être *est* – quoi qu'il arrive – selon une certaine *manière d'être*. S'il y a une antériorité ontologique de l'être sur ses manières d'être, il y a en revanche une antériorité noétique des manières d'être sur l'être. Ainsi si quelque chose doit bien, pour être, être quelque part (lieu), à un moment donné (temps), c'est à ce moment donné et en ce lieu que nous pouvons en prendre connaissance, et s'il n'y était pas, comment aurions-nous seulement l'idée d'en parler ?

Comme nous connaissons par la sensation, tout incorporel est, en tant que tel, inconnaissable. En revanche, il apparaît clairement lorsqu'il s'incorpore et le temps, par exemple, qui est insaisissable en lui-même et dont nous n'aurions pas la moindre idée de l'existence s'il restait seul, nous apparaît clairement marquer toutes les choses qui durent. C'est dans la durée des choses qui durent que le temps se montre. L'incorporel prend corps.

Ainsi, pour les Stoïciens, la Réalité suprême n'a pas l'immobilité des Formes éternelles platoniciennes, elle est au contraire *Dynamis*, *Energeïa*, *Tonos*. Il n'y a de mouvement qu'en acte. Passé et futur étant des incorporels, le présent est pleinement, mais il est marqué par la tension du passé et du futur. Alors que chez Platon il y a un présent éternitaire inscrit dans l'archè des archétypes. Chez lui, cela rend du reste impossible tout futur, c'est-à-dire tout futur neuf, inédit. Le présent actuel des Stoïciens s'oppose à cette rigidité placide. Pour Platon, l'éternité présente (ce que Nietzsche a raillé chez lui en parlant de l'"arrière-monde") et le présent intelligible, sont la même chose, c'est l'Idée. Pour les Stoïciens, l'éternité, c'est le renouvellement cyclique du cosmos par "grandes années".

1. V. GOLDSCHMIDT, *Le système stoïcien et l'idée de temps*, Vrin 1969, p. 30.

b. Le temps "incorporé"

Les Stoïciens séparent ce qui est *corporel* de ce qui ne l'est pas, et qui subsiste dans des représentations. Ainsi le temps, pris comme un tout illimité ne peut être qu'une représentation. En revanche, le temps limité (qui reçoit une détermination) dans la durée actuelle de l'action, existe corporellement. Cette action peut être celle de chacun de nous maintenant, ou celle de l'âme du monde qui existe actuellement, c'est pourquoi, si le présent existe, il existe à deux échelons, celui du microcosme qu'est l'homme vivant le présent, instant par instant, et celui du macrocosme qu'est l'univers lui-même, qui vit entre deux conflagrations. Il y a ainsi un microprésent et un macroprésent. Ce dernier, qui est le présent de chaque "grande année" est donc *incorporé* dans le cosmos lui-même et il est présent durant tout le temps qu'existe ce cosmos-là. De ce cosmos, on peut dire qu'il est *présentement.*

Il est important de tenir compte de cette distinction des deux présents si l'on veut éviter certaines obscurités et contradictions apparentes. Sans elle, on ne comprend pas pourquoi certains textes affirment que le présent seul existe, alors que d'autres demandent de dédaigner le présent qui, de toute façon, existe à peine : le présent de la souffrance par exemple, qui ne mérite pas d'être considéré comme existant. Pris en lui-même, le microprésent existe et il est ce qui seul existe pour nous, mais d'autre part, comparé à l'océan du macroprésent où il est englouti, il ne mérite pas d'être pris au sérieux. La morale peut ainsi jouer sans cesse sur le caractère essentiel de l'instant actuel et sur son caractère futile.

> "La formule de Chrysippe : "le temps est l'intervalle accompagnant le mouvement du monde", considère non plus un intervalle quelconque, mais bien "l'étendue" temporelle la plus grande, définie par une période cosmique et qui n'est "présente" qu'au regard de Zeus."[1]

Il y a une durée présente du monde, qui va d'une conflagration à une autre. Ce temps est considérable, mais il n'est pas l'éternité immobile et identique affirmée par le classicisme de Platon et Aristote. Sous le regard de Dieu, le temps d'une grande année est un présent immense, et comparé à cette immensité, l'instant mathématique ponctuel peut sembler n'avoir pas d'existence. La formule fréquente "seul le présent existe" désigne donc, selon les cas la période cosmique, ou le vécu actuel d'un sujet. Dans les deux cas, ce qui donne de la réalité au présent, c'est l'action. D'un côté, l'éternité divine du *pneuma* se

1. V.GOLDSCHMIDT, *ibidem*, p.41.

temporalise dans de grandes périodes d'activité, de l'autre l'action ferme (stoïque) détermine le présent de l'homme. Tous les corps de l'univers et l'univers lui-même en tant que grand corps, sont soumis au devenir, mais la succession qui s'y produit alors peut être conçue sous le regard de Zeus, comme une totalité simultanée, proche, semble-t-il, de celle que conçoit le Bouddhisme.

Nous sommes ainsi immergés dans l'immensité matérielle, et dans l'immensité de la durée. Un moment fugace nous a été octroyé, qui est la brièveté même, puisque nous ne possédons ni notre passé, ni notre avenir. Ce présent dans lequel nous avançons en âge et que nous perdons de façon hémorragique, est à la fois précieux comme l'être même (nous ne sommes rien d'autre) et dérisoire : comment donner de l'importance à un rhume, si on a le cancer ? Et la vision tragique du stoïcisme nous dit qu'au fond, nous l'avons tous. Epictète l'exprime autrement :

> "Je sais que tout ce qui est né doit mourir, c'est la loi générale ; il faut donc que je meure. Je ne suis pas l'éternité ; je suis un homme, une partie du tout, comme une heure est une partie du jour. Une heure vient et elle passe ; je viens et je passe aussi : la manière de passer est indifférente ; que ce soit par la fièvre ou par la noyade, tout est égal."[1]

L'instant présent de l'individu, malgré son évanescence, son caractère ontologiquement impalpable, est l'objet permanent de la pensée du stoïcien, pour qui la pensée du passé ou celle du futur ne valent pas la peine qu'elles coûtent. C'est que l'instant est le seul moment dans lequel nous puissions agir. L'initiative d'agir, d'être maîtres de nous-mêmes, définit notre liberté. Il faut accomplir l'action présente comme si elle devait être la dernière. Rester sur la belle action lorsque la mort vient nous saisir, voilà le *telos* de l'acte moral, de l'acte pleinement acte. Que pèsent nos belles résolutions pour le futur, si la mort nous saisit maintenant ? C'est maintenant qu'il faut être courageux, maîtres de nous-mêmes, sages. Ce refus de l'avenir (craintes et espoirs sont également vains et relèvent de la passion, puisque notre vie est une destinée) n'est du reste pas une singularité du Stoïcisme, l'Antiquité grecque dans son ensemble partage pour l'avenir cette indifférence : dans un passage du *Philèbe*, où Platon analyse les ambiguïtés de la notion de plaisir, il oppose aux espoirs déraisonnables de l'insensé : "l'homme raisonnable trouve son plaisir précisément à être raisonnable." (12d). Ainsi la sagesse consiste à n'avoir pas d'espérance susceptible d'être déçue.

1. JEAN BRUN, *Les Stoïciens*. Textes choisis, PUF 1957, p. 139.

Si le présent ponctuel est étendu par l'action (et saisi par la sensation), alors il existe et en lui est le seul salut. L'action libre, c'est-à-dire conforme à la nécessité, délimite le présent, l'"incorpore", le sauve. Comme dans l'univers tout est rationnel, rien n'est sans raison et le présent n'est ce qu'il est que parce qu'il y a de bonnes raisons qu'il soit ainsi. Le présent continue logiquement ce qui conduit à lui et le passé, par la nécessité, se trouve toujours actif dans le présent même s'il est révolu et mort. La connaissance du futur, pour les mêmes raisons de solidarité rationnelle, embrasse l'avenir dans le présent. C'est pourquoi la connaissance anticipée du futur par l'art divinatoire ne saurait avoir pour but d'éviter ce qui est inévitable, mais c'est de s'y préparer pour l'acquiescement. Le Destin est une Providence et l'*amor fati* est la forme suprême du bonheur de l'esprit.

En conséquence, le temps est un flux qui nous emporte, mais il revient à chacun d'y délimiter son présent. Au lieu de se laisser asservir à un temps irréel (regrets du passé, angoisses du futur) seul le temps actuel de l'action doit concentrer notre énergie. Etre éveillé, être vigilant actuellement, voilà le seul bonheur qui ne soit pas fantasmatique. Envier l'éternité des dieux est un leurre, aucune vie n'est brève, ou trop brève si elle est pleine d'actions conformes à notre nature. Une vie plus longue n'est pas une vie plus heureuse. Pour nous, l'instant et l'éternité coïncident.

c. L'épicurisme et le temps de vivre

Malgré le très petit nombre de fragments de l'œuvre d'Epicure qui parlent du temps, on peut se faire une idée assez claire de sa pensée à ce sujet. L'épicurisme est une philosophie de l'instant, ou plutôt du maintenant. Son idéal se trouve dans une sorte d'autarcie du maintenant. Chaque instant vaut pour lui-même, c'est pourquoi aucun d'entre eux ne vaut davantage (ni moins) que les autres : il est incomparable dans son individualité. D'où l'idée que "tous se valent" pour qui sait saisir la valeur de chacun pour ce qu'elle est : irremplaçable. Savoir apprécier chacun pour ce qu'il contient, ce qu'il apporte, est un grand art qui mérite l'effort de l'âme. C'est la sagesse. Lorsque notre tendance spontanée serait de proclamer notre préférence pour l'un et notre dégoût pour l'autre (ce que nous faisons ordinairement) pour le sage, l'instant préféré est toujours actuel, le maintenant.

En toute rigueur on comprend mal qu'on ait pu condamner la sagesse épicurienne pour égoïsme, ainsi que le christianisme l'a fait avec beaucoup de virulence. S'il est vrai que, pour elle, nous devons chercher notre intérêt sensible en jouissant pleinement du maintenant qui passe, c'est en réalité un acte généreux. Il s'agit de rendre grâce à la vie de la faveur qu'elle nous fait en nous laissant vivre. Le plaisir le plus noble que nous puissions éprouver n'est pas on ne sait trop quelle extrême excitation, c'est tout simplement de vivre. Vivre rend heureux.

Les instants que nous n'avons pas vécus ne sont pas inférieurs à ceux que nous vivons, nous l'avons dit, cette doctrine du temps les égalise tous, mais ceux que nous vivons, nous les ressentons et c'est cela qui, par soi seul, est une sorte de bénédiction sans prix.

Pour Epicure, l'univers n'a pas de finalité, il n'est pas organisé pour produire des sujets pensants : il en produit, sans autre intention. Aussi aucun moi n'est-il fondé à se prévaloir ou à se plaindre du sort qui lui échoit à mesure que les instants succèdent aux instants.

L'épicurisme confond temps et éternité lorsqu'il s'agit de définir les conditions les plus primitives de la manifestation du cosmos.

> "Les atomes se meuvent continûment durant l'éternité" (on pourrait aussi bien dire "dans le temps", le terme grec utilisé étant "aïon") (*Lettre à Hérodote* §43).

La continuité temporelle sans accoup tient à ce que les atomes se meuvent dans le vide. Chaque instant s'évanouit à mesure que l'atome de matière quitte le lieu où il se trouvait. N'existe donc que l'instant attaché au lieu où se trouve actuellement un atome. Les composés d'atomes, les corps, les étants, sont ainsi enfermés dans l'instant qui voit conjoints dans un ordre donné l'ensemble des atomes dont ils sont constitués. L'instant d'un être composé (comme l'homme) n'est donc pas différent de l'instant d'un être simple (ou atome). Le temps s'écoule et nous en éprouvons l'écoulement à travers mouvements et changements (*à Hérodote* §73). D'où l'importance éthique pour la conscience de se situer dans le temps. On ne peut séparer ici la physique de la morale. Le raisonnement philosophique qui développe une physique se justifie en effet par le fait, constatable, que les hommes sont sujets à des craintes infondées. On peut donc considérer que la physique elle-même est au service du bonheur, puisqu'elle permet à celui qui connaît le monde dans sa vérité d'échapper à l'erreur (*maxime fondamentale* 11). Il échappera ainsi à la crainte de ce qu'il est absurde de craindre et à l'espérance de ce qu'il est illusoire d'espérer. La connaissance du temps cosmique nous enseigne donc que seul existe le présent, mais la morale et le bonheur impliquent que nous ayons en mémoire les principes et les explications essentielles que donne la doctrine (*à Hérodote* §82). Aussi, si le passé ne doit pas nous conduire aux regrets, puisqu'il n'est plus, la mémoire est néanmoins fort nécessaire à notre bonheur. Par exemple, le souvenir des moments de bonheur nous console dans les moments de malheur et l'ataraxie est atteinte quand nous nous rappelons que certaines de nos craintes sont sans fondement.

L'ataraxie est étymologiquement l'absence de houle de la mer, ce que nous appelons "la mer d'huile", la surface plane et sans ride. Image encore plus bouddhique que l'apathéia des Stoïciens. Pour l'atteindre, il faut ôter aux hommes le désir d'immortalité. La droite connaissance n'a pas d'autre objectif (Diogène Laërce 125 - 5).

Si nous n'avons pas le vain désir d'immortalité, la mort n'est plus une source de souffrance morale. Il faut apprendre à sortir de la vie, comme on sort d'un repas où l'on a fait bonne chère. Il faut apprendre à savourer la vie en esthète, voire en artiste. L'art ou la vie nous procurent des joies fugitives, mais nullement mensongères. La beauté des instants ne leur est pas attachée comme une qualité objective, elle n'existe que dans la rencontre. On comprend qu'il y ait des "moments parfaits", comme les appelle Anny, la compagne de Roquentin, dans *la Nausée*[1] de Sartre. Bonheur et beauté les remplissent. C'est ce qu'exalte à son tour André Comte-Sponville :

> "Ici. Maintenant. L'amour physique nous enseigne cette joie pleine, dans l'instant, de deux corps qui se donnent, ou d'un seul qui exulte. Manquer ? Demain, peut-être, ou hier, ou tout à l'heure... Mais dans l'instant présent, il n'y a que cette joie en moi, cette force tendue et puissante : mon désir, l'allégresse triomphante de mon désir. Demain peut-être l'angoisse ou la nostalgie, demain peut-être l'amertume, demain, ou tout à l'heure, la tristesse à nouveau de la chair ou de l'âme... Mais que m'importe demain ? Que me font hier ou tout à l'heure ? Maintenant il n'y a que la joie. Maintenant il n'y a que la force. Maintenant il n'y a que le désir - le désir au maximum de sa puissance, et qui ne *manque* de rien [...] Maintenant il n'y a que maintenant !"[2]

1. SARTRE, *La Nausée*, Pléïade des p. 160 à 182. Elle évoque à ce propos les exercices spirituels de Loyola, indiquant qu'en cette perfection, on n'est pas si loin de ce que certains appellent Dieu.

2. A.COMTE-SPONVILLE, *Le mythe d'Icare*,PUF 1984, p. 213.

II - LE TEMPS FACE A L'ÉTERNITÉ FINITUDE ET MORT

Le temps, lieu de la finitude et de la chute, selon Platon et Plotin

Le temps peut-il naître et mourir, commencer et cesser ? Pour cela, il faut qu'il soit considéré comme un caractère du monde et non comme ce en quoi surgit le monde. S'il est ce en quoi le monde est situé, alors la logique voudrait qu'il y eût du temps avant et après le monde. C'est ce que pense Newton, mais avant et après lui, on a pu penser différemment.

Si le temps est considéré comme coextensif au monde, alors il naît si le monde naît et il se confond à l'éternité si le monde est éternel. Reste alors à établir si l'une ou l'autre des propositions est vraie. S'il apparaît qu'on ne le peut pas, il faudra examiner si cela a du sens, si cela ne nous conduit pas à des absurdités d'accepter l'une ou l'autre. Que le temps soit cosmique, c'est ce que pense Platon, il l'explique de façon mythique dans le *Timée*, c'est encore ce que pense Einstein. Pour la physique relativiste en effet, l'espace-temps ne peut être séparé de la matière-énergie avec laquelle il interagit. La matière change les caractères géométriques de l'espace-temps, ce qui signifie que l'espace-temps donne de la gravité aux masses et quantités d'énergie.

La question : le temps peut-il être né ? demeure néanmoins embarrassante, puisqu'on est tenté de demander : A quel moment du temps (ou d'un temps plus vaste) est-il donc né ? Ce qui fait peser la menace d'un cercle logique. Platon et Plotin répondent néanmoins à la question.

Pour Platon, la question n'est pas absurde, puisque dans le *Timée* (38b), il écrit que : "le temps commence avec le ciel, afin que, engendrés ensemble, ensemble aussi ils soient dissous, si jamais dissolution doit leur advenir."[1]

L'organisation, par le Démiurge, de l'indéterminé (Chaos) en être organisé (Cosmos) est donc un départ *temporel* du monde sensible. Mais le monde sensible est copié sur un modèle fait de formes transcendantes éternelles. Ainsi ce n'est pas le cosmos qui est dans le temps, mais le temps qui est cosmique. Le temps étant "l'image mobile de

1. Pléiade tome II, p. 453.

l'éternité" (37d), on voit que l'éternité immobile n'est en rien temporelle et en particulier, qu'elle n'est pas du tout un temps qui dure très longtemps, comme on le croit souvent. "Image mobile", photo bougée, autant dire que l'image ne peut avoir autant d'être que le modèle (= l'essence originale ou Idée) et donc, puisque pour Platon la Réalité est dans les essences éternelles, il ne peut y avoir de vérité du temps, ni du temporel. Le temps est inévitablement le lieu de l'apparaître et des apparences, le lieu du périssable.

Tout commence donc (car commencer, c'est commencer dans le temps) avec le mouvement. Le mouvement est une maladie de l'être. Sans cette saillance, tout serait resté dans l'être sans jamais être quelque chose. L'être quoi est ce par quoi, ce en quoi se perd l'être tout court. Ce quoi là, pour Plotin, ce sera l'âme.

Pour Plotin, c'est le surgissement de l'âme (*pour laquelle* il y a du temps) qui engendre le temps, non pas que l'âme soit "créatrice" du temps comme d'une œuvre, mais l'apparition d'une âme est l'occasion d'un surgissement de temps parce qu'il n'y a d'événement que pour une âme.

> "Avant l'âme, il n'y a que l'éternité, qui n'accompagne pas le cours de la vie de l'âme et ne lui est pas coextensive. Ainsi l'âme est la première à aller jusqu'au temps, qu'elle engendre et qu'elle possède avec ses propres actes."[1]

La différence entre Platon et Plotin est d'importance, car le temps qui naît dans chaque cas n'a pas le même type d'objectivité, bien qu'il soit objectif dans les deux cas. Pour Platon, il y a ici, comme dans toute sa doctrine, un réalisme idéaliste. Le temps commence avec le ciel, et donc avec le mouvement des sphères de fixes.[2] Peu importe qu'il y ait des spectateurs pour regarder ce ciel étoilé (les dieux ?), ou qu'il n'y en ait pas. S'il y en a ce ne peut pas être leur âme et son incarnation qui sont l'origine du temps. L'incarnation est l'origine de la vie *sensible* et le sensible est une image brouillée de l'intelligible. Le temps est une "image" de l'éternité. Pour Plotin, on ignore s'il y a un temps objectif antérieur à l'éveil des âmes à la vie terrestre. L'incarnation est une chute, une *catabase*, une sorte de déperdition d'être. Aussi les réincarnations sont-elles comme une tentative – d'ailleurs désespérée – pour combler par la quantité d'action, par des événements provoqués innombrables, ce qui manque pour qu'il y ait identité à soi. Le temps infini est une éternité échouée, déchue. L'identité qui, s'étant perdue,

1. 7, 13, 1, 44-47. Cité par M.Conche, *Temps et Destin*, PUF 1992, p.40.

2. "le temps, qui imite l'éternité en décrivant des cycles au rythme du nombre." *Timée* (38a)

cherche à se regagner, est ainsi minée par un vide, et le temps est cette tension dans laquelle l'âme cherche à atteindre, à retrouver, l'identité. (Notons au passage que la psychanalyse décrit ce processus de reconquête, par l'imaginaire, de l'identité perdue, c'est le délire paranoïaque).

La non-identité, malheur ou chance ?

L'idée que l'âme est activement temporelle et temporalisante est commune à Platon, à Plotin et, moyennant des retouches qui ne sont pas que de vocabulaire (car un même schéma peut parfois voir sa signification inversée) à Hegel et à Sartre. Chez tous quatre en effet, le caractère éclaté du temps en ekstases – passé, présent, futur – est l'indice même de la non-identité, de la non-coïncidence à soi, de l'aliénation. Mais ils n'en tirent pas tous la même attitude à l'égard de l'existence.

Chez Platon, Plotin et chez Sartre, le temps est moins un facteur négatif, agressif de corrosion tragique (ce qu'il est chez Hegel) qu'un facteur de simple dispersion. Pour Platon, cette dispersion suscite la pitié, pour Sartre, c'est à l'inverse une chance à saisir.

a. Temps et liberté selon Sartre

Considérons d'abord Sartre. La réalité humaine pour lui n'est pas une "âme" éternelle, c'est un Pour-soi, c'est-à-dire un être temporel actif, qui n'est pas "être pour la mort" comme l'a soutenu Heidegger, mais Projet (telos) d'être en-soi (identité), et pour-soi, fiction de l'"en-soi-pour-soi"(Dieu), qui toujours échoue, entraînant la conséquence que "l'homme est une passion inutile". Le Pour-soi est ce qu'il n'est pas, n'est pas ce qu'il est, mais chez Sartre, c'est tant mieux ! Pas de raison de se désoler de la dureté de cette manière d'être au monde, puisque c'est le signe de sa *liberté*.

Pour Sartre, l'identité atteinte, ce serait l'en-soi, la pétrification de l'essence, l'enracinement (comme le symbolise la racine de marronnier de *la Nausée).*

> "Le principe d'identité est la négation de toute espèce de relation au sein de l'être-en-soi. Au contraire, la présence à soi suppose qu'une fissure impalpable s'est glissée dans l'être [...] Mais si nous nous demandons à présent : *qu'est-ce* qui sépare le sujet de lui-même, nous sommes contraints d'avouer que ce n'est *rien.*"[1]

1. SARTRE, *L'Etre et le Néant,* Gallimard 1957, p. 120.

A l'inverse de Plotin, pour qui cette faiblesse ne pourrait être sauvée que par la Grâce, Sartre tient que c'est la dignité du Pour-soi que de chercher sans cesse à se conquérir par l'action dans le temps : c'est cela même exister. Ce qui est catabase chez Plotin est anabase chez Sartre, et par suite, ce qui est positif chez ce dernier, c'est l'opposition, le refus : refus du Père, refus de Dieu, refus de considérer le passé comme une fatalité, refus du pratico-inerte et de la sérialité. Le refus est typique de son humanisme héroïque, athée et révolutionnaire. Et pour être homme, *un homme a besoin de temps*, pour que la liberté puisse s'y projeter.

> "Dire que le pour-soi est ce qu'il n'est pas en n'étant pas ce qu'il est, dire qu'en lui l'existence précède et conditionne l'essence ou inversement, selon la formule de Hegel, que pour lui, " *Wesen ist was gewesen ist* ", c'est dire une seule et même chose, à savoir que l'homme est libre."[1]

Alors, ne versons pas de larmes sur l'éphémère, sur la précarité temporelle de notre être, regardons cette situation tragique comme une chance :

> "c'est parce que la réalité humaine *n'est pas assez* qu'elle est libre, c'est parce qu'elle est perpétuellement arrachée à elle-même et que ce qu'elle a été est séparé par un néant de ce qu'elle est et de ce qu'elle sera."[2]

Ainsi le temps n'est-il pas meurtrier. Qu'il nous soit mesuré est certain, mais il ne nous l'est par personne et pas même par notre nature, puisque nous n'en avons pas. Notre finitude se marque dans tous les domaines et pas seulement ni spécialement dans la brièveté de notre existence. Le "coefficient d'adversité" qu'il y a dans les choses est presque insignifiant dans le temps. Né avant nous (?), mais "posé" par nous comme tel, le temps nous apporte l'héritage d'une situation et d'une facticité qui justifie notre action : il faut trier, assumer, changer le monde. Le temps mourra après nous, mais le futur est porteur de notre œuvre, transmetteur du sens que nous aurons créé. Tant que des Pour-soi l'assument ou le rejettent, ce sens existe.

b. Le temps et la vanité de la vie selon Platon

Considérons maintenant Platon. Que le temps soit dispersion et non destruction est, chez lui, une thèse assez nette, c'est que le sens véritable, pour lui, est ailleurs, dans l'éternité. Le temps n'est pas "assassin" de la vie, le terme serait un peu fort, puisque la vie sensible

1. *Ibidem.* p.515.
2. *Ibidem.* p516.

n'est pas un bien. Le temps est bien plutôt la vie elle-même, en tant qu'elle est vaine dispersion dans le multiple sensible. Quand Platon nous fait le récit émouvant de la mort de Socrate, ce n'est pas seulement l'acte de piété d'un disciple, c'est l'assomption d'une thèse métaphysique exemplifiée dans la sagesse effective de Socrate. Si la mort n'est rien, comme nous le montre l'indifférence de Socrate, c'est qu'il n'y a rien à perdre dans ce que la naissance nous a "donné". Car elle ne nous a rien donné, elle nous a pris. En effet, la naissance était déjà plutôt une perte pour l'âme, un oubli de la Réalité (i.e. de l'essence). La durée de l'existence terrestre de l'âme est marquée par l'oubli : le temps efface tout en fuyant, comme s'il emportait tout ce que nous avons su, comme il dispersera tout ce que nous aurons vécu. Puisqu'il a fallu que le temps naisse avec le monde sensible, eh bien, qu'il meure avec notre mort libératrice ! Qui en aura du regret ?

Si "philosopher, c'est apprendre à mourir", c'est précisément que la fin de son temps de vie sensible est pour l'âme une bonne nouvelle. Encore le philosophe est-il le seul à le savoir, car les autres, hommes du sensible, l'ignorent. Pour le savoir, son âme a dû s'imposer l'effort de recollection, de rassemblement, de remembrance ou, comme dit Socrate, de *réminiscence*, effort qui se déploie dans les sciences hypothétiques et dans la dialectique anhypothétique, effort pour "remonter le temps" vers une vérité qui se confond avec l'archè.

Nous serions tenté de lire analogiquement la thèse platonicienne à la lumière du concept thermodynamique d'entropie. Sous sa forme vulgarisée, cette notion correspond à un désordre croissant qui déstructure au fil du temps, mélange tout, homogénéise jusqu'à l'indifférencié. Cherchant à vaincre ce désastre, il y a la mise en ordre de la pensée vraie, qui est élaboration néguentropique, information autour d'un attracteur local (ici l'âme du philosophe). Le bonheur de l'âme, le sage le trouve dans la concentration suprême, dans l'Un hors du temps. La méditation pure, l'intuition intellectuelle des Idées en sont les voies. A l'opposé, l'homme du sensible se perd parce qu'il ne parvient pas à se concentrer, il se disperse dans le temps d'une vie marquée par le désordre (le multiple qui se démultiplie). Pour Platon l'après-mourir et l'avant-naître sont *l'être* même, si bien que la mort n'est la victoire de l'entropie que sur le sensible. Car la mort est le triomphe de l'Idée, de l'ordre, de l'Absolu unitaire en son autosuffisance.

Ne regrettons donc pas l'existence temporelle ; ses actions, dispersives, ont beau s'additionner les unes aux autres, l'addition, c'est l'itération indéfinie d'une unité-parcelle (quantique ? en tout cas quantitative), ce n'est jamais l'Unité telle qu'en elle-même. L'Unité ne connaît pas l'itération, la répétition. Si l'homme du sensible perd son combat contre l'entropie (combat à la vérité fictif, puisque, par ses actes, il excite en réalité sa croissance : agir, c'est s'agiter, c'est ajouter du mouvement au mouvement), le sage, en revanche, rejoint l'Idée. Il pense, et toute pensée en ce sens est "abstraite", s'il s'agit pour elle de se retirer de l'agitation brouillonne, inextricable, de tout ce qui s'engendre et se corrompt pour prendre de la hauteur. Penser, c'est, pour Platon se retirer de la vie. La vie de l'Esprit, dira Hegel, par réminiscence (et bien que sur la question de l'action, tout l'oppose à Platon) n'est pas celle qui s'effraie de mourir, c'est celle qui vit dans la mort, à la fois substance et sujet.[1]

> "C'est pourquoi l'esprit apparaît nécessairement dans le temps et aussi longtemps qu'il n'a pas appréhendé son pur concept, c'est-à-dire qu'il n'anéantit pas le temps."[2]

III - ESSENCE ET DURÉE

A- Sujet temporel et âme éternelle selon Descartes

Dans les *Méditations métaphysiques*, Descartes se livre à une comédie des temps présents. "La méditation que je fis hier," dit-il en parlant de la Première, au début de la Deuxième, cela laisse entendre que chaque méditation serait comme une journée de pensée, fiction philosophique que chaque lecteur pourrait rejouer en lisant une méditation par jour. Mais en même temps, Descartes charge chaque "journée" d'une pensée riche de toute l'expérience d'une vie passée à philosopher, sinon à écrire de la philosophie. Pour cette raison, on pourrait distinguer le Cogito pensé et le Cogito écrit. Il ne fait guère de doute que, dans la deuxième méditation, Descartes ne découvre pas le Cogito, mais il nous donne une sorte de reportage rétrospectif de la découverte qu'il en fit un jour passé. Le présent du texte écrit est un présent de narration, comme le sujet je est un sujet de convention qui fait refaire au lecteur un cheminement où, en vérité, l'auteur le conduit comme un maître un disciple. Qui sait si l'expérience méditative que fit

1. Le texte de la *Phénoménologie* dit exactement: "La vie de l'esprit n'est pas la vie qui s'effarouche devant la mort et se préserve pure de la décrépitude, c'est au contraire celle qui la supporte et se conserve en elle." Traduction de J.P. LEFEBVRE, Aubier 1991, p. 48.

2. *Phénoménologie* p. 518.

antérieurement le maître ne fut pas tout bonnement, pour Descartes, la lecture de Saint Anselme et de Saint Augustin ?

Les livres sont porteurs d'un présent qui se ranime lorsqu'une pensée lectrice s'en empare. Chaque élève qui lit pour la première fois le texte de Descartes refait au présent une expérience, qui est finalement intemporelle, même si Descartes nous dit ailleurs qu'elle fut le ressassement d'un hiver qu'il passa dans son poêle. Le sujet, en ce sens n'a pas d'âge. Il est, dira Kant, "transcendantal", c'est-à-dire condition formelle, intemporelle, rapportant toute expérience au temps, mais elle-même intemporelle.

Il y a dans la *Méditation seconde*, une question et une réponse célèbres qui ont suscité bien des réflexions. Descartes s'interroge :

> "je suis, j'existe, cela est certain ; mais combien de temps ? A savoir autant de temps que je pense..."

Ce passage provoque de multiples interrogations. Le temps est-il chez Descartes, déjà transcendantal, comme il le sera chez Kant ? Est-il substantiel sans que cela soit dit ? Mais aussi : le temps dure-t-il vraiment chez Descartes ? N'est-il pas enfermé dans l'instant du présent du Cogito ?

Le Je du je pense est bien en effet dans un présent radical. Mon corps mort n'est plus mon être, mon être est le regard que je jette sur mon corps mort, maintenant qu'il est devenu comme un navire sans son pilote, (alors que dans l'union, ce rapport est catégoriquement nié). Le temps de l'être c'est bien, comme le dit Heidegger, d'être-là, Da,-(zu)-sein. La pensée est pour nous la manifestation même de notre présence (j'y suis). On le remarque dans le présent du Cogito. Un cogitabo, un cogitabam n'auraient nullement la même valeur de vérité évidente. Pourtant, dans le présent de la pensée, il n'y a guère de teneur présente. Dans le présent, il n'y a rien à penser (c'est pourquoi Kant fera du Je pense, une pure forme). Ce qui se laisse penser du présent, c'est ce qui est résultat, venant du passé : les cogitata, ou plutôt les cogitanda, ont une extériorité, le corrélat noématique de toute noèse est à distance, objectivé. Au moment même où la pensée les pense, elle tient les événements à distance. Et si ce qu'elle pense, c'est sa subjectivité, je, moi, c'est la même chose.

Le temps a une réalité relative à la pensée ; l'âme immortelle mais incarnée s'y déploie en y manifestant son essence pensante. Insistons sur le fait que ce n'est pas le contraire. La durée ne donne pas de l'être à l'âme qui pense pendant cette durée, c'est l'âme pensante qui a de la substantialité et qui utilise de la durée pour se manifester.

L'âme est faite de substance pensante, elle n'est pas faite de temps. Il n'y a pas de parallélisme entre espace et temps. Le corps est fait de substance étendue et l'espace n'est rien d'autre que la substance étendue. La pensée, elle, occupe de la durée, mais elle n'en est pas faite. C'est pourquoi l'âme peut être immortelle. La durée de la pensée ne concerne que l'union provisoire. Le temps, pour Descartes, a une faiblesse que n'a pas l'espace. Comme l'écrit Pierre Guénancia :

> "Le temps n'est qu'une abstraction de l'esprit lorsqu'on le sépare des choses qui durent, et qui n'ont pas moins besoin de cause pour durer que pour être, c'est-à-dire être crées. Dieu qui donne l'être le conserve aussi."[1]

D'où la nécessité de la création continue, c'est-à-dire continûment soutenue dans l'être par la volonté de Dieu. Et Dieu est, lui, éternel et non d'une infinie durée temporelle. C'est pourquoi le temps est la manifestation de sa volonté, puisque chaque instant de l'existence d'une chose ou d'un homme est créé pour lui-même et que la totalité des instants n'est pas créée d'un seul acte définitif et pour ainsi dire une bonne fois pour toutes. Dans la *3ème Méditation*, Descartes dit :

> "Car tout le temps de ma vie peut être divisé en une infinité de parties, chacune desquelles ne dépend en aucune façon des autres ; et ainsi de ce qu'un peu auparavant j'ai été, il ne s'ensuit pas que je doive maintenant être, si ce n'est qu'en ce moment quelque cause me produise et me crée, pour ainsi dire, derechef, c'est-à-dire me conserve."

Ainsi, en chacun des instants de notre vie temporelle, Descartes croit-il sentir en quelque sorte, l'itération arithmétique, le goutte à goutte de la création. Dieu crée pour chaque être autant d'instants qu'il en veut, puis il s'arrête. Il n'y a dès lors de temps que fini, même si Dieu décide d'en créer à l'infini : le temps reste par nature fini. La toute puissance divine peut, par décret instantané, nous faire défaut et ainsi faire cesser notre vie. Notre âme n'est d'ailleurs pas à ce point liée aux instants qu'elle cesse pour autant d'être. Le temps, nous l'avons dit, n'est pas son essence et il n'est pas substance. La pensée ne s'évanouit pas de ce que nous mourons et de ce que notre temps est terminé. Les vérités éternelles ne sauraient devenir temporelles sous le prétexte qu'elles auront été pensées dans le temps par des êtres finis. L'instant où nous avons pensé une vérité absolue : le Cogito par exemple, lui est par nature étranger.

1. P. GUENANCIA, *Descartes,* Bordas 1986, p. 143.

En revanche, chez Descartes, il y a bien une inquiétude sur la durée, mais c'est sur la durée de notre propre volonté dans sa détermination à faire quelque chose. Ainsi saurons-nous donner de la durée à l'effort que doit faire notre esprit lorsqu'il applique la méthode rationnelle dans la connaissance ? Serons-nous capables de mener notre recherche jusqu'au bout ? Et dans la morale, quoi de plus désastreux qu'une défaillance de la volonté ? Nous trouvons chez Descartes l'expression du tourment de l'homme de foi qui craint de n'être pas fidèle jusqu'au bout à sa foi. Mais la foi ici est celle qu'il place dans l'exercice continu de la raison. A la fin de la *première Méditation*, il l'exprime avec un certain pathétique :

> "Mais il ne suffit pas d'avoir fait ces remarques, il faut encore que je prenne soin de m'en souvenir." [Et un peu plus loin :] "Mais ce dessein est pénible et laborieux, et une certaine paresse m'entraîne insensiblement dans le train de ma vie ordinaire."

Nous voyons que Descartes redoute que la volonté ne soit insuffisamment ferme, certes, mais surtout insuffisamment constante *en durée* dans l'attitude du doute méthodique, car quand tout "conspire avec ces illusions agréables", il faut une sorte d'héroïsme de la connaissance pour faire durer. Comme si une entropie psychique, "le train de la vie ordinaire", poussait naturellement à un relâchement croissant. La fermeté de la décision, que l'on pourrait identifier, à une sorte de néguentropie par acquisition d'information, relève de l'instant. L'adversaire est alors la durée : le temps est un allié des génies malins acharnés à dissoudre et disperser l'information. Si un instant de fermeté représente un ordre, dix instants donnent au désordre une chance statistique de s'introduire peut-être une fois, mais une fois suffit.

> "Le degré d'organisation ou de création de néguentropie que nous pouvons obtenir est toujours inférieur à la quantité de néguentropie qu'il a fallu dépenser pour obtenir cette information préalable."[1] énonce Rémy Lestienne.

Bien entendu, ici, l'analogie est métaphorique, voire humoristique, puisque l'entropie produite dans un effort intellectuel ne peut en rien être mesurée, et donc personne ne peut dire si seulement il y en a.

Dans *la Dialectique de la durée*[2], Gaston Bachelard évoque la possibilité d'un temps de l'esprit qui serait "vertical", contrairement au

1. REMY LESTIENNE, *Les Fils du temps*, Presses du CNRS. 1990, p. 179.
2. G. BACHELARD, *La dialectique de la durée*, PUF 1993, Chapitre VI, section V.

temps des choses, confiné dans l'horizontalité. Il y aurait de la sorte une épaisseur de temps de la pensée et une profondeur qui s'opposerait à la linéarité plate des choses. Le Cogito pourrait ainsi être étagé à une puissance n. Je pense que je pense que je pense, serait la puissance troisième, celle que le Monsieur Teste de Paul Valéry disait être incapable de dépasser, mais selon Bachelard, on pourrait en imaginer des puissances supérieures. On pourrait interpréter cette intuition en disant que ce qui fait un sujet, c'est qu'une structure se répète à des niveaux différents (ce qui correspond au concept classique de réflexivité : je suis, je suis conscient que je suis, je suis conscient d'être conscient que je suis...). Bachelard ainsi, citait d'un article de C. Tessier du Cros, une formule qui lui paraissait riche de sens :"le jugement d'existence du moi, en somme, est une *répétition*." Pour être, le sujet a besoin de se confirmer qu'il est et de se confirmer qu'il est comme il est. Et ceci, dans la durée. C'est pourquoi il nous semble, contrairement à ce que soutient Pascal, qu'il n'y a pas d'affirmation orgueilleuse du moi dans le Cogito. Dans les deux premières méditations, Descartes montre au contraire qu'il ressent la fragilité du sujet, tant qu'il n'aura pas reçu la garantie divine de la troisième méditation. Le sujet, nous l'avons vu, est montré fragile à la fin de la première méditation, puisque personne n'est jamais sûr de se souvenir de ce qui a vraiment été démontré, et puis, tant d'esprits font des paralogismes, qu'après tout, on n'est jamais certain de ne pas en commettre un à son tour. Qu'est-ce qui garantit que la raison du sujet ne va pas déraisonner à l'étape suivante ? Or, quand survient la première certitude, elle est suivie du "mais pour combien de temps ?". Bientôt le Cogito ne sera plus qu'un souvenir et un souvenir, ce n'est déjà plus aussi sûr que la certitude immédiate de la pensée pour elle-même. J'étais sûr que j'étais, soit, mais c'était hier, c'était il y a dix ans ; de quoi puis-je être sûr aujourd'hui ?

La certitude du Cogito nous enferme dans le présent. Au passé, il ne reste plus qu'un sujet empirique. Un sujet doit être répété, confirmé pour être. Tant que je pense encore que j'ai pensé, il y a une petite chance pour que j'aie été. C'est peut-être une fiction, une fabulation, mais du moins si je me trompe, je suis. En revanche, si Dieu vient à me faire manquer de l'instant où je me confirme que je suis, c'en est fait de moi.

B - Le temps et l'éternité selon Spinoza.

Dans le scolie de la proposition V, 22 et dans la démonstration de la proposition V, 29, Spinoza écrit respectivement :

> "l'éternité ne se définit point par le temps et ne peut avoir aucune relation au temps" *et* : "l'éternité ne peut être expliquée par la durée."

Il s'agit d'une mise en garde vis à vis d'un contresens assez répandu, lequel assimile l'éternité à une durée qui n'en finit pas. Or, pour Spinoza, il y a là une erreur conceptuelle. Toute durée est finie, dans la mesure où elle est ce qui s'étend d'un commencement à une fin. Le temps est ce en quoi on découpe toute durée. Il est sans doute infini, mais il est un mode de la Substance, et non un attribut comme l'est l'étendue. En d'autres termes, il est une créature, du côté de la nature naturée et non de la nature naturante.

L'éternité n'est en aucun cas une durée vertigineuse, qu'on la considère du côté du passé ou du côté de l'avenir, car le passé et l'avenir sont des perspectives du temps nécessairement centrées sur un mode fini. Penser l'éternité dans sa vraie nature demande ainsi un effort intellectuel qui correspond à la connaissance du troisième genre, alors que nous sommes toujours tentés ou de l'imaginer selon le premier genre, ou de la conceptualiser selon le deuxième genre comme ce qui prolongerait et itérerait les relations causales que le discours scientifique parvient à établir entre des modes finis.

Dieu, (ou la Substance), est éternel non parce qu'il dure longtemps, mais parce qu'il ne commence ni ne finit. Dieu est par sa propre nécessité. Le Tout ne peut en effet être causé par rien, puisque en dehors de lui, il n'y a rien. Il n'y a pour lui aucune succession entre une cause et un effet. Dieu ne dure pas, il est.

Si nous nous tournons maintenant du côté des modes finis, nous voyons que Dieu pense l'existence finie des modes finis comme limitée dans une durée. Néanmoins, la pensée divine qui les conçoit est divine et donc éternelle. Il faut alors faire attention à ceci, que la pensée de l'existence d'un être temporellement fini est, en tant que pensée divine, éternelle. Ainsi l'essence pensée par Dieu d'un être temporellement fini est elle-même éternelle. Cela signifie que, bien que mortels, puisque temporellement finis, nous pouvons relever (et c'est effectivement le cas) d'une essence éternelle. Nous sommes éternels en tant que l'on considère non pas la durée de notre existence, mais notre essence telle que Dieu la pense. En tant que je suis une idée de Dieu, je suis indestructible. Mon éternité me met, non pas à l'abri de la mort, mais à l'abri de l'anéantissement.

Lorsque nous parvenons à penser cela correctement, cela nous emplit de joie et de force. Nous sentons notre perfection croître en quelque sorte sous la garantie de la toute-puissance divine de la Nature. Mais hélas, il n'en est pas toujours ainsi. Si, comme le dit le scolie de la proposition V, 34, tous les hommes, dans leur opinion commune, "sont bien conscients de l'éternité de leur esprit", cette conscience est souvent troublée par des images (= des croyances) liées à la vie temporelle du corps. En particulier, ils confondent souvent éternité et immortalité. Ils attribuent ainsi à l'éternité des propriétés qui n'ont cours que "durant le corps", durant la durée de vie du corps. Ils s'imaginent que l'éternité consiste à vivre du temps supplémentaire, soit qu'il y ait eu une vie de l'esprit avant la naissance (imagination platonicienne), soit, le plus souvent, qu'il y ait une sur-vie de l'âme à la mort du corps (le Christianisme, ou d'une façon plus large, les doctrines qui défendent un dualisme des substances). Selon Spinoza, il s'agit là de représentations superstitieuses, même si elles sont très répandues parmi les hommes.

Eclaircissement sur une difficulté

Spinoza l'affirme avec netteté dans le scolie de la proposition V, 23 :

> "nous sentons et savons par expérience que nous sommes éternels."

La façon dont il formule la phrase pose un problème. Si Spinoza avait écrit : ceux qui atteignent la connaissance du troisième genre sentent et savent par expérience qu'ils sont éternels, la phrase serait sans difficulté. En effet, dans la mesure où, dans l'amour intellectuel de Dieu, on ne peut distinguer l'esprit humain se comprenant comme divin, c'est-à-dire se comprenant comme Dieu lui-même le comprend, et la pensée de Dieu, l'éternité ne peut être détachée de cette compréhension suprême : elle fait, si l'on ose dire, partie du lot. Mais Spinoza n'écrit pas cela. Lorsqu'il dit "nous", il ne désigne pas les sages seulement, mais nous autres humains, c'est-à-dire nous tous.

Certains ont vu là une concession de Spinoza (voire une reddition) envers les religions, et de là une inconséquence à l'égard des exigences de l'entendement, par ailleurs portées si haut. Car comment le sentiment serait-il soudain porteur d'une vérité, qui alors se "révèle" à chacun sans effort particulier de l'entendement ? Il s'agit en réalité d'autre chose.

Le fait, pour nous, de sentir que nous sommes éternels, n'est pas à propre-ment parler le salut comme tel. Pour le salut, il faut l'effort d'entendement et aucun sentiment ne saurait suffire, même si, comme l'a montré Alexandre Matheron, il y a un salut possible pour les ignorants. Mais, nous pouvons sentir que nous sommes éternels, que nous en tirions ou non les conséquences pour faire effectivement notre salut. Que nous comprenions notre essence de façon adéquate ou non, que nous soyons dans la joie ou la tristesse, nous sentons et expérimentons que nous sommes éternels. Nous nous trompons souvent en confondant temps et éternité, mais nous sentons notre éternité.

Cette intuition première doit pouvoir être interprétée comme une sorte de Cogito spinozien. L'expérience originaire de soi est pour chacun l'intuition de son éternité, qu'il en exclue la mortalité (par erreur) ou qu'il l'y inclue d'une façon adéquate ou inadéquate. Découvrir que l'on est, c'est découvrir que l'on est éternel, car cette découverte, c'est Dieu qui la fait nécessairement en nous.

IV - QUERELLE IDÉALISTE SUR LA RÉALITE DU TEMPS

A. Leibniz et Newton

Le duel

Il est proclamé dans les *Philosophiae naturalis Principia mathematica* :

> "Le temps absolu, vrai et mathématique, s'écoule en soi conformément à sa nature, uniforme et sans rapport avec aucun objet extérieur."

Newton est donc formel, il existe deux temps, l'un relatif, l'autre absolu. Le temps utile aux mesures est relatif aux objets : ainsi l'année et le jour jupitériens ne sont pas l'année et le jour terrestres. Les rotations sur soi ou autour du soleil ne sont pas les mêmes, les objets célestes n'ont pas la même vitesse, etc... Tout cela implique que les temps des mesures sont par nature relatifs. Mais il existe un temps absolu. Newton lui donne une réalité non plus épistémologique, mais logique et ontologique.

Logique d'abord, parce que si des jours jupitériens et terrestres peuvent être estimés dans une unité commune, c'est que celle-ci est postulée identique et constante (temps vrai et mathématique).

> "Le temps absolu doit toujours couler de la même manière. La durée ou la persévérance des choses est donc la même, soit que les mouvements soient prompts, soit qu'ils soient lents et elle serait encore la même quand il n'y aurait aucun mouvement."

Notons au passage que cette idée d'un temps potentiellement vide sera reprise par Kant.

Ontologique aussi, puisque le temps a des caractéristiques d'une substance, au sens métaphysique du terme : il n'a pas de commencement ni de fin, il est continûment divisible. N'étant pas composé d'éléments (pas d'atomes de temps) il est un tout, et même le tout. S'il n'y avait aucun événement, cela ne perturberait en rien son existence. Il est, comme et avec l'espace, "sensorium Dei", c'est-à-dire un attribut de Dieu.

Ce temps absolu, nous allons pouvoir le constater, relève d'une métaphysique, et qui plus est, parfaitement dogmatique. Newton ne semble d'ailleurs pas en percevoir toutes les conséquences. Comme l'a dit Alexandre Koyré, l'univers ainsi pensé a tous les caractères ontologiques de Dieu et la réciproque est difficilement évitable. Newton s'en défend, mal, en disant de Dieu : "il n'est pas l'éternité ni l'infinité, mais il est éternel et infini ; il n'est pas la durée ni l'espace, mais il dure et il est présent."

Bref, il affirme avec force, mais il ne parvient guère à empêcher que chacun, en examinant les caractéristiques divines de l'espace et du temps, n'en tire une certaine conception de l'immanence. C'est l'un des dangers que Leibniz va chercher à écarter dans sa célèbre polémique épistolaire avec Clarke. Voyons d'abord ce qui oppose les deux pensées.

Newton est d'abord un mécanicien qui considère le continu temporel comme fondé dans la nature des choses

Newton croit à la réalité du temps comme il croit à la réalité de l'espace dont il a besoin pour placer l'univers et ses objets massifs. Cette réalité est absolue et sensible ; en atteste la nécessité d'une "mécanique" empirique préalable à toute géométrie : il faut *tracer* des droites, il faut faire *tourner* le compas. Il y a une gymnastique, une danse préalable à la géométrie. D'abord donc, il y a le mouvement.

Comme il l'écrit en 1686, dans la préface des *Principes de philosophie naturelle* :

> "La géométrie ne nous apprend pas à tracer des lignes, elle les suppose tracées ; il est donc nécessaire qu'avant de commencer la géométrie, on apprenne comment tracer les lignes."

Cet "avant" implique que le mouvement est à l'origine de la possibilité de la science qui en rendra compte. Ainsi, même si Newton peut à bon droit passer pour un géomètre lorsqu'il donne une loi obéissant à la géométrie analytique, il demeure un mécanicien :

> "La solution de ces problèmes relève de la mécanique et ceux-ci résolus, la géométrie en montre l'usage.[...] Ainsi la géométrie [...] n'est rien d'autre que cette partie de la mécanique universelle qui précisément se préoccupe de l'art de mesurer."

Newton invente en 1671 le calcul différentiel et intégral. C'est en 1736 que sera publiée *La méthode des fluxions et des suites infinies*. Les commentateurs expliquent que ce qu'il appelle "fluxions", ce sont les vitesses des mouvements qui engendrent des quantités mathématiques "par une augmentation continuelle, à la manière de l'espace que décrit un corps en mouvement"[1]

Sans prétendre donner une importance excessive au vocabulaire, on ne peut s'empêcher de penser que Newton avait choisi intentionnellement les termes très suggestifs qui désignent les notions nouvelles. Pour nous qui utilisons le vocabulaire de Lagrange, le concept de *primitive* substitué à celui de *fluente*, fait disparaître l'image physique de l'écoulement qui s'enfuit, et celui de *dérivée* écarte le flux qu'il y a dans la *fluxion* newtonienne.

> "Newton appelle "fluentes" les grandeurs variables, et "fluxions" les vitesses des mouvements ou accroissements qui engendrent les mouvements. [...] Or les fluxions mesurent la rapidité avec laquelle varient les grandeurs ou fluentes. Ce sont les *dérivées* des fonctions cinématiques des variables. L'exemple du point mobile sur un axe en fournit le modèle général."[2]

L'algébrisation du langage, depuis Lagrange, en ôtant aux termes choisis leur caractère imagé, procède en même temps à une forme de "dé-physicalisation" de la notion. Nous oublions que c'est dans un contexte de dynamique physique que Newton a construit cet

1. J. DHOMBRES et alii. *Mathématiques au fil des âges*, Gauthier-Villars / Bordas 1987, p. 171.

2. J.C. CHIROLLET, *Continu naturel et continu mathématique chez Cournot*. Cahiers philosophiques n°52 p. 37.

instrument. En même temps, ce qui disparaît avec l'image, c'est la variable continue universelle qu'est le temps. L'un des mérites que Cournot reconnaît à Newton est d'avoir justement pensé le temps comme le continu naturel du mouvement des choses.

Leibniz est d'abord un mathématicien qui réduit le temps à la continuité homogène des infiniment petits

Leibniz lui, ne croit pas à la réalité du temps, comme il ne croit pas à celle de l'espace. De l'invention qu'il fait lui aussi du calcul différentiel et intégral, dont il rend compte dans *Histoire et origine du calcul différentiel* (1713), les commentateurs écrivent :

> "Ce qui fait la force de la méthode leibnizienne, c'est son universalité, la simplicité de son algorithme, sa notation élégante et son formalisme ; elle permet d'effectuer [...] les calculs, en perdant de vue la nature des courbes étudiées"[1]

Leibniz raisonne en formaliste qui déduit ses propositions en épuisant les possibles d'une combinatoire. Cournot, comparant les vertus des deux géants souligne que la méthode infinitésimale de Leibniz :

> "ne constitue pas seulement un artifice ingénieux : elle est l'expression naturelle du mode de génération des grandeurs physiques qui croissent par éléments plus petits que toute grandeur finie [...] Sous ce point de vue, on a pu dire avec fondement, que les infiniment petits existent dans la nature."[2]

On peut sans doute voir entre Newton et Leibniz une différence de tempéraments, on peut aussi voir dans leurs deux figures l'illustration de deux tendances profondes dans le génie créateur, qui se retrouvent ailleurs tout au long de l'histoire des mathématiques, mais, pour ce qui nous concerne, nous voyons surtout dans leur affrontement deux métaphysiques sous-jacentes à leurs physiques respectives. Celles-ci vont du reste, comme nous allons le voir, s'affronter sur un point qui semble assez loin des mathématiques et de la physique proprement dites : le "sensorium Dei". Pour Leibniz, Dieu ne saurait se manifester par quoi que ce soi de sensible, alors que pour Newton, il le fait d'une façon presque "tactile" à travers l'espace et le temps.

1. *Mathématiques au fil des âges,* p. 173.
2. Citation extraite du *Traité des fonctions* de Cournot par J.C. CHIROLLET, *ibidem* p. 41.

La question du "sensorium Dei"

Cette question peut partiellement être détachée de celle de la réalité de l'espace et du temps dans la mesure où le lien qu'affirme Newton entre ces deux propositions n'est pas un véritable lien de nécessité. On pourrait fort bien penser que l'espace et le temps sont absolus sans affirmer pour autant que Dieu est présent partout et toujours à toute sa création par leur intermédiaire. Les matérialistes de l'Antiquité l'ont fait en écartant complètement les dieux de leur propos dans ce sujet pour eux proprement cosmologique. Leibniz se montre alors très dur dans les termes polémiques qu'il choisit : "Ce sont IDOLA TRIBUS, chimères toutes pures, et imaginations superficielles."[1]

Pour Leibniz, il y a dans cette thèse une sorte de coup de force fantasque de la part de Newton. L'hypothèse est d'autant plus injustifiable qu'elle n'éclaire rien et qu'elle conduit son auteur vers une divinisation du monde, puisque l'espace et la durée du monde ne sont plus créatures de Dieu, mais sa manifestation même.

> "...le sensorium Dei, ou l'organe de son sentiment, comme si Dieu avait besoin d'organes."[2] "Il n'y a guère d'expression moins convenable sur ce sujet que celle qui donne à Dieu un sensorium, il semble qu'elle le fait l'âme du monde. Et on aura bien de la peine à donner à l'usage que M. Newton fait de ce mot un sens qui le puisse justifier."[3]

L'âme du monde. Il y aurait là un rapport d'immanence : comme notre âme est dans notre corps, Dieu serait "dans" le monde matériel, qui serait devenu son corps.

L'idéalité de l'espace et du temps comme ordres des coexistences et des successions

Pour Leibniz, le temps est idéal, parce que, dans notre pensée, il représente "l'ordre des successions" des événements. Cette conception intellectualiste s'en prend à chacune des caractéristiques de l'espace et du temps newtoniens sous l'angle logique et métaphysique.

D'abord, le monde peut-il être de la matière perdue dans un vide spatial, comme le dit la nouvelle physique, imitant partiellement celle des matérialistes de l'Antiquité ? Pour Newton, il faut bien que ce grand espace vide soit réel pour que les blocs de matière que sont les

1. *Correspondance Leibniz-Clarke.* Edition André ROBINET, PUF.1957, Quatrième écrit, article 14, p.89.

2. Lettre à la Princesse de Galles, du 14 avril 1716. *Ibidem* p.65.

3. *Ibidem*, article 27, p.93.

astres puissent s'y attirer les uns les autres selon la loi qu'il a su formuler. L'argument critique de Leibniz est ici métaphysique :

> "Mais Démocrite et Epicure ont soutenu la même chose, excepté qu'ils différaient en cela de M. Newton du plus au moins ; et que peut être selon eux il y avait plus de matière dans le monde, que selon M. Newton. En quoi je crois qu'ils étaient préférables ; car plus il y a de la matière, plus il y a de l'occasion à Dieu d'exercer sa sagesse et sa puissance ; et c'est pour cela, entre autres raisons, que je tiens qu'il n'y a point de vide du tout."[1]

Il y a trop de vide dans l'espace newtonien pour l'exercice de la Toute-puissance divine. Ce qui était acceptable pour les matérialistes anciens, qui pensaient le monde éternel et incréé, ne devrait pas, selon Leibniz, être admissible pour quelqu'un qui croit à la Toute-puissance d'un Créateur. Un Dieu dont la Toute-puissance se dépenserait à créer un vide immense, c'est-à-dire du rien effectif, et, au milieu, un petit peu de quelque chose de matériel, verrait sa Toute-puissance contredite dans les faits. Le grand vide de temps durant lequel il n'y aurait pas eu de monde serait parallèlement une atteinte au concept même de Dieu.

L'argument *logique* rapporté au temps est le suivant : le temps n'est rien d'autre que l'ensemble des relations de succession que notre esprit établit entre les événements, car tout événement doit bien se trouver avant, après ou en même temps que d'autres. Pour qu'un événement B ait lieu en même temps qu'un événement A, il faut et il suffit qu'il entretienne exactement les mêmes relations avec tous les autres événements C et D... que A. Dès lors : en *même* temps équivaut à : *dans les mêmes relations*, ce qui indique clairement que le temps, c'est l'ensemble des relations. Le temps n'est que ce système de relations.

L'argument *métaphysique* rapporté au temps est le suivant : Admettre le temps newtonien conduit à des difficultés métaphysiques insurmontables sur la raison de Dieu. C'est-à-dire la raison suffisante. Si l'on considère en effet Dieu créant le monde dans un temps infini réel, on voit bien qu'il n'y aurait aucune raison qui puisse privilégier tel instant par rapport à tel autre. Dieu, en "choisissant" un instant au détriment de tous les autres pour créer le monde, agirait sans raison suffisante. Il y aurait irrationalité de l'acte divin. Ce problème disparaît entièrement comme un faux problème, dès qu'on renonce à la thèse d'un temps réel infini et vide dans lequel Dieu dépose le monde pour l'y faire commencer. Il n'y a plus aucun problème sur le temps "avant" la Création et sur ce que Dieu pouvait bien faire de son éternité quand il n'avait pas créé le monde. Problème au fond assez puéril,

1. *Ibidem*, Second écrit. p. 36.

comme l'avait noté déjà Augustin, qui tient simplement à la naïveté du "réalisme" appliqué au temps et à l'espace.

> "Supposé que quelqu'un demande pourquoi Dieu n'a pas tout créé un an plus tôt ; et que ce même personnage veuille inférer de là que Dieu a fait quelque chose dont il n'est pas possible qu'il y ait une raison pourquoi il l'a fait ainsi plutôt qu'autrement ; on lui répondrait que son illation [i.e.ce qu'il désigne ainsi] serait vraie si le temps était quelque chose hors des choses temporelles, car il serait impossible qu'il y eût des raisons par quoi les choses eussent été appliquées plutôt à de tels instants qu'à d'autres, leur succession demeurant la même. Mais cela même prouve que les instants hors des choses ne sont rien, et qu'ils ne consistent que dans leur ordre successif."[1]

Dans une lettre à Bourguet du 2 juillet 1716, il est encore plus précis , en évoquant l'obligation où l'on serait, si Newton avait raison, d'accepter l'alternative suivante : ou bien Dieu agit de façon absurde, ou bien il n'a pas créé le monde (celui-ci étant incréé).

> "Le temps séparé des choses n'est pas un être absolu, mais une chose idéale : et [...] pour cette raison on ne peut point demander, pourquoi Dieu n'a pas créé le monde mille ans plus tôt... Autrement il faudrait avouer que Dieu aurait fait quelque chose sans raison, ce qui, étant une absurdité, il faudrait recourir à l'éternité du monde."[2]

Temps et causalité dans une monadologie

Dans un système monadologique, la causalité et le temps ont un mode d'être idéal[3]. On serait presque tenté de dire (on aurait tort néanmoins), qu'ils ne peuvent avoir d'être véritable au prétexte que tout est réglé par harmonie préétablie dans le Fiat créateur, comme l'énonce Leibniz dans les paragraphes 49 à 52 de la *Monadologie*). Il faut prendre ici quelques précautions de langage, parce que nous sommes habitués à penser, par "réalisme" naïf, que s'il y a une relation causale entre A et B où A est la cause et B l'effet, c'est que B n'aurait pu avoir lieu sans A et donc que c'est A qui *engendre* B. Dans la monadologie, cet engendrement n'a pas lieu. Certes, la causalité a

1. *Ibidem*, p. 54. Cette conception de Leibniz est reprise identiquement par Mach, comme on peut le voir ici à propos de l'espace : "L'espace n'a pas d'existence en soi ; c'est une abstraction tirée de l'ensemble des relations de distance entre les corps matériels." *Histoire de l'univers*, Hachette 1980, p. 391.

2. *Ibidem*. p. 118.

3. J.RIVELAYGUE, *Leçons de métaphysique allemande*, Grasset 1990, tome 1 p. 65 à 77.

“l’air” d’engendrer, comme le temps a “l’air” de s’écouler, pour, en quelque sorte porter, propager, la causalité de A à B. Causalité et temps sont pour nous indissociablement liés, mais pour Leibniz, seule la Causalité divine, qui est créatrice, agit, n’ayant elle-même besoin d’aucun espace ni d’aucune durée pour être ce qu’elle est : l’essence créatrice de Dieu même se manifestant en son éternité.

La causalité idéale consiste dans le fait que lorsque le marteau jouxte la tête du clou, ce dernier tinte et s’enfonce sans avoir été touché par lui. L’harmonie préétablie agit de sorte que le bois s’ouvre de l’écart juste nécessaire et qu’ainsi le clou s’enfonce au moment même où le marteau l’effleure et si la tête du clou vient à être un peu écrouie, c’est parce qu’elle s’écrouit d’elle-même de par la prévision harmonique même.

Là où le Dieu de Malebranche intervient en toute occasion, c’est-à-dire en tout instant du temps, conforme en cela à celui de Descartes, selon l’axiome n°2 des *Deuxièmes réponses aux objections* qui dit :

> “Le temps présent ne dépend point de celui qui l’a immédiatement précédé.”[1]

...celui de Leibniz est déjà *dès toujours* intervenu une fois pour toutes. Il a “prévu” et “pourvu” et par conséquent rien n’apparaît dans la causalité qui n’ait déjà été ab initio. Très logiquement dès lors, aucune durée n’est nécessaire... pour ne rien faire apparaître.

Le temps idéal n’est donc que l’*ordre logique* qui veut que le clou ne tinte pas avant que le marteau ne soit tombé. L’avant du marteau qui tombe et l’après du tintement du clou ne sont que des *relations* logiques. Dans sa correspondance avec Clarke, Leibniz défend ainsi la thèse d’un temps et d’un espace idéaux, esquissant des cheminements de pensée que suivront certains physiciens épistémologues comme Mach.

Dans une lettre à Garve du 21 Septembre 1798, on peut constater que Kant qui a gardé toute sa vie des préoccupations cosmologiques, va critiquer Leibniz dans toutes ses considérations relatives à la nouvelle physique newtonienne. Déjà dans la querelle entre Leibniz et Clarke, porte-parole de Newton, on peut noter que c’est l’espace qui est le centre de la discussion ; les arguments sur le temps ont peu d’originalité et sont comme des décalques de ceux qui mettent en cause l’espace.

Il y a un conflit entre l’espace physique des corps matériels de Newton et l’espace métaphysique de Leibniz. Il faut d’ailleurs noter

1. DESCARTES, Garnier-Flammarion 1992, p. 289

que les deux espaces rivaux sont l'un et l'autre mathématiques et se laissent parfaitement définir par la géométrie d'Euclide.

L'espace de Leibniz est une *relation* entre des substances, mais il est lui-même sans substance. Les substances individuelles sont déterminées par harmonie préétablie avec ces relations, c'est-à-dire par des raisons internes inscrites dans l'acte même qui les crée. Ainsi, dans la création des êtres qui ont entre eux des relations de juxtaposition ou de succession, ces relations sont-elles déjà incluses.

L'espace de Newton implique au contraire l'idée que les objets matériels de l'univers ont entre eux des relations externes. La loi de la gravitation permet de prédire ou de rétrodire avec rigueur un certain nombre de caractères du mouvement des choses. L'espace est simplement là et des événements s'y déroulent. Il est indépendant de leur déroulement. Newton considère cela comme une donnée de base qui se constate et qui n'a pas à être déduite. Puisque l'espace est là factuellement et que les mouvements s'y déroulent, il est clair que ce sont eux qui lui sont relatifs et non l'inverse. Il est donc là absolument.

Pourtant Newton ne reste pas indifférent à la question métaphysique de l'espace. Nous l'avons vu avec la fameuse formule du *sensorium Dei* qui revient plusieurs fois dans les échanges entre Clarke et Leibniz. Pour Newton, l'espace est ce par quoi Dieu voit et touche toute chose. L'espace est distinct de la matière, il n'est pas l'étendue cartésienne, il est coextensif à la nature et Dieu, par lui, est présent partout.

La question du temps découle donc chez Leibniz et Newton de celle de l'espace. Pour Newton, il est certain qu'aussi loin qu'on aille dans le passé ou dans l'avenir, Dieu a été présent l'est encore ou l'est déjà à tout mouvement de la moindre roche. Pour Leibniz, l'ordre des successions est lui aussi intérieurement présent aux choses et événements qui sont en relation, par harmonie préétablie, mais Dieu est extérieur de toute sa transcendance créatrice.

Derrière une querelle qui paraît un peu byzantine, il y a la question théologique de la nature de Dieu : est-il extérieur à sa création, ou lui est-il immanent ? Si l'espace et le temps sont absolus, en effet, comme l'a noté Berkeley, l'espace-temps entre en rivalité avec Dieu : deux absolus côte à côte, cela fait beaucoup et peut-on admettre qu'il n'y ait pas, entre eux, de hiérarchie au profit de Dieu ? Ou bien faut-il plutôt les confondre ? Mais dans ce cas, peut-on éviter un dangereux rapprochement avec une pensée immanentiste qui met de la présence divine en chaque point de l'espace-temps ? Bien sûr on peut se demander pourquoi il faudrait fuir de la sorte une thèse immanentiste, si tout semble y conduire avec bon sens ? L'explication est idéologique : toute thèse immanentiste est taxée de spinozisme, de matérialisme, d'athéisme, toutes formes de péché qu'un bon chrétien rejette avec terreur.

B. Kant.

La nécessité de fonder métaphysiquement la nouvelle physique.

L'Esthétique transcendantale nous explique le fondement mathématique de la connaissance du monde physique en tant que l'espace et le temps, comme formes a-priori de l'aperception sensible relèvent de la géométrie, science des figures spatiales et de l'arithmétique science des nombres dont la suite constitue l'archétype de la succession temporelle. Le nombre est en effet, selon Kant, le schème de la quantité. Cette catégorie de l'entendement ne se manifeste effectivement dans l'ordre sensible que par l'itération, c'est-à-dire par la sériation. Comme l'indique Michèle Crampe-Casnabet,

> "Le nombre est une détermination transcendantale de temps parce qu'en additionnant et unifiant, c'est le temps lui-même que je produis, comme succession une. En se schématisant dans le nombre, la catégorie de la quantité *produit* le temps comme *série*."[1]

Mais à cet univers géométrico-arithmétique il pourrait manquer, selon Kant, ce qui en fait précisément un univers physique : la *force*. Or celle-ci n'est pas une caractéristique a-priori. Selon Kant en effet, le jugement : *tout corps est étendu*, est un jugement a-priori (d'ailleurs analytique, la notion d'étendue ne faisant qu'expliciter ce qu'implique le concept de corps). En revanche, le jugement : *tout corps est pesant*, est un jugement a-posteriori.

Dans l'espace et le temps, il y a de quoi mettre un univers et ses événements, mais l'espace kantien n'étant pas substantiel comme chez Descartes et le temps ne l'étant pas davantage, encore faut-il qu'on y mette l'univers. Il faut de la matière, du mouvement, bref de l'impetus, une force, qui n'est ni le temps ni l'espace. Chez Kant, l'ontologie est nécessairement phénoménologique – criticisme oblige –. "Les conditions de possibilité de l'expérience en général des objets sont en même temps les conditions de possibilité des objets de l'expérience" et

1. M.CRAMPE-CASNABET, *Kant, une révolution philosophique*; Bordas 1989, p.66.

il n'y a pas d'autre réalité que celle qui répond aux conditions de possibilité de toute connaissance. D'où nous vient la réalité ? de la sensibilité et donc *l'Esthétique* transcendantale est une ontologie. La réalité ne peut nous venir des concepts seuls, dont l'usage non référé à l'espace et au temps ne peut représenter qu'une illusion (dogmatique) de la raison. D'où la critique de cette raison *pure* dont la philosophie, de Descartes à Wolff a fait un usage grandiose mais excessif. Kant a voulu montrer le caractère intuitif de l'espace et du temps, il a voulu réfuter Leibniz pour que la physique de Newton reçoive sa justification métaphysique. Il l'a fait (dans les *Prolégomènes* notamment) surtout avec des exemples spatiaux comme celui des deux mains, identiques de forme, mais non directement superposables, argument qui plaide contre le caractère conceptuel de l'espace, en montrant que c'est la sensibilité et elle seule qui permet de différencier une main gauche d'une main droite conceptuellement identiques. En ce qui concerne le temps, c'est son irréversibilité effective qui établit sa dimension intuitive. Sur le plan strictement logique, il pourrait être réversible.

L'Analytique va nous parler des catégories que l'entendement applique au pur sensible de l'intuition. Ainsi y aura-t-il quelque chose de quantitatif et de qualitatif qui se produira selon une relation de causalité, selon un mode nécessaire pour qu'il y ait pour nous, un univers physique. Et ce quelque chose, c'est la *force*, la force de Newton.

On voit que le non-dit dans la réflexion critique kantienne, c'est une cosmologie newtonienne omniprésente où, avec de l'espace, du temps et de la force (gravitationnelle), on fait d'un seul coup deux choses : A) d'abord on fait un univers réel, connaissable selon des lois causales, et B) ensuite on ruine en même temps une métaphysique qui connaîtrait de façon déductive Dieu même, l'Âme, le Monde en soi par pure logique conceptuelle (le rationalisme dogmatique).

La force engendre et entretient la chaîne causale d'un univers de phénomènes, mais sur ce qu'est *en soi* cette force, il n'y a pas de procédure scientifique qui puisse le dire (*hypotheses non fingo*), il reste donc place pour des *postulations* où jouent, non la causalité explicative, mais les finalités morales, voire esthétiques.

Si le temps est considéré comme cadre a-priori de la subjectivité transcendantale, est-il pour autant ôté à la nature objective ?

A la nature en soi, certainement, mais pas à la nature phénoménale que l'homme connaît. Tant qu'on n'a pas découvert d'autres êtres pensants dans l'univers, l'homme reste le seul à avoir une vision temporelle du monde, les animaux ne peuvent y accéder. Kant, on le sait, classe les animaux parmi les *choses*[1], bien qu'il ne les considére nullement comme des *machines*[2]. Son analyse des phénomènes de la vie le pousse à reconnaître qu'ils ont une organisation spontanément finalisée, ce qui fait écarter à leur égard tout mécanisme radical, à la façon de Descartes. Mais cela ne signifie en rien qu'il puisse y avoir en eux un sujet transcendantal. Comme il ne peut y avoir de formes embryonnaires d'un tel sujet (ce qui lui donnerait un caractère empirique), la coupure entre l'homme et l'animal est complète en ce qui concerne la saisie du temps. Cette coupure ne s'appuie plus, comme chez Descartes, sur une métaphysique de l'âme, mais elle reste affirmée.

La structure transcendantale de chaque sujet humain le conduit nécessairement à temporaliser ses objets d'expérience à travers le schématisme, ainsi est-ce la destinée du bébé que d'être un jour en mesure de le faire, à partir du moment où il pourra se penser comme un Je. C'est de même la tragédie du fou que d'être, par son incapacité à se repérer dans le cadre spatio-temporel, renvoyé à un statut d'éternel mineur mis en tutelle. L'inscription dans le temps a donc des conséquences considérables, elle est une condition *sine qua non* de la responsabilité morale : concevoir un minimum de causalité et se souvenir d'un engagement sont des réquisits indispensables pour qu'on puisse attendre de quelqu'un un comportement responsable.

La question du temps vide

Cette question court dans la physique de Newton à Einstein. Kant a donné les raisons métaphysiques pour lesquelles il rejoint le camp de Newton sur ce point. Elles se trouvent dans les propos ici marqués en italiques :

> "On ne saurait exclure le temps lui-même par rapport aux phénomènes en général, *quoiqu'on puisse fort bien faire abstraction des phénomènes dans le temps.* Le temps est donc donné a-priori. En lui seul est possible toute réalité des phénomènes. *Ceux-ci peuvent bien disparaître tous ensemble, mais le temps lui-même* (comme condition générale de leur possibilité) *ne peut être supprimé.*"

Peut-on dire que l'espace et le temps soient "des formes telles qu'elles subsisteraient comme conditions a-priori de l'existence des choses, quand même on ferait disparaître les choses elles-mêmes " ?[3]

1. KANT, *Anthropologie d'un point de vue pragmatique,* Livre I paragraphe 1.
2. KANT, *Critique de la Faculté de juger.* paragraphes 65 et 66.
3. KANT, *Critique de la Raison pure* p. 75.

L'idée forte est qu'on peut penser le temps sans phénomène, alors qu'on ne peut pas penser un phénomène sans temps. Tout est-il vrai dans cet énoncé ? La deuxième partie de la phrase n'est pas ici contestée : C'est la transcendantalité même du temps, mais la première partie reste problématique. En effet, peut-on penser le temps sans phénomène de pensée ? Kant présuppose dogmatiquement le temps non comme une condition a-priori (c'est-à-dire une supposition sans laquelle aucun événement n'est possible), mais comme un absolu, car que penser sous le concept du temps vide d'événement...si ce n'est un absolu ? Le temps n'est la condition des événements que s'il y a des événements pour nous.

Le temps "pure condition", c'est donc bien le temps de Newton. Il est transcendantalement subjectivé par Kant, alors que chez Newton, il était objectif et empirique, mais c'est toujours un temps absolu qui ne doit rien à rien pour être. Disons que c'est un temps en quelque sorte algébrique au lieu d'un temps arithmétique. En arithmétique, nous comptons des choses, en algèbre, des x et des y ; dans le temps arithmétique de Newton, nous égrenons des minutes et des secondes, dans le temps algébrique de Kant, nous avons une forme pure où des x et des x/n déphysicalisent le temps en le formalisant. C'est probablement le succès de son optique géométrique qui avait incité Newton à traiter désormais l'espace, et par extension, le temps, comme des variables indépendantes. Kant a conservé la démarche. Puisqu'on peut identifier des rayons lumineux à des droites et obtenir une optique rigoureuse, l'espace et le temps deviennent de pures formes que l'analyse mathématique peut mettre en équations. En 1675, date de la rédaction de la première partie du livre de Newton (elle sera publiée en 1704), on ignore naturellement qu'en 1676 l'astronome danois Römer donnera la première mesure approchée de la vitesse de la lumière[1] et que cela va changer beaucoup de choses.

Si le temps devient chez Kant forme a-priori de la sensibilité, cela tient à un effet de paradigme de la géométrie euclidienne. Celle-ci semble en effet être celle de notre vision, elle ne laisse aucune place au temps (si une droite coupe un espace, il serait tout à fait saugrenu de demander en combien de temps), elle n'a que trois dimensions, ou même deux. Elle élimine donc les événements, elle est forme a-priori.

L'histoire de cette subjectivation de la géométrie euclidienne sous la forme de structure transcendantale peut se résumer ainsi :En 1604, Kepler établit qu'une image se forme sur la rétine, produite par la

1. J. ROSMORDUC et M. SAILLARD, *Histoire de la physique*, Lavoisier 1987, p. 116 et 117, et note 3 p. 117.

convergence des rayons lumineux à travers le cristallin et Descartes formule en 1637, dans la *Dioptrique*, les premières lois mathématiques de l'optique géométrique. La géométrie d'Euclide est ici utilisée par la science moderne d'une façon tout autre que celle dont Euclide lui-même (qui croyait au rayon optique[1]) l'avait utilisée. L'espace de la perception est maintenant pensé comme de structure euclidienne.

Cette caractéristique va avoir d'importantes conséquences sur la conception du temps. La coïncidence conceptuelle entre l'espace sensible de la perception et l'espace mathématique de la géométrie euclidienne,[2]confirmée par l'optique de Newton va justifier en effet chez Kant que la géométrie soit la science de notre intuition externe des formes phénoménales. D'où viennent en effet, les figures de la géométrie ? Certainement pas de la forme des objets empiriques. Ce sont au contraire les objets empiriques qui, pour nous, ont des formes dans la mesure où nous les saisissons à travers les structures géométriques de notre intuition externe. Ainsi, identiquement chez Newton et chez Kant, parce que la lumière est considérée par eux comme instantanée, un rayon lumineux peut, sans difficulté être identifié à une droite. Il touche simultanément (géométriquement) le soleil et, sur la terre, notre rétine.

On voit donc que si Kant a défini l'espace et le temps comme a-priori, cela n'est pas totalement une invention de son cru, il ne fait qu'effectuer une lecture kantienne de ce que Newton affirmait déjà, dans une philosophie non entièrement explicitée.

Chez Newton, espace et temps sont des a-priori mathémathiques vides et immatériels – c'est ce que lui emprunte Kant – il en fait des structures transcendantales de notre subjectivité connaissante. Pour Newton, tout événement se passe dans le temps, mais le temps lui,

1. G. SIMON, *Le regard, l'être et l'apparence dans l'optique de l'Antiquité*, Le Seuil 1988, p. 23 et p. 25 : "La notion de rayon visuel, fixa pour deux millénaires le cadre conceptuel dans lequel s'instaura la problématique de l'optique, non seulement dans l'Antiquité, mais jusqu'à l'époque classique." "Le centre de préoccupation des Anciens n'est nullement la propagation d'un rayon, mais le positionnement d'une image, du fait qu'ils traitent de la vision, et non, comme nous, de la lumière".

2. Celle-ci est postulée par les recherches menées au XVe siècle à Florence sur la perspective, par l'architecte Filippo Brunelleschi et plusieurs peintres dont, Masaccio, affirmée par Piero della Francesca dans son esthétique néoplatonicienne : *De prospectiva pingendi*. Cf. l'analyse de J.P. Le GOFF in *Destin de l'art, desseins de la science*, ADERHEM 1991, où il est dit p. 223 : "Ce résultat est le fruit d'une géométrisation progressive de l'espace compris comme étendue en-soi, antérieure à la matière qui l'habite, ce qui supposait une rupture progressive (et pas encore consommée au Quattrocento) avec la physique aristotélicienne qui va de pair avec la redécouverte du platonisme."

n'advient pas : il est constant, uniforme, universel. Il est donc a-priori et objectif. Il reste à l'esprit à en faire l'expérience et c'est pourquoi, bien que mathématique, il est empirique. C'est ce dernier aspect que Kant rejette, parce que cela en ferait un objet.

A partir du moment où la vitesse de la lumière (estimée par Römer) sera prise en compte comme une constante et une limite, Einstein soutiendra (puis De Broglie) que cette droite n'est pas une abstraction géométrique dans un espace immatériel, mais qu'elle est très concrètement tracée par la course de grains consécutifs (les photons) qui sont expulsés du soleil et qui volent (très vite, certes, mais tout de même, il leur faut faire le pacours !) jusqu'à la terre : le rayon lumineux changera de nature, il ne sera plus une droite mathématique, il deviendra une interaction, c'est-à-dire un *événement.*

A partir du moment où la relativité, dans sa forme einsteinienne abolit le temps universel et n'admet plus que sa localité, que devient le temps kantien ?

Il ne disparaît pas. Il reste le seul temps dans lequel nous puissions avoir une expérience effective, mais quelque chose a changé du tout au tout. Il ne peut désormais plus nous empêcher d'avoir d'autres expériences – de pensée, cette fois – hors du cadre transcendantal où nous restons existentiellement enfermés. Ainsi Einstein donne-t-il existence axiomatique à des formes dont nos limites transcendantales nous interdisent toujours toute intuition expérimentale. Les figures en quatre dimensions restent irreprésentables pour notre vision sans des conventions et distorsions très lourdes, mais elles n'ont rien d'inaccessible à travers un formalisme axiomatique.

Einstein ne congédie ni Newton ni Kant, mais il nous incite à nous libérer des interdits que leur euclidisme imposait. La réalité peut être maintenant pensée comme plus riche que celle qu'il nous est donné d'intuitionner et la puissance des théories formelles nous livre des mondes où notre représentation vécue (entendue ici comme perception) ne nous fera jamais entrer.

V - TEMPS, ETERNITE ET EXISTENCE TRAGIQUE

L'espace et le temps newtoniens, vides et indépendants des événements qui s'y produisent étant écartés par beaucoup d'éléments de la physique du XXe siècle, ceux de Kant, qui sont calqués sur le même modèle, tombent sous le coup de beaucoup des mêmes griefs, mais ils ont été contestés bien avant. Chacun à sa façon, Hegel et Nietzsche ont refusé un temps qui n'est pour les phénomènes qu'un cadre neutre indifférent à leur passage. Malgré l'incompatibilité de leurs doctrines respectives[1], ils ont l'un et l'autre introduit dans la métaphysique une vision tragique du temps.

A - L'héraclitisme de Hegel

C'est Hegel qui attaque le premier dans l'addendum de l'article 258 de *l'Encyclopédie*, disant du temps qu'il est : "le devenir, la naissance et la disparition, le tout-engendrant et tout-détruisant Chronos."

Chez Hegel, le temps, héraclitéen, est pensé comme l'une des figures du "négatif" qui travaille dialectiquement l'être. L'histoire est un flux, tout y est mouvement né de la contradiction toujours renaissante. Si la métaphore, le cliché, de la rivière est tellement inévitable lorsqu'on parle du temps, si dans toutes les langues le temps "s'écoule", c'est-à-dire présente le comportement d'un fluide, c'est que les rivières coulent dans l'espace mais se coulent dans le temps.

Car c'est du temps que vient le mouvement du mouvement. Le mouvement est certes un déplacement dans l'espace selon un certain temps, mais son caractère de mouvement ne lui vient pas de l'espace, lequel n'a en lui-même aucune ressource pour le susciter. En revanche, il n'en va pas de même du temps, parce que celui-ci ne reste pas enfermé en un moment, mais que déjà un autre moment est là, et encore un autre. L'agitation qu'il y a dans le mouvement en est déductible, appuyée sur cette singularité qu'avait formulée Augustin : "lui qui ne peut être qu'en cessant d'être."[2]

L'aspect tragique que peut revêtir le temps tient à la précarité qu'il donne à toute chose à laquelle il accorde une durée. Ce qui est donné est repris et c'est la vie même. Le temps reste ouvert sur l'avenir. Il ne peut être sommé, totalisé que passé. Et dès lors, il l'est par un esprit qui reste actif pour se donner le spectacle de ce temps étalé devant lui. Le temps sommé ne peut être que le temps de l'Esprit comme activité de synthèse.

Philosophie de l'Esprit, la pensée de Hegel part du savoir que la mort est la destinée de tout ce qui naît, mais, c'est là la caractéristique de la dialectique, *l'Aufhebung*, qui est littéralement *suppression*, est en

1. "Il n'est pas de compromis possible entre Hegel et Nietzsche. La philosophie de Nietzsche [...] forme une anti-dialectique absolue." G.DELEUZE, *Nietzsche et la philosophie,* PUF 1962, p. 223.

2. AUGUSTIN, Confessions. livre XI, chapitre 14, Garnier, t.2 p. 195.

même temps *dépassement*, parce que rien de ce qui a été ne peut plus n'avoir pas été. L'irréversibilité du temps garantit que rien de ce qui a été, et qui a été détruit, ne peut être anéanti au sens où il n'en resterait rien comme il n'y a rien dans ce qui n'est pas né. C'est là toute la différence entre ce qui n'est pas et ce qui n'est plus, entre le néant et l'absence. S'il n'est pas fermé, s'il n'est pas épuisé, le futur sans cesse nous fournit en présent. C'est ce qu'avait dit Augustin : le temps nous vient du futur et il s'éloigne de nous vers le passé.

> "Il va de ce qui n'est point, par ce qui n'a aucune étendue, dans ce qui n'est déjà plus."[1]

L'orientation de la flèche du temps ne va donc pas du passé au présent vers l'avenir, comme une vision excessivement simplifiée de la causalité nous en impose l'image. Celle-ci nous dit en effet que c'est vers son passé qu'à un événement actuel il faut chercher sa cause. Pourtant, notons-le, la cause n'est pas intrinsèquement un passé puisqu'elle doit être efficiente dans le présent d'un phénomène pour en être effectivement la cause. Il n'y a pas de vide entre la cause et l'effet, la cause est complètement adhérente à son effet, elle est bien dans le présent de son effet. L'orientation du temps vient donc bien du futur et va vers le passé. Si nous allons vers le futur, lui vient vers nous.

Cette pensée est reprise et retravaillée par Hegel, qui la prolonge. Nous allons l'évoquer de manière indirecte, à l'aide d'un truchement. Il s'agit d'un passage fort obscur de la *Logique de Iéna*, où Hegel explique comment le temps se forme et qu'Alexandre Koyré reformule dans des termes plus clairs auxquels nous allons nous tenir :

> "Le temps se forme en s'étendant, ou mieux en s'extériorisant à partir du "maintenant", mais non en se prolongeant, en durant. C'est au contraire de l'avenir qu'il vient à soi dans le maintenant. La "dimension" prévalante du temps est l'avenir qui est en quelque sorte antérieur au passé."[2]

Le temps ne se manifeste que par l'écoulement, par l'effondrement du présent en passé, par la négation même de soi (d'où la métaphore nietzschéenne du temps comme moribond qui n'en finit pas de mourir), puisque rien ne se maintient, tout passe. C'est pourquoi Hegel dit de lui dans *l'Encyclopédie* qu' "il est l'être qui, en tant qu'il est, n'est pas et en tant qu'il n'est pas, est : le devenir aperçu intuitivement (das angeschaute Werden)."[3]

1. AUGUSTIN, *Confessions*. livre XI, chapitre 21 p. 430.
2. A. KOYRE, *Hegel à Iéna*. in *Etudes d'histoire de la pensée philosophique*, A. Colin 1961 p. 162.
3. HEGEL, *Encyclopédie* § 258.

Le temps est le devenir tel que l'intuition le saisit, il n'est pas *l'être*, car l'être, lui, demeure dans l'être, alors que le temps n'y demeure pas, il fuit.[1] Il n'y a que la pensée qui puisse le faire être, en idée. Chaque moment supprime le précédent. Le maintenant s'abolit et, en ce sens, il ne dure pas. La durée n'est pas l'extension d'un moment, mais le fait que ce moment est remplacé par un autre fourni par le futur qui s'avance et devient présent. Dès qu'il n'y a plus rien "à venir", la durée est révolue. Elle se clôt en passé.

Le passé peut s'accroître et s'éloigner, il reste re-présenté (= représentifié) par la mémoire. C'est en ce sens qu'il demeure, mais comme temps mort, réifié, temps qui ne peut être vif que comme souvenir car il n'est plus vif par lui-même. "Ce temps paralysé et étalé n'est plus du temps" dit Koyré.

Nous pouvons ici nous arrêter un peu pour souligner la différence entre Kant et Hegel à propos du temps saisi intuitivement. Le temps de Kant est, aux yeux de Hegel, un temps "abstrait", comme celui de Galilée ou de Newton, parce que sa dimension humaine n'est pas prise en compte, il n'est qu'un temps des phénomènes, il n'est ni le temps de l'ennui, ni celui de l'impatience, mais par exemple celui de la course d'un astre. Les dimensions du temps n'ont pas de raison d'être chez Kant, et, de fait, il ne parle ni du passé, ni du futur des phénomènes, mais en général, du temps des phénomènes. Parce que le passé et le futur ne valent que pour nous. Il n'y en a pas pour les astres. C'est seulement pour nous qu'un événement a eu lieu avant ou après la pleine lune. Le temps est le devenir saisi par l'intuition, c'est-à-dire par un sujet qui l'intuitionne. Il n'y a pas de temps dans un devenir objectif d'objets qui ne serait intuitionné par personne.

Reprenant la méditation que Hegel a menée, dans *l'Esthétique*, sur les pyramides, Georges Bataille écrit dans *l'Obélisque* :

> "Aucune entreprise n'a coûté une somme de travail plus grande que celle qui voulait arrêter l'écoulement du temps." "Au bord du Nil, elles s'élèvent comme la totalité des siècles prenant l'immobilité de la pierre et regardant l'ensemble des hommes mourir l'un après l'autre : elles transcendent l'insupportable vide que le temps ouvre sous les pas."

1. RENAUD BARBARAS écrit, non à propos de Hegel il est vrai, mais de Merleau-Ponty et de son livre *Le visible et l'invisible*: "Le présent ne se présente à son tour qu'à la condition de ne pas *être* présent, mais bien de passer." "La relation du présent au passé doit être caractérisée comme *chiasme*: le présent enveloppe le passé [...] mais le passé enveloppe le présent". *De l'être du phénomène,* Millon 1991, p.257.

Il ne fait pas de doute que Hegel a voulu, avec son système, construire en philosophie ce que les pyramides sont dans le domaine de l'art : une architecture de l'éternité, un monument (une mémoire) qui dépasse le pouvoir dissolvant du temps, le conjure et le contienne. Le compte à rebours à partir de la mort donne à l'existence une dimension tragique (sauf si, comme Epicure, on soutient que la mort n'est rien, rien que le bord terminal de notre finitude, ce qui ne correspond pas à la pensée de Hegel). Pour faire le tragique, il ne suffit pas que la vie s'arrête, il faut encore qu'elle soit brisée par une force implacable, que le sens qu'elle s'apprêtait à gagner lui soit ravi. Il y a tragique lorsque celui qui voyait arriver réussite et bonheur se voit spolié de l'un et de l'autre tout près du but. Le tragique implique aussi la contrainte (nous en avons parlé à propos de l'histoire). Celui qui croit échapper à ce qui doit arriver s'y précipite en croyant le fuir. De même à gagner sans cesse du temps, on perd sa vie. Le temps ne se laisse pas gagner. Chez Hegel, l'idée qui domine, c'est que la mort gagne toujours, qu'elle est le Juge de tout. Dans ce contexte, la fin de l'histoire est bien le thème emblématique de la pensée hegelienne. Elle représente la satisfaction de l'Esprit parvenu à se rejoindre lui-même après le long périple de l'histoire et de la vie, et qui, dès lors, “repose” en lui-même. Dieu est Mort, Dieu est la Mort. A ce propos, Bataille rappelle dans une conférence (du 5 février 1938) :

> “Hegel a raconté lui-même que pendant plusieurs années, il était resté terrifié par la vérité que son esprit lui représentait et qu'il avait cru devenir fou. (...) un de ses élèves qui l'avait sans doute mieux compris qu'un autre, sortant oppressé de son cours, écrivit qu'il avait cru entendre la Mort elle-même parler dans la chaire.”[1]

B - L'héraclitisme de Nietzsche

A la fin du XIXe siècle, au moment où la science physique va de découverte en découverte, marquant le triomphe des mathématiques et de la méthode expérimentale, Nietzsche auquel les propos intempestifs et autres considérations inactuelles procurent une jubilation notoire, n'hésite pas à soutenir... une *physique* philosophique, comme Aristote, les Stoïciens ou les Epicuriens. De celle-ci Alain Juranville écrit :

> “Nietzsche affirme un FATUM *physiologique*. La vie, la volonté de puissance comme vie, la *Physis* en un mot : tel est le seul " monde

1. DENIS HOLLIER, revue L'Arc 1969, note 49 p. 46.

des causes ", monde où règne la plus implacable fatalité." "[...] Nietzsche pense la volonté de puissance comme une " force plastique ", " génératrice de formes et de rythmes " [...]"[1]

C'est au nom de cette physique philosophique que Nietzsche traite les doctrines de l'histoire de la philosophie "au marteau"[2] et poursuit de ses sarcasmes leurs moindres tendances "réactives". Les formes et les rythmes, l'espace et le temps sont donc des modes d'expression de la Force, de la volonté de puissance. De l'espace, Nietzsche le dit en toutes lettres : "L'espace est né seulement à partir de la présupposition d'un *espace vide*. Un tel espace n'existe pas. Tout est force."[3] Du temps, il le dit tout aussi nettement, mais dans son vocabulaire, c'est plutôt le terme de "devenir", plus héraclitéen qu'il choisit.

La notion d'éternel retour, dont Zarathoustra dit qu'elle est sa "pensée abyssale", ne connaît guère, dans toute l'oeuvre publiée de Nietzsche, que quelques occurrences, une dans le *Gai Savoir* et plusieurs, précises ou allusives, dans *Ainsi parlait Zarathoustra*. Par deux fois, elle apparaît dans un rêve.

1°. Dans *le Gai Savoir* n°341, il s'agit d'un rêve démoniaque. La notion d'éternel retour est d'abord effrayante, cauchemardesque. Un démon, une nuit, la présente à l'homme commun (toi, le lecteur, – ou, dans ce tutoiement, y a-t-il un soliloque de Nietzsche ?) et celui-ci maudit cette révélation qui "le broie". Il faut que celui qui reçoit une révélation de ce genre ("le fardeau le plus lourd") aime la vie comme il est peu probable, pour qu'il puisse dire oui à une nouvelle aussi accablante.

2°. Dans la 3ème partie de *Zarathoustra* ; De la vision et de l'énigme, section n°2, s'adressant à un nain, Zarathoustra lui dit :

> "Tu ne connais pas ma pensée abyssale ; *celle-là*, tu ne pourrais la supporter."

Seul donc un homme qui ne serait pas un nain pourrait supporter de telles abysses. Cette pensée abyssale n'est pas seulement profonde, mais elle est de plus une pensée en abyme (comme l'idea ideae de Spinoza ?). C'est que la pensée de l'éternel retour n'est pas seulement pensée une fois, mais (comme tout énoncé auto-référent conduit à des paradoxes), si elle a de la vérité, elle se répète éternellement de façon performative, car d'une part, le fait même de la dire la rend vraie et d'autre part, sa vérité la fait dire.

1. A. JURANVILLE, *La physique de Nietzsche*, Denoël 1973, p. 16.
2. cf. *Le Crépuscule des idoles, ou comment on philosophe au marteau.*
3. NIETZSCHE, *L'innocence du devenir* II fragment 1317.

Chez Nietzsche, la pensée de l'éternel retour doit d'abord être écartée de toute lecture qui pourrait la rapprocher des illusions des arrière-mondes du platonisme et de ses épigones les religions de l'au-delà. Vouloir le retour éternel n'est pas vouloir éterniser sa vie, si cela signifie la prolonger indéfiniment en obtenant un délai sans cesse renouvelé. Vouloir prolonger sa vie dans un au-delà est une pensée réactive, qui est négatrice de la vie, car elle oppose à la vie une "autre" vie.

> "Il vaut la peine d'avoir vécu sur cette terre ; une seule journée, une seule fête chez Zarathoustra m'a enseigné à aimer la vie. Etait-ce cela la vie ? dirai-je à la mort. Eh bien, recommençons !"[1]

Il ne peut donc s'agir d'une éternité "chrétienne" qui, après la mort, ferait revenir la vie chez le défunt pour le sauver. Pour Nietzsche, la mort n'a pas d'au-delà et du reste, même s'il y avait un au-delà, il ne serait nullement l'éternel retour comme il est entendu par la doctrine. Il faut en effet que la mort soit réelle pour qu'on puisse vouloir le retour de ce qui a été, exactement comme il a été. L'éternité est chez Nietzsche, comme chez Spinoza, sans immortalité. La brièveté de ce qui est dans l'instant, est voulue comme telle par la volonté d'éternel retour. Elle fait l'objet d'un acquiescement, d'un consentement complet. La volonté consiste à dire oui à la vie, telle qu'elle est, dans ce qui dure un peu ou ne dure pas du tout, elle consiste à consentir à ce que tout revienne éternellement dans sa brièveté même. Il n'y a pas d'assomption plus forte de la vie que celle consistant à la vouloir encore telle qu'elle est (et sans y rien changer), et l'on voit bien qu'à la vouloir de nouveau, il apparaît que le fait de la vouloir de nouveau sera aussi présent dans la deuxième fois pour la troisième, dans la troisième pour la quatrième et donc sera ainsi infiniment réitéré.

Il faut vouloir éternellement l'instant et la fragilité des bonheurs ou d'une manière générale, la fugacité des effets de l'agir, pour accéder au surhumain. Celui qui veut éterniser son âme pour ne pas mourir tout à fait, est un faible, et il est animé de ressentiment à l'égard de la vie qui, pour lui, n'est "que" temps et provoque pour cette raison sa déception. Il est animé d'un nihilisme réactif.

Il ne s'agit donc pas pour Nietzsche de vouloir une éternité qui serait "une morne plaine", c'est-à-dire de vouloir que s'étale ce qui est fugace, mais il s'agit de vouloir, vouloir vraiment ce qui est, ce qui fut, sans y changer un iota : un oui qui soit l'acte d'une volonté affirmative,

1. NIETZSCHE, *Zarathoustra* IV, La chanson ivre n°1.

un acte d'amor fati. On éternise sa vie non en l'allongeant, mais en la voulant vraiment avec toute la force de sa vie.

> "Avez-vous jamais dit oui à une joie ? O mes amis, vous avez alors dit oui en même temps à toute douleur. Toutes choses sont enchevêtrées, amoureusement liées. Avez-vous jamais souhaité que ce qui une fois vint, revînt deux fois ? Avez-vous jamais dit: "Tu me plais, bonheur ! Presse-toi, instant !" Alors vous avez souhaité le Retour de toutes choses. [...] et même au mal vous dites : "Passe, mais reviens !" *Car toute joie veut l'éternité"*[1]

Nietzsche, qui connaît parfaitement le *Faust* de Goethe, qu'il pastiche à plusieurs reprises, se souvient de quelques vers, qui font du reste partie de la culture de tout allemand cultivé, dans lesquels Faust défie Méphistophélès :

> "Werd'ich zum Augenblicke sagen :
> Verweile doch ! du bist so schön ! [...]
>
> Si je dis à l'instant qui passe :
> Attarde-toi, tu es si beau !
> Alors tu peux me charger de chaînes,
> Alors je consens à périr !
> [...] Que l'horloge s'arrête, que l'aiguille tombe,
> Que le temps pour moi soit révolu [2] !"

Il y a de la part de Faust une bravade devant ce qui est la tentation de tout homme (faible, selon Nietzsche) heureux dans l'instant, de demander que cet instant s'attarde, s'étire. Or l'éternité n'est pas dans cet attardement, cet étalement de l'instant en une durée. La volonté de puissance veut chaque instant pour lui-même, elle le veut dans son caractère ponctuel, infinitésimal même. La volonté ne veut pas faire durer davantage ce qui ne dure pas ou pas assez. Nietzsche pense que l'éternité est dans cet instant même quand nous le voulons avec une telle force que nous dirions tout de suite oui à la possibilité qu'il revienne des millions de fois.

Mais l'éternel retour n'a pas chez Nietzsche qu'une signification éthique, il renvoie aussi à l'idée qu'il est une possibilité pour le monde. Il se peut qu'il soit aussi une loi du monde qui renforce l'idée de fatalité du devenir. Si le devenir est ainsi, et même un nombre infini de fois ainsi, sa fatalité en est portée à l'absolu. Le tragique nietzschéen s'appuie lui aussi sur une lecture d'Héraclite pour lequel "il n'y a pas

1. NIETZSCHE, *Zarathoustra* IV, La chanson ivre n°10.
2. GŒTHE, *Faust*. Aubier-Montaigne, p.55

d'être au delà du devenir, pas d'un au-delà du multiple"[1], comme le dit Deleuze. Contre l'idée d'immortalité, issue de l'esprit de vengeance, Nietzsche veut écarter ce qui dure dans le temps comme n'en constituant pas l'essence véritable, au profit de ce qui *survient, accidet.* Contre la pensée du crépuscule propre à Hegel, il défend une pensée de *l'Aurore.*

On ne peut manquer d'être frappé par le regain d'actualité (qui ne doit rien à Nietzsche) de l'idée d'éternel retour dans la physique de la fin du XXe siècle. Elle devient même une vraisemblance dans l'hypothèse d'I. Prigogine qui évoque la possibilité que le big-bang puisse être expliqué par des fluctuations du vide quantique. S'y trouve associée l'idée qu'il puisse n'être pas un événement unique, mais un événement *nécessaire*, c'est-à-dire un événement qui s'est produit et se produira chaque fois qu'est né ou que naîtra un univers. Chacun d'eux a ainsi son *temps propre* qui ne serait pas LE temps. LE temps ne serait autre que l'éternité.

I.Prigogine souligne ce fait que, dans la physique einsteinienne, contrairement à la physique newtonienne, l'espace et le temps ne sont plus un cadre vide et neutre où se produisent les phénomènes matériels, mais l'espace-temps est un phénomène en lui-même, qui interagit avec la matière. Si bien qu'il n'est plus insensé de parler d'un "phénomène-temps" issu de l'irréversibilité des phénomènes physiques. Le temps, confisqué à l'objectivité par Kant, qui en faisait une dimension transcendantale de notre esprit, lui est alors rendu. L'idée que le temps a pu naître d'un état antérieur où rien ne pouvait durer est devenue moins bizarre, si bien que des physiciens, et non seulement des philosophes inspirés comme des poètes, à la façon de Nietzsche, peuvent envisager l'idée d'un éternel retour. Notons qu'il ne s'agirait pas d'un retour éternel des événements dans un temps infini, mais qu'il pourrait s'agir d'un retour du temps lui-même dans le vide quantique, d'où il surgirait pour disparaître et reparaître. Ainsi, plusieurs fois, des univers pourraient être nés, mettant en route à chaque fois un processus temporel irréversible. On ne manque pas de noter une parenté avec les "grandes années" stoïciennes :

> "L'univers, selon Tryon, pourrait n'être qu'une autre expression du néant et pourrait donc surgir spontanément de ce néant : sa création ex nihilo ne soulève en effet aucune contradiction du point de vue énergétique. La naissance de l'univers serait alors assimilée à une fluctuation spontanée du vide." "l'irréversibilité ne

1. G.DELEUZE, *Nietzsche et la philosophie,* PUF 1962, p.27.

serait pas une propriété surajoutée,[...] elle serait l'expression essentielle de l'univers."[1]

I.Prigogine et I.Stengers ajoutent néanmoins :

> " Nous savons que notre univers a un temps, un "âge", mais pouvons-nous assimiler ce temps AU temps, cette naissance à une "naissance du temps" ? Il n'en est rien." "Mais la question de savoir "quand a commencé le temps" échappe plus que jamais à la physique, comme elle échappe sans doute aussi aux possibilités de notre langage et de notre imagination."[2]

Mais ce retour éternel est-il conforme à celui de Nietzsche ? Est-il par exemple le retour du même ? Une succession d'univers n'implique pas nécessairement une identité de ces derniers et, si l'éternité est de structure fractale et de dimension irrationnelle, on peut même penser qu'il puisse y avoir un décalage permanent d'un univers à l'autre. Mais peut-être les univers seraient-ils reconduits à l'identité à force de différer un peu ou beaucoup les uns des autres. Nous avons des chances de retrouver sur ces questions, des antinomies aussi typiques que celles que Kant a développées dans l'Antithétique transcendantale.

Mais même si éternel retour il y a, nous voyons bien que s'il peut y avoir à ce propos un intérêt de connaissance, il n'y a pas d'enjeux philosophiques. Y a-t-il ou non une vision tragique dans cet éternel retour là ? On peut penser que cela n'intéresse personne. Le pathos avec lequel Nietzsche nous parlait de sa pensée abyssale, est usé.

1. I.PRIGOGINE et I.STENGERS, *Entre le temps et l'éternité,* Fayard 1988, p. 158.

2. *Ibidem*, p. 166 et 170.

CONCLUSION

La question du temps – nous le savons maintenant que la lassitude pousse notre recherche à cesser – est une insatisfaction qui flotte entre la pensée et la vie : un être pensant prend conscience qu'une vie grouille *un certain temps* dans le grouillement qu'est la vie. Vivre, c'est connaître *un certain temps* la menace de mourir.

Tout part donc de ce que ce qui vit ne vit jamais fermement, mais tremble, jamais assurément, mais toujours sous la menace. Que des cellules de Bénard ne durent qu'un moment, qu'importe, elles ne vivent pas. Mais la vie repose sur des principes qu'elles manifestent, sur des processus qu'elles sont. Et qui sont un temps. Si c'est le petit chat qui est mort, voilà que cela importe. *Déjà*, pleure-t-on, et le mot indexe un temps. Et les larmes versées demandent : *encore*. Et l'odeur du cadavre répond : non.

Le temps n'est chaque fois ni tout à fait le même ni tout à fait un autre. Chaque fois, il se décale d'une fraction par rapport à sa figure précédente. Le temps est le décalage qu'il y a dans les choses qui ne sont pas éternelles, ainsi que le décalage qu'il y a dans la connaissance qu'en ont les êtres doués de pensée. L'homme est un être sensible au temps en ce qu'il est sensible au décalage que présente son existence par rapport à ce qu'il pense qu'elle peut être. C'est la raison pour laquelle le temps a pu être pensé comme du côté du sujet et non du côté des choses (comme forme transcendantale de notre sensibilité, par exemple). Nous voyons sans doute, maintenant que nous en avons détaillé quelques figures, qu'il est de part et d'autre parce que l'espace-temps des choses matérielles et des événements qui leur surviennent, est vraisemblablement fractal.

Ainsi, le "fil" du temps n'est-il probablement jamais une courbe de dimension 2. Sa section de Poincaré en ferait un nuage de points. Composite, formé de brins dont les tors enserrent un axe (que les cordiers nomment "l'âme" parce qu'il est immatériel), il tend vers la surface, vers la "plage de temps", expression qui correspond mieux, ou peut-être seulement moins mal à ce qu'il en est des durées. Mais celle-ci à son tour n'est jamais circonscrite.

Les hommes sont éminemment temporels, non seulement parce qu'ils ne sont jamais là où ils sont, ce en quoi ils sont comme les choses du monde, mais parce que de plus, chez eux, l'évolution, en produisant les fonctions habituellement regroupées sous la nébuleuse de la conscience, a produit un déphasage particulier, décrit par la phénoménologie et relativement mal conçu par les sciences.

Quand Sartre dit que le Pour-soi est l'être qui n'est pas ce qu'il est et qui est ce qu'il n'est pas, on perçoit bien qu'il vise à dire ce décalage en quoi consiste l'existence temporelle, mais, en quittant le terrain de "l'être", auquel il voue son projet d'écrire une ontologie, il en tire des conclusions fermes sur "le faire". L'homme, dit Sartre, est ce qu'il fait. Or c'est cela qu'à son tour nous pouvons contester. Pour n'être pas ce qu'il est, l'homme n'est pas non plus ce qu'il fait, parce que d'abord, il ne le fait pas complètement ni vraiment. Il ne fait jamais ce qu'il fait, il fait toujours quelque chose qui est en décalage, parce que tout ce qu'il vise n'est pas exactement où il le croit : le temps lui glisse entre les doigts, il fait en ce sens "autre-chose". Mais, dira-t-on, cette autre chose est-elle néanmoins vraiment quelque chose ? Eh bien pas tout à fait. Parce que le temps s'y glisse encore, fractionnant de façon vertigineuse ce qui a un contour.

Il y a "fractalisation" de la vérité, parce que, dans l'espace-temps, le temps consiste en permanence en un petit décalage dans l'être, glissement imperceptible par rapport à ce qu'on croit être la réalité. On pourrait ainsi reprendre à Lacan sa formule, énoncée il est vrai dans un autre contexte, et selon laquelle, la vérité, on peut essayer de la dire, mais on ne la dira "pas toute". Jamais.

Le temps est un enfant qui joue au tric-trac, dit Héraclite (dans la traduction de Marcel Conche). Le réel est un jeu qui a des règles (la rationalité), mais le temps y sème la pagaille. Comme un enfant, il ignore la règle du jeu et même ces contraintes qui ordinairement vont tellement de soi que personne ne songe à les formuler dans le règlement. Aux dames ou aux échecs, il va de soi par exemple, sans que ce soit une règle explicitement écrite, qu'un pion ne sera pas posé chevauchant plusieurs cases ou qu'on ne placera pas plusieurs pions sur une même case, ou un pion hors du damier. Mais l'enfant heurte le damier, décale les pions ou tout bonnement les mange. L'enfant est imprévisible, dans un jeu où pourtant les coups sont certes incertains, mais prévisibles puisque définis par les règles. Le temps est un enfant qui joue au tric-trac. Il y a donc une rationalité dans le monde, mais, parce qu'il y a le temps, le monde est imprévisible. Tout se trouve toujours décalé selon une courbe sans tangente.

Ainsi, le monde quantique n'est jamais net, il est toujours "bougé", flou, parce qu'à cette échelle de phénomènes, le décalage temporel devient proportionnellement important. On ne peut pas déterminer le lieu d'un quanton quand on s'occupe de sa vitesse, ou réciproquement. Comme dit Bachelard, "La facile continuité des trajectoires a été ruinée complètement par la microphysique. Le réel ne cesse de trembler autour de nos repères abstraits. Le temps à petits quanta scintille.".[1] Cela tient très probablement au caractère fractal de l'espace-temps. Puisque l'infinitésimal est présent dans toute mesure, empêchant qu'on trouve un système de nombres ayant des rapports entiers, on peut bien, par décision, considérer comme point fixe un paramètre choisi (par exemple la vitesse), mais il devient dès lors inévitable pour les autres de se décaler vers des valeurs aux décimales vertigineuses, de la même façon que si on décidait axiomatiquement de donner à pi la valeur de un, toutes les mesures des cercles deviendraient des nombres irrationnels.

Ainsi aucune connaissance ne peut-elle être en phase exacte avec son objet. Jamais. Parce que cet objet de toute façon est dans le temps. Et l'effort pour le connaître aussi. Tout est toujours en décalage. C'est en nous échappant que le monde se révèle à nous comme existant. Toute existence est en ce sens échappement. Le temps donc ne se laisse pas définir. Il est toujours un peu à côté des définitions. A l'effort avec lequel on tente de faire le point sur son passage, à une échelle donnée, avec, comme on dit en optique, une "définition" déterminée, échappe le temps d'une échelle décalée qui réclame son droit à être aussi le temps. Nous avons vu, en particulier avec le concept simondonien d'individuation comment un temps peut s'engendrer d'un autre par un déphasage brusque dans un système sursaturé ou à partir de tout état de surfusion. Fertilité des déséquilibres, remarque Hubert Reeves.[2]

Si nous raisonnons d'une manière suffisamment naïve, mais point illogique pour autant, les choses s'éclairent relativement. Ainsi la physique, puisqu'il faut bien commencer de quelque part, nous dit qu'à l'époque du big-bang, il régnait dans le pré-univers une température du diable (température peut-être en vérité divine ?) et qu'aujourd'hui, la température de l'univers né de la nucléosynthèse, puis de la synthèse matérielle, a tout de même localement beaucoup baissé, au point que

1 G.BACHELARD, *La dialectique de la durée,* PUF 1950, p.67.

2 H.REEVES, *L'heure de s'enivrer,* Voir la tragique histoire des chevaux du lac Ladoga.

dans le noir entre deux étoiles, il ne fait plus que 2,7°K. Où est donc passée toute cette chaleur ? La réponse la plus naïve est que le pré-univers était très concentré et que l'univers ne l'est plus, qu'il n'avait pas d'âge, et qu'il est maintenant vieux de peut-être quinze milliard d'années. Cette chaleur initiale est donc devenue de l'espace-temps, par expansion d'espace et écoulement de temps. Quand R.Brout et F.Englert écrivent : "la géométrie classique ne peut préexister à l'inflation,"[1] il faut comprendre qu'il n'y fait pas une température compatible avec l'espace-temps que nous connaissons à l'univers, de même qu'à cette température de Planck, les lois de la physique "fondent". Rien donc ne résiste à l'irréversibilité, créatrice et, en ce sens, fatale.

L'espace-temps est donc du refroidissement global. Dans celui-ci il se maintient des fluctuations : certains lieux d'une galaxie se réchauffent et cela autorise les opérations chimiques, la construction des structures chimiques comme (dans la nôtre) celles des vivants, qui sont des polymères. Des temps hiérarchisés ainsi se dégagent de l'océan de temps qu'on appelle l'univers. Et le temps de philosopher n'est qu'un temps de rang N inclus dans le temps de l'oxygène, puisque notre cerveau en consomme pour philosopher.

Au lieu de considérer, comme on l'a fait jusqu'ici, l'irréversibilité comme une caractéristique du temps, comme le prédicat du sujet temps, nous devrions plutôt considérer que c'est l'irréversibilité des processus qui fait le temps. A qui dès lors laisser le mot de la fin ?

> "Nous vivons, [dit Prigogine], dans un univers à symétrie brisée, dont l'irréversibilité est sans doute une manifestation fondamentale."[2]

Ce sera notre vérité. Provisoirement.

1 R.BROUT et F.ENGLERT, *Aux confins de l'univers,* Fayard Diderot 1987, p. 279. Rappelons que dans ce contexte, l' "inflation" est une phase du big-bang.

2 I.PRIGOGINE, *Actualité de la conception du temps chez P. Valéry,* in *Fonctions de l'esprit*, Hermann 1983, p. 264.

BIBLIOGRAPHIE

ATKINS Peter : *Chaleur et désordre*, Belin 1987.

ATTALI Jacques : *Histoires du temps*, Fayard 1982.

AUBENQUE Pierre : *Le problème de l'être chez Aristote*, PUF 1962.

AUGER Pierre : *Dialogues avec moi-même*, Albin Michel 1987.

AUGUSTIN (saint) : *Confessions*, Folio 1993.

BACHELARD Gaston : *La dialectique de la durée*, Quadrige PUF 1950.
– *L'intuition de l'instant*, Biblio-essais1994.

BALIBAR Françoise : *Galilée, Newton lus par Einstein*, PUF 1984.

BARBARAS Renaud : *De l'être du phénomène*, Millon 1991.

BAXANDALL M. : *L'œil du Quattrocento*, Gallimard 1985.

BERGÉ Pierre, POMEAU Yves, Dubois-Gance Monique : *Des rythmes au chaos*, Odile Jacob 1994.

BERGSON : *L'énergie spirituelle*, PUF.

BIRAULT Henri : *Heidegger et l'expérience de la pensée*, Gallimard 1978.

BOREL Emile : *Le Hasard*, PUF.

BOURDIEU Pierre : *Esquisse d'une théorie de la pratique*, Droz 1972.

BOUVERESSE Jacques : *L'homme probable*, L'éclat 1993.

BRAUDEL Fernand : *La dynamique du capitalisme*, Arthaud 1985. *Ecrits sur l'histoire*. Flammarion.

BRIGGS J. et PEAT F.D : *Un miroir turbulent*, Interéditions 1991.

CAILLOIS Roger : *L'homme et le sacré* idées, Gallimard 1950. *Cohérences aventureuses*, idées-Gallimard 1976.

CASSÉ Michel : *Du vide et de la création*, Odile Jacob 1993.

CHVYRKOV Y. : *La planification scientifique en URSS*, Editions du Progrès 1973.

COLAS Alain : *Poèmes du Zen des Cinq-Montagnes*, Maisonneuve et Larose 1991.

Collectif : *Mathématiques au fil des âges*, Gauthier-Villars/Bordas 1987.

Collectif : Colloque de Cérisy ; *Temps et devenir*, Patino 1988.

Collectif : *Aux confins de l'univers*, Diderot-Fayard 1987.

Collectif : *Temps, Mémoire, Chaos*, Descartes et Cie 1993.

Collectif : *L'art et le temps*, Albin Michel 1985.

Collectif : *L'espace et le temps aujourd'hui*, Points-Seuil 1983.
Collectif : *Le Hasard aujourd'hui*, Points-Seuil 1991.
Collectif : *Les sciences de la forme aujourd'hui*, Points-Seuil 1994.
Collectif : *Histoire de la Chimie*, Lavoisier 1988.
Collectif : *Histoire de l'univers*, Hachette 1980.
Collectif : *Le temps et sa flèche*, Frontières 1994.
Collectif : *Etudes pour le centenaire de la mort de A. Cournot*, Economica et J.Vrin 1978.
COMTE-SPONVILLE André : *Le mythe d'Icare*, PUF 1984.
CONCHE Marcel : *L'orientation philosophique*, Ed. de Mégare 1980. *Temps et Destin*, PUF 1992.
CORNU Michel : *Kierkegaard et la communication de l'existence*, L'Age d'homme 1972.
COSTA de BEAUREGARD Olivier. *Le second principe de la science du temps*, Seuil 1963.
COURNOT A. : *Traité de l'enchaînement des idées fondamentales. Exposition de la théorie des chances et des probabilités. Matérialisme, vitalisme, rationalisme*, Vrin.
CRAMPE-CASNABET M. : *Kant, une révolution philosophique*, Bordas 1989.
CROZON M. et VANUCCI F. : *Les Particules élémentaires*, Que-sais-je?.
DAGOGNET François : *Le vivant*, Bordas 1988. *Pour une théorie générale des formes*, Vrin 1975.
DANIÉLOU Alain : *Mythes et dieux de l'Inde*, Ed. du Rocher 1992.
DASTUR Françoise : *Heidegger et la question du temps*, PUF 1990.
D'HONDT Jacques : *Hegel, philosophe de l'histoire vivante*, PUF.1966.
Dictionnaire de la sagesse orientale, Laffont-Bouquins.
Dictionnaire de la Bible, Laffont-Bouquins.
Dictionnaire d'économie politique, Editions du Progrès 1973.
DUMONT J.P.: *Introduction à la méthode d'Aristote*, Vrin 1986.
DUPUY J.P. : *Ordres et désordres*, Seuil 1982.
EKELAND Ivar : *Le Calcul, l'imprévu*, Points Seuil 1984. *Au hasard*, Seuil 1991.
ELIADE Mircea : *Aspects du mythe*, idées Gallimard 1963. *Le mythe de l'éternel retour*, idées Gallimard 1969.
ERIBON Didier : *De près et de loin*, Odile Jacob1988.
FAROUKI Nella : *La relativité*,.Flammarion 1993.
FEYNMAN Richard : *La nature de la physique*, Points Seuil 1980.
– *Lumière et matière*, Points Seuil 1989.
FOUCAULT Michel : *L'archéologie du savoir*, Gallimard 1969.
FRIEDMAN G.: *Sept études sur l'homme et la technique*, Denoël 1966.
GARDNER M. : *Le monde mathématique*, Belin 1984.
GARELLI Jacques : *Le temps des signes*, Klincksieck 1983.
GRANOU André : *Capitalisme et mode de vie*, Ed. du Cerf 1972.

GRIMALDI Nicolas : *Ontologie du temps*, PUF. 1993.
GRÜNBAUM Adolf : *La psychanalyse à l'épreuve*, L'éclat 1993.
GOLDSCHMIDT Victor : *Le système stoïcien et l'idée de temps*, Vrin 1969.
GUÉNANCIA P. : *Descartes*, Bordas 1986.
GUILLAUME M. : *Eloge du désordre*, Gallimard 1978.
GUITTON Jean : *Le temps et l'éternité chez Plotin et Saint Augustin*, Boivin 1933.
HEGEL : *La Phénoménologie de l'Esprit*, Aubier 1991. *Philosophie du droit*, idées Gallimard 1966.
– *La raison dans l'histoire*, 10/18.
– *La science de la logique* tome 2 Aubier. *Encyclopédie des sciences philosophiques.*
HEIDEGGER : *Acheminement vers la parole*, Gallimard 1976.
HEISENBERG Werner : *La nature dans la physique contemporaine*, Idées Gallimard 1962.
HESSE Hermann : *Siddharta*, Grasset 1925.
HILDEBRANDT S. et Tromba A. : *Mathématiques et formes optimales*, Belin 1986.
HOTTOIS Gilbert : *Simondon et la philosophie de la "culture technique"*, De Boeck Univ. 1993.
HULIN Michel : *La face cachée du temps*, Fayard 1985.
JACOB François : *La logique du vivant*, Gallimard 1970.
JACQUARD Albert : *Moi et les autres*, Points-virgule 1983.
JURANVILLE Alain : *La physique de Nietzsche*, Denoël 1973.
KANT : *Critique de la Raison pure. Idée d'une histoire universelle au point de vue cosmopolitique.*
KIERKEGAARD Soeren : *Le Concept d'angoisse*, Gallimard. *Crainte et Tremblements. Ou bien...ou bien,* Tel Gallimard.
KOJEVE Alexandre : *Introduction à la lecture de Hegel*, Gallimard 1947.
LAFARGUE Paul : *Le droit à la paresse*, Maspéro 1970.
LAPLACE : *Essai philosophique sur les probabilités*, Gauthier-Villars 1921.
LAUTMAN A. : *Essai sur l'unité des mathématiques*, Bourgois 1977.
LESTIENNE Remy : *Les fils du temps*, Presses du CNRS 1990. *Le hasard créateur* La Découverte 1993.
LEVI-STRAUSS Claude : *Race et histoire*, Folio essais 1987. *Tristes tropiques*, 10/18 1955.
– La *Pensée Sauvage*, Plon 1962. *De près et de loin*, Odile Jacob 1988.
MARX : *Le Capital* Livre I, GF. Flammarion, Livres II et III, Ed.Sociales. *Contribution à la critique de l'économie politique*, Ed. Sociales.
MATHIEU J.P. (sous la direction de) *Histoire de la physique*. tome 2, Lavoisier 1991.
NIETZSCHE : *Le gai savoir. Ainsi parlait Zarathoustra.*, Aubier.

ORTOLI Sven et Pharabod Jean Pierre : *Le cantique des quantiques*, La Découverte 1984.
PASCAL : *Pensées*, Ed.Brunschwicg. Hachette.
PENROSE Roger : *L'esprit, l'ordinateur et les lois de la physique*, Interéditions 1992.
PHARABOD J.P. et PIRE B. : *Le rêve des physiciens*, Odile Jacob 1993.
PLATON. *Oeuves*, La Pleïade. 2 tomes.
POINCARÉ Henri : *La valeur de la science*, Flammarion 1970.
POIRIER René : *Essai sur quelques caractères des notions d'espace et de temps*, Vrin1931.
POMIAN Krysztof : *L'ordre du temps*, Gallimard 1984.
POPPER Carl : *L'univers irrésolu*, Hermann 1984.
PRIGOGINE Ilia, Stengers Isabelle : *La nouvelle alliance*, Folio-essais 1979. *Entre le temps et l'éternité*, Fayard 1988.
REEVES Hubert : *L'heure de s'enivrer*, Seuil 1986.
RICŒUR Paul : *Temps et récit* 3, Seuil Essais 1985.
RIVELAYGUE Jacques : *Leçons de métaphysique allemande*. tome 1, Grasset 1990.
ROSMORDUC J.(sous la direction de) *Histoire de la physique* .Tome 1, Lavoisier 1987.
SARTRE J.P. : *L'être et le néant*,Gallimard 1957. *Situations* I, Gallimard.
SCHRÖDINGER Erwin : *L'esprit et la matière*, Seuil 1990.
SIMONDON Gilbert : *L'individu et sa genèse physico-biologique*, PUF 1989. *Du mode d'existence des objets techniques*, Aubier 1989.
SPINOZA : *Traité théologicopolitique*. L'Ethique.
THOM René : *Stabilité structurelle et morphogenèse*, Ediscience 1972. *Prédire n'est pas expliquer*, Eshel 1991.
TONNELAT Jacques : *Thermodynamique et biologie*. Tome 2 *L'ordre issu du hasard*, Maloine 1978.
TRINH XUAN THUAN. *La mélodie secrète*, Fayard 1988.
TROTIGNON Pierre : *Le coeur de la raison*, Fayard 1986.
VERNANT Jean-Pierre : *Mythe et pensée chez les Grecs*, Maspéro 1965.
WEBER Max : *L'éthique protestante et l'esprit du capitalisme*, Agora.

TABLE DES MATIERES

Chapitre VI : **LA PHYSIQUE ET L'IRREVERSIBILITE DU TEMPS**

Chapitre VII : **LE TEMPS ET LA VIE SPIRITUELLE RELIGIEUSE**

Imprimerie de la Manutention à Mayenne — Janvier 1996 — N° 6-96